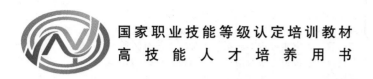

国家职业技能等级认定培训教材

高技能人才培养用书

铣 工

（技师、高级技师）

国家职业技能等级认定培训教材编审委员会　组编

主　编　胡家富

参　编　尤根华　王　珂

　　　　吴卫奇　方金华

机械工业出版社

本书是依据《国家职业技能标准　铣工》（技师、高级技师）的知识要求和技能要求，采用项目、模块的形式，按照岗位培训需要的原则编写的，为读者提供实用的培训内容。本书主要内容包括铣削加工工艺编制和铣削加工工艺特点，铣床夹具设计、改进方法及应用，铣刀设计、改制和测量技术应用，铣床维护调整、故障诊断及排除方法，难切削材料和复杂特形工件铣削加工，铣工技术培训与操作指导。

　　本书既可作为各级技能鉴定培训机构、企业培训部门的考前培训教材，又可作为读者考前的复习用书，还可作为职业技术院校、技工学校和综合类技术院校机械专业的专业课教材。

图书在版编目（CIP）数据

铣工：技师、高级技师 / 胡家富主编 . —北京：机械工业出版社，2021.4
高技能人才培养用书　国家职业技能等级认定培训教材
ISBN 978-7-111-68187-8

Ⅰ.①铣…　Ⅱ.①胡…　Ⅲ.①铣削 – 职业技能 – 鉴定 – 教材
Ⅳ.① TG54

中国版本图书馆 CIP 数据核字（2021）第 087859 号

机械工业出版社（北京市百万庄大街 22 号　邮政编码 100037）
策划编辑：赵磊磊　责任编辑：赵磊磊　侯宪国
责任校对：李　杉　责任印制：张　博
中教科（保定）印刷股份有限公司印刷
2022 年 1 月第 1 版第 1 次印刷
184mm×260mm · 18.25 印张 · 363 千字
0 001—3 000 册
标准书号：ISBN 978-7-111-68187-8
定价：59.80 元

电话服务　　　　　　　　　　　网络服务
客服电话：010-88361066　　　　机 工 官 网：www.cmpbook.com
　　　　　010-88379833　　　　机 工 官 博：weibo.com/cmp1952
　　　　　010-68326294　　　　金 书 网：www.golden-book.com
封底无防伪标均为盗版　　　 机工教育服务网：www.cmpedu.com

编审委员会

主　任　李　奇　荣庆华

副主任　姚春生　林　松　苗长建　尹子文

　　　　周培植　贾恒旦　孟祥忍　王　森

　　　　汪　俊　费维东　邵泽东　王琪冰

　　　　李双琦　林　飞　林战国

委　员　（按姓氏笔画排序）

　　　　于传功　王　新　王兆晶　王宏鑫

　　　　王荣兰　卜良勇　邓海平　卢志林

　　　　朱在勤　刘　涛　纪　玮　李祥睿

　　　　李援瑛　吴　雷　宋传平　张婷婷

　　　　陈玉芝　陈志炎　陈洪华　季　飞

　　　　周　润　周爱东　胡家富　施红星

　　　　祖国海　费伯平　徐　彬　徐丕兵

　　　　唐建华　阎　伟　董　魁　臧联防

　　　　薛党辰　鞠　刚

序  Preface

新中国成立以来，技术工人队伍建设一直得到了党和政府的高度重视。20世纪五六十年代，我们借鉴苏联经验建立了技能人才的"八级工"制，培养了一大批身怀绝技的"大师"与"大工匠"。"八级工"不仅待遇高，而且深受社会尊重，成为那个时代的骄傲，吸引与带动了一批批青年技能人才锲而不舍地钻研技术、攀登高峰。

进入新时期，高技能人才发展上升为兴企强国的国家战略。从2003年全国第一次人才工作会议，明确提出高技能人才是国家人才队伍的重要组成部分，到2010年颁布实施《国家中长期人才发展规划纲要（2010—2020年）》，加快高技能人才队伍建设与发展成为举国的意志与战略之一。

习近平总书记强调，劳动者素质对一个国家、一个民族发展至关重要。技术工人队伍是支撑中国制造、中国创造的重要基础，对推动经济高质量发展具有重要作用。党的十八大以来，党中央、国务院健全技能人才培养、使用、评价、激励制度，大力发展技工教育，大规模开展职业技能培训，加快培养大批高素质劳动者和技术技能人才，使更多社会需要的技能人才、大国工匠不断涌现，推动形成了广大劳动者学习技能、报效国家的浓厚氛围。

2019年国务院办公厅印发了《职业技能提升行动方案（2019—2021年）》，目标任务是2019年至2021年，持续开展职业技能提升行动，提高培训针对性实效性，全面提升劳动者职业技能水平和就业创业能力。三年共开展各类补贴性职业技能培训5000万人次以上，其中2019年培训1500万人次以上；经过努力，到2021年底技能劳动者占就业人员总量的比例达到25%以上，高技能人才占技能劳动者的比例达到30%以上。

目前，我国技术工人（技能劳动者）已超过2亿人，其中高技能人才超过5000万人，在全面建成小康社会、新兴战略产业不断发展的今天，建设高技能人才队伍的任务十分重要。

序

Preface

　　机械工业出版社一直致力于技能人才培训用书的出版，先后出版了一系列具有行业影响力，深受企业、读者欢迎的教材。欣闻配合新的《国家职业技能标准》又编写了"国家职业技能等级认定培训教材"。这套教材由全国各地技能培训和考评专家编写，具有权威性和代表性；将理论与技能有机结合，并紧紧围绕《国家职业技能标准》的知识要求和技能要求编写，实用性、针对性强，既有必备的理论知识和技能知识，又有考核鉴定的理论和技能题库及答案；而且这套教材根据需要为部分教材配备了二维码，扫描书中的二维码便可观看相应资源；这套教材还配合天工讲堂开设了在线课程、在线题库，配套齐全，编排科学，便于培训和检测。

　　这套教材的出版非常及时，为培养技能型人才做了一件大好事，我相信这套教材一定会为我国培养更多更好的高素质技术技能型人才做出贡献！

中华全国总工会副主席

高凤林

前 言

Foreword

我国市场经济的迅猛发展，促使各行各业处于激烈的市场竞争中，而人才是企业取得领先地位的重要因素，除了管理人才和技术人才，一线的技术工人始终是企业不可缺少的核心力量。为此，我们按照人力资源和社会保障部制定的《国家职业技能标准 铣工》（2018年修订），编写了本书，为铣工岗位的技师、高级技师提供实用、够用的技术内容，以适应激烈的市场竞争。

本书是根据《国家职业技能标准 铣工》（技师、高级技师）的知识要求和技能要求，采用项目、模块的形式，按照岗位培训需要的原则编写的，为读者提供实用的培训内容。本书主要内容包括铣削加工工艺编制和铣削加工工艺特点，铣床夹具设计、改进方法及应用，铣刀设计、改制和测量技术应用，铣床维护调整、故障诊断及排除方法，难切削材料和复杂特形工件铣削加工，铣工技术培训与操作指导。

本书在普通铣床加工的基础上，融入了数控铣床的加工理论知识和操作技能，为培养高级铣工人才提供了有效的途径。本书既可作为各级技能鉴定培训机构、企业培训部门的考前培训教材，又可作为读者考前的复习用书，还可作为职业技术院校、技工学校和综合类技术院校机械专业的专业课教材。

本书由胡家富任主编，尤根华、王珂、吴卫奇、方金华参加编写，由纪长坤任主审。

由于编者水平有限，书中难免存在不足之处，欢迎广大读者批评指正，在此表示衷心的感谢。

编 者

目 录

Contents

序

前言

项目1　铣削加工工艺编制和铣削加工工艺特点

1.1　铣削加工工艺分析和铣削加工工艺编制方法 ………………………………… 1

　　1.1.1　铣削加工工艺归纳与分析 ……………………………………………… 1

　　1.1.2　铣削加工工艺编制的基本方法与特点 ………………………………… 4

1.2　典型零件铣削加工工艺编制和分析 …………………………………………… 9

　　1.2.1　箱体零件（C6150型车床主轴箱箱体）铣削加工工艺规程分析 …… 9

　　1.2.2　蜗轮减速器箱体数控铣削加工工艺规程分析 ………………………… 14

1.3　铣削加工的发展趋势与提高加工精度的措施 ……………………………… 18

　　1.3.1　铣削加工的发展趋势 ………………………………………………… 18

　　1.3.2　铣床制造的发展趋势 ………………………………………………… 19

　　1.3.3　提高铣削加工精度的途径和措施 …………………………………… 20

1.4　铣削加工工艺难题的解决途径与方法＊ …………………………………… 25

　　1.4.1　大型零件和小型零件的铣削加工 …………………………………… 25

　　1.4.2　铣削过切和欠切的控制方法 ………………………………………… 31

　　1.4.3　仿形铣削、成形铣削和展成铣削加工 ……………………………… 34

　　1.4.4　铣床的功能应用及铣床的扩展使用 ………………………………… 35

　　1.4.5　铣刀和夹具的设计改进及其组合使用 ……………………………… 37

　　1.4.6　成组工艺在铣削加工中的应用 ……………………………………… 39

　　1.4.7　四轴以上数控铣床的操作方法与加工工艺 ………………………… 43

　　1.4.8　龙门数控铣床的操作方法与加工工艺 ……………………………… 44

注：带＊号者为高级技师应掌握的内容。

目 录

Contents

1.4.9　数控铣削工艺文件的编制过程 ················· 47

项目 2　铣床夹具设计、改进方法及应用

2.1　铣床夹具设计与误差分析 ················· 56

2.1.1　铣床夹具的制造技术要求 ················· 56

2.1.2　铣床夹具的改进设计步骤 ················· 63

2.1.3　数控铣床专用夹具的设计特点 ················· 64

2.1.4　铣床夹具的误差分析方法 ················· 66

2.2　铣床夹具设计、改进实例 ················· 68

2.2.1　曲面铣削仿形夹具设计制作实例 * ················· 68

2.2.2　数控铣床专用夹具制作实例 ················· 72

2.3　铣床夹具检测检修实例 ················· 74

2.3.1　铣床夹具的常见故障与排除方法 ················· 74

2.3.2　万能分度头的检测与维修 ················· 76

2.4　铣床夹具使用方法指导 * ················· 82

2.4.1　铣床通用夹具的使用方法与技巧 ················· 82

2.4.2　铣床专用夹具的使用方法与技巧 ················· 87

2.4.3　数控铣床组合夹具的使用方法与技巧 ················· 89

项目 3　铣刀设计、改制和测量技术应用

3.1　新型铣刀的结构与使用特点 ················· 91

3.1.1　新型铣刀的发展趋势 * ················· 91

3.1.2　几种新型的可转位铣刀 ················· 97

目录

Contents

3.2　铣刀设计及改制 ··· 101

  3.2.1　铣刀设计、改制的基本知识 ···························· 101

  3.2.2　铣刀设计改制实例 ··· 104

3.3　测量技术及其应用方法 ·· 111

  3.3.1　测量方法的分类及其应用 ····························· 111

  3.3.2　测量误差的分类、产生原因及消除方法 ············ 111

3.4　专用检具设计制作方法和实例 ································ 111

  3.4.1　专用检具基本形式 ··· 111

  3.4.2　专用检具的设计制作方法实例 ························· 114

  3.4.3　综合性专用检具的结构及检验方法设计实例 ········ 115

3.5　复杂成形刀具测量 ··· 118

  3.5.1　刀具检验测量准备 ··· 118

  3.5.2　盘形齿轮铣刀测量步骤 ···································· 119

  3.5.3　刀具检验测量误差分析 ···································· 124

3.6　用三坐标测量机测量工件实例 * ····························· 124

  3.6.1　三坐标测量机使用特点及基本实例 ··················· 124

  3.6.2　三坐标测量机测量实例 ···································· 128

3.7　大型工件的位置度检测 * ······································ 130

  3.7.1　大型工件位置度检测的常用仪器和工具 ············· 130

  3.7.2　大型工件位置度检测的方法 ···························· 130

项目4　铣床维护调整、故障诊断及排除方法

4.1　普通铣床的精度调整与常见故障的排除 ··················· 135

  4.1.1　普通铣床的精度调整方法 ······························ 135

  4.1.2　普通铣床常见电气故障的原因分析 ··················· 138

目 录

Contents

4.1.3 普通铣床机械故障维修实例 ················· 142

4.2 数控铣床机械故障诊断、处理与精度调整 ················· 147

4.2.1 数控铣床机械故障诊断 ················· 147

4.2.2 数控铣床机械系统常见故障处理 ················· 149

4.2.3 数控铣床的精度调整 ················· 152

4.3 数控铣床电气与气液装置故障 ················· 156

4.3.1 数控铣床电气、气液系统常见故障 ················· 156

4.3.2 数控铣床的报警信息 ················· 165

4.4 数控铣床的大修、可编程逻辑控制器、参数信息及合理调整 ················· 168

4.4.1 数控机床的大修方法和相关网络接口技术 ················· 168

4.4.2 可编程逻辑控制器（PLC） ················· 170

4.4.3 数控铣床的参数信息与合理调整 ················· 172

项目 5　难切削材料和复杂特形工件铣削加工

5.1 难切削材料工件的铣削加工 ················· 179

5.1.1 难切削材料的种类和切削加工的特点 ················· 179

5.1.2 难切削材料的铣削特点与改善措施 ················· 182

5.2 大半径圆弧面的铣削加工 ················· 187

5.2.1 大半径圆弧面近似铣削法的加工原理及误差分析 ················· 187

5.2.2 大半径圆弧面近似铣削法的工艺特点和操作要点 ················· 191

5.2.3 大半径圆弧面工件的精度检验与质量分析 ················· 194

5.3 复杂铣刀齿槽的铣削加工 ················· 195

5.3.1 错齿三面刃铣刀的齿槽铣削工艺分析和准备 ················· 195

5.3.2 错齿三面刃铣刀的齿槽铣削调整操作 ················· 201

5.3.3 错齿三面刃铣刀的检验与铣削质量分析 ················· 205

Contents

5.4 复杂模具型面的铣削加工 * ·· 207

5.4.1 锻模型面铣削加工的工艺分析和准备要点 ·················· 207

5.4.2 锻模型面仿形铣削的加工要点 ···························· 210

5.4.3 叶片、螺旋桨模具型面的数控铣削加工要点 * ············ 212

5.4.4 模具型面的检验与铣削质量分析 ························ 223

5.5 销孔燕尾组合工件的铣削加工 ································· 223

5.5.1 销孔燕尾组合工件铣削加工的工艺分析和准备 ············ 223

5.5.2 销孔燕尾组合工件铣削加工的主要步骤与调整操作 ········ 230

5.5.3 销孔燕尾组合工件的检验与质量分析 ···················· 231

5.6 龙门刨床立柱的加工 * ······································ 232

5.6.1 工艺特点分析和工艺准备 ······························ 232

5.6.2 铣削加工的主要步骤 ·································· 235

5.6.3 检验与质量分析 ···································· 236

5.7 复杂孔与孔系的加工 ·· 240

5.7.1 空间斜孔的加工 * ·································· 240

5.7.2 复杂孔系的加工 ···································· 247

5.8 五面体复杂型面工件的数控铣削加工 * ·························· 250

5.8.1 加工方法与要点 ···································· 250

5.8.2 造型和程序编制方法 ·································· 252

项目6 铣工技术培训与操作指导

6.1 铣工专业理论培训讲义的编写方法 * ·························· 262

6.1.1 铣工专业理论培训讲义的基本组成和基本要求 ············ 262

6.1.2 铣工专业理论培训讲义的编写要点 ···················· 263

6.1.3 铣工专业理论培训讲义的使用与修订 ···················· 264

目录

Contents

6.2　铣工专业理论培训和操作技能指导要点 ·············· 264

　　6.2.1　铣工专业理论培训的基本方法 ·············· 264

　　6.2.2　铣工操作技能指导的基本方法 ·············· 265

6.3　操作指导技能训练实例 ·············· 267

技能训练一　外花键加工操作指导 ·············· 267

技能训练二　数控铣床操作指导 * ·············· 268

模拟试卷样例

参考答案 ·············· 276

Chapter 1

项目1 铣削加工工艺编制和铣削加工工艺特点

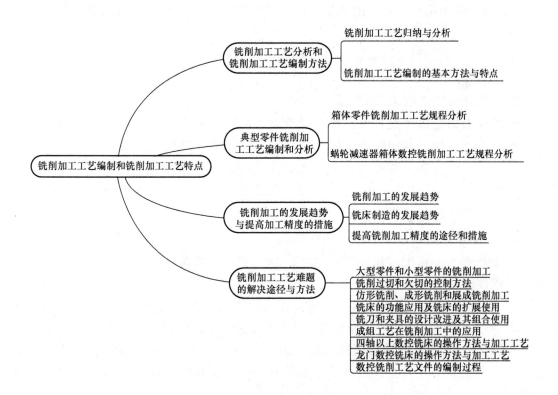

铣削加工工艺编制和铣削加工工艺特点
- 铣削加工工艺分析和铣削加工工艺编制方法
  - 铣削加工工艺归纳与分析
  - 铣削加工工艺编制的基本方法与特点
- 典型零件铣削加工工艺编制和分析
  - 箱体零件铣削加工工艺规程分析
  - 蜗轮减速器箱体数控铣削加工工艺规程分析
- 铣削加工的发展趋势与提高加工精度的措施
  - 铣削加工的发展趋势
  - 铣床制造的发展趋势
  - 提高铣削加工精度的途径和措施
- 铣削加工工艺难题的解决途径与方法
  - 大型零件和小型零件的铣削加工
  - 铣削过切和欠切的控制方法
  - 仿形铣削、成形铣削和展成铣削加工
  - 铣床的功能应用及铣床的扩展使用
  - 铣刀和夹具的设计改进及其组合使用
  - 成组工艺在铣削加工中的应用
  - 四轴以上数控铣床的操作方法与加工工艺
  - 龙门数控铣床的操作方法与加工工艺
  - 数控铣削工艺文件的编制过程

1.1　铣削加工工艺分析和铣削加工工艺编制方法

1.1.1　铣削加工工艺归纳与分析

1. 平面铣削加工工艺归纳与分析

零件上的平面，按其与基准面之间的位置关系可以分为平行面、垂直面和斜面，平面之间以及与其他表面连接而成的表面，通常称为连接面。铣削加工的斜面有简单斜面和复合斜面两种。铣削加工平面具有以下工艺特点：

1）可使用多种铣刀加工不同位置和类型的平面，铣刀的几何形状和几何角度适宜于粗加工至精密加工各种精度的平面，盘形铣刀可进行多重组合加工连接面。

2）铣床的功率大，采用端面铣削可进行强力铣削、高速铣削、阶梯铣削等先进且高效率的加工。

3）铣床形式多样，如有卧式铣床、立式铣床、龙门铣床、万能工具铣床等，可以加工不同位置、尺寸和形状精度的平面和连接面。

4）铣削加工平面的方法多样化，适应各种平面的加工。例如，可以采用周铣法加工平面，也可以采用端铣法加工，还可以采用端铣和周铣同时应用的方法加工连接面等。

5）综合应用铣床、夹具的功能和铣刀的形式，可以加工复合斜面等较为复杂的平面。

6）各种形式的可转位面铣刀具有更换刀片方便、使用寿命长、平面铣削效率高等特点。

2. 直线成形面铣削加工工艺归纳与分析

直线成形面是由一根直母线沿一条曲线（导线）作平行移动而成的表面。较为简单的直线成形面，其导线由直线和圆弧等常用函数曲线构成；较为复杂的直线成形面，其导线由复杂函数曲线和非函数曲线构成。型面母线较短的直线成形面俗称为曲线外形，型面母线较长的直线成形面俗称为特形面。直线成形面的导线可以是封闭的，也可以是不封闭的。铣削加工直线成形面具有以下工艺特点：

1）铣削型面母线较短的盘状和板状直线成形面，通常在立式铣床上用指形铣刀圆周刃进行加工。铣削型面母线较长的直线成形面，通常在卧式铣床上用盘形铣刀圆周刃进行加工。

2）精度较低的直线成形面可用划线方法铣削加工。由圆弧和直线构成导线的直线成形面可用分度头或回转工作台与工作台配合进行铣削加工。

3）由等速螺旋线构成导线的直线成形面，可在分度头或回转工作台与机床工作台丝杠之间安装交换齿轮，进行等速螺旋复合进给运动进行铣削，典型的实例为等速圆盘凸轮工作型面。

4）由较为复杂的函数和非函数曲线构成导线的直线成形面，一般需要通过对导线坐标点的细化，然后采用按坐标值逐点移动的方法进行铣削加工。批量较大、导线较短的柱状直线成形面零件加工，可以设计专用成形铣刀进行加工。

5）批量较大、母线较短的盘状和板状封闭直线成形面可采用仿形铣削加工方法进行加工。运用仿形铣削方法，可根据零件的精度采用手动进给仿形铣削法、简易仿形装置铣削法，或在仿形铣床上进行铣削。

6）形状复杂、精度较高的直线成形面可采用数控铣床进行加工。

3. 立体曲面铣削加工工艺归纳与分析

立体曲面由直线成形面和曲线成形面、旋转面和螺旋面等基本曲面构成。立体曲面又可分为有规则曲面和无规则曲面。通常机械零件是由有规则立体曲面构成的。铣削加工立体曲面具有以下工艺特点：

1）在普通铣床上加工立体曲面，通常是将立体曲面分解为 X、Y、Z 三个方向的坐标位置进行加工的。例如，属于有规则的直纹立体曲面，其素线位置可由工作台移动确定 X、Y、Z 三个坐标值。

2）在普通铣床上加工立体曲面通常采用铣刀的刀尖和圆周刃铣削形成曲面的素线，如曲面属于直纹曲面，按图样提供的坐标数据采用立铣刀刀尖铣削形成曲面素线，由密集的素线包络成曲面轮廓。又如圆柱凸轮的螺旋槽属于法向直廓螺旋面，而圆柱端面凸轮的螺旋面属于直线螺旋面，都是由立铣刀的圆周刃铣削而成的。

3）在普通铣床上加工螺旋和旋转立体曲面，需要使用分度头或回转工作台，以使铣床的联动轴数增加后形成螺旋进给运动或旋转进给运动。如铣削圆柱螺旋面需采用分度头和纵向工作台联动后形成复合进给运动。又如铣削球面需要由工件作旋转进给运动，以形成球面。

4）比较复杂的立体曲面可以在仿形铣床上加工，立体仿形铣床的仿形精度取决于模型和仿形仪的精度。仿形销的形式与立体曲面的形状和铣削方式有关，通常选用的铣刀是锥度球头铣刀，以便达到立体曲面上最小半径曲面部位的铣削要求。

5）在普通铣床上可以制作仿形装置加工立体曲面，仿形装置通常包括模型、仿形销、带弹簧和重锤的工作台等，以使铣刀或工件按模型的立体曲面作随动运动，从而加工出与模型相同的立体曲面。

6）在仿形铣床上铣削立体曲面需要合理选择铣削方式，经常使用的有轮廓仿形方式、分行仿形方式和立体曲线仿形方式。最常用的是分行仿形方式，有凹腔和凸峰的曲面可采用轮廓仿形方式。

7）立体曲面的粗、精加工通常是通过调整锥形仿形销和铣刀的轴向位置来控制加工余量的。

4. 直角沟槽铣削加工工艺归纳与分析

直角沟槽由三个平面组成，其截面形状是三条直线，相邻直线之间互相垂直。直角沟槽通常分为三种形式：封闭、半封闭和敞开式直角沟槽。直角沟槽可分布在平面上和圆柱面上，比较典型的直角沟槽是键槽，键槽有普通平键槽和半圆键槽之分。直角沟槽的铣削工艺特点如下：

1）使用定直径或定宽度铣刀（如键槽铣刀、半圆键槽铣刀、盘形铣刀等）加工，以控制精度较高的槽宽尺寸，如与平键和半圆键配合的轴上键槽、具有配合精度要求的敞开式直角沟槽等。

2）轴上键槽的对称位置对刀通常按精度等级的不同，分别采用不同的对刀方法。对称度要求较高的键槽采用指示表环表法找正工件轴线与刀具轴线或盘形铣刀中间剖面的相对位置，对称度要求较低的键槽可采用切痕对刀法加工。

3）轴上键槽加工通常采用 V 形块定位，或采用分度头自定心卡盘装夹，以保证工件的对称度等主要加工精度要求。

4）立铣刀与盘形铣刀的安装精度一般由制造精度和找正精度保证，宽度尺寸精度要求高的键槽应使用指示表找正立式铣刀与主轴的同轴度、盘形铣刀侧面的轴向圆跳动。

5. 螺旋沟槽铣削加工工艺归纳与分析

铣床上加工的螺旋沟槽，通常是阿基米德线形成的螺旋槽，可分为平面螺旋沟槽和圆柱面螺旋沟槽。平面螺旋沟槽的加工类似于盘形凸轮的直线成形面加工。圆柱面螺旋槽的加工具有以下工艺特点：

1）通常采用万能分度头配置交换齿轮进行加工，交换齿轮的配置有分度头侧轴配置和主轴配置两种方法，以适应不同的导程需要。

2）圆柱面螺旋槽铣削加工可采用盘形铣刀或指形铣刀，铣削加工时，若采用盘形铣刀应使铣刀与工件轴线成一夹角，转过的角度按螺旋角计算，角度的转动一般通过工作台或立铣头实现。

3）圆柱面螺旋槽铣削加工中存在干涉现象，铣削干涉是由不同直径的螺旋角变动和盘形铣刀的曲率半径引起的，干涉会影响螺旋槽的槽形。

4）使用专用铣刀铣削螺旋槽，如麻花钻的螺旋齿槽，必须按照设计的对刀参数进行调整，以达到符合设计参数的加工要求。

5）使用刀具对圆柱面螺旋齿槽铣削时，注意掌握单角度铣刀"挑铣"和双角度铣刀小角度锥面靠向前刀面的基本方法，同时应合理调整工作台转角，减少铣削干涉对刀具齿槽槽形的影响。

1.1.2　铣削加工工艺编制的基本方法与特点

与其他工种类似，铣削加工工艺系统由金属切削机床、刀具、夹具和工件四个要素组成。它们彼此关联，相互影响。铣削加工是机械加工中的典型加工方式，铣削加工工艺遵循工艺系统的通用规范，工艺规程制订的基本方法和特点如下：

1. 遵循铣削加工通用工艺守则

在确定铣削加工工艺过程时，应符合铣削加工的基本方法和规律，遵循铣削加工的通用守则。铣削加工通用工艺守则见表 1-1。

表 1-1　铣削加工通用工艺守则

主题内容与适用范围	本标准规定了铣削加工应遵守的基本规则，适用于各企业的铣削加工。在铣削加工中还应遵守 JB/T 9168.1—1998
引用标准	GB/T 4863—2008 机械制造工艺基本术语 JB/T 9168.1—1998 切削加工通用工艺守则　总则

（续）

铣刀的选择及装夹	1）铣刀直径及齿数的选择： ① 铣刀直径应根据铣削宽度、深度选择，一般铣削宽度和深度越大、越深，铣刀直径也应越大 ② 铣刀齿数应根据工件材料和加工要求选择，一般铣削塑性材料或粗加工时，选用粗齿铣刀；铣削脆性材料或半精加工、精加工时，选用中、细齿铣刀 2）铣刀的装夹： ① 在卧式铣床上装夹铣刀时，在不影响加工的情况下，尽量使铣刀靠近主轴，支架靠近铣刀。若需铣刀离主轴较远，应在主轴与铣刀间装一个辅助支架 ② 在立式铣床上装夹铣刀时，在不影响铣削的情况下，尽量选用短刀杆 ③ 铣刀装夹好后，必要时应用指示表检查铣刀的径向圆跳动和轴向圆跳动 ④ 若同时用两把圆柱形铣刀铣削平面，应选螺旋方向相反的两把铣刀
工件的装夹	1）在机用虎钳上装夹： ① 要保证机用虎钳在工作台上的正确位置，必要时应用指示表找正固定钳口面，使其与机床工作台运动方向平行或垂直 ② 工件下面要垫放适当厚度的平行垫铁，夹紧时，应使工件紧密地靠在平行垫铁上 ③ 工件高出钳口或伸出钳口两端不能太多，以防铣削时振动 2）使用分度头的要求： ① 在分度头上装夹工件时，应先锁紧分度头主轴。在紧固工件时，禁止将管子套在手柄上施力 ② 调整好分度头主轴仰角后，应将基座上四个螺钉拧紧，以免零位移动 ③ 在分度头两顶尖间装夹轴类工件时，应使前后顶尖的中心线重合 ④ 用分度头分度时，分度手柄应朝一个方向摇动，如果摇过位置，需反摇多于超过的距离再摇回到正确位置，以消除间隙 ⑤ 分度时，手柄上的定位销应慢慢插入分度盘（孔盘）的孔内，切勿突然撒手，以免损坏分度盘
铣削加工	1）铣削前把机床调整好后，应将不用的运动方向锁紧 2）机动快速趋进时，靠近工件前应改为正常进给速度，以防刀具与工件撞击 3）铣螺旋槽时，应按计算选用的交换齿轮进行试切，检查导程与螺旋方向是否正确，合格后才能进行加工 4）用成形铣刀铣削时，为延长刀具寿命，铣削用量一般应比圆柱形铣刀小25%左右 5）用仿形法铣成形面时，滚子与靠模要保持良好接触，但压力不要过大，使滚子能灵活转动 6）切断时，铣刀应尽量靠近夹具，以增加切削时的稳定性 7）顺铣与逆铣的选用： ① 在下列情况下，建议采用逆铣： a. 铣床工作台丝杠与螺母的间隙较大，又不便调整时 b. 工件表面有硬层、积渣或硬度不均匀时 c. 工件表面凸凹不平较显著时 d. 工件材料过硬时 e. 阶梯铣削时 f. 背吃刀量较大时 ② 在下列情况下建议采用顺铣： a. 铣削不易夹牢或薄而长的工件时 b. 精铣时 c. 切断胶木、塑料、有机玻璃等材料时

注：顺铣只有在工作台传动丝杠与螺母间的间隙及两端轴承间隙之和小于0.10mm，或沿进给方向的铣削分力小于导轨间摩擦力时才可采用。

2. 遵循工艺规程制订的一般程序

（1）确定生产类型　计算生产纲领（年产量），确定生产类型，各种生产类型的主要工艺特点见表1-2。

表 1-2　各种生产类型的主要工艺特点

生产类型	单件生产	成批量生产	大量生产
生产类型特点	事先不能决定是否重复生产	周期性地批量生产	按一定节拍长期不变地生产某一两种零件
零件的互换性	一般采用试配方法，很少具有互换性	大部分有互换性，少数采用试配法	具有完全互换性，高精度配合件用分组选配法
毛坯制造方法及加工余量	木模手工造型，自由锻，精度低，余量大	部分用金属模、模锻，精度和加工余量中等	广泛采用金属模和机器造型、模锻及其他高生产率方法，精度高，余量小
设备及其布置方式	通用机床按种类和规格以"机群式"布置	采用部分通用机床和部分高生产率专用设备，按零件类别布置	广泛采用专用机床及自动机床并按流水线布置
夹具	多用标准附件，必要时用组合夹具，很少用专用夹具，靠划线及试切法达到精度	广泛采用专用夹具，部分用划线法达到精度	广泛采用高生产率夹具，靠调整法达到精度
刀具及量具	通用刀具及量具	较多用专用刀具及量具	广泛用高生产率刀具及量具
工艺文件	只要求有工艺过程卡片	要求有工艺卡片，关键工序有工序卡片	要求有详细完善的工艺文件，如工序卡片、调整卡片等
工艺定额	靠经验统计分析法制订	重要复杂零件用实际测定法制订	运用技术计算和实际测定法制订
对工人的技术要求	需要技术熟练的工人	需要一定技术熟练程度的工人	对工人技术要求较低，但对调整工技术要求高
生产率	低	中	高
成本	高	中	低

（2）分析加工零件的工艺性　其中包括以下内容：

1）了解铣削加工零件的各项技术要求，并了解零件各项技术要求的制订依据，找出主要技术要求和铣削加工关键，以便在拟订工艺规程时采取适当的工艺措施加以保证。

2）审查铣削加工零件的结构工艺性及零件结构的切削加工工艺性，以达到工件便于在机床或夹具上装夹、减少装夹次数、减少刀具调整与进给次数、尽可能采用标准刀具、减少刀具种类、减少切削加工难度等目标。

（3）确定铣削加工坯件　包括确定坯件的种类、形状、制造方法和尺寸偏差。

（4）拟订铣削工艺过程　包括工艺过程的组成、选定定位基准、选择零件表面的加工方法、安排加工顺序和组合工序等。

（5）铣削加工工序设计　包括划分工艺过程的组成、确定加工余量、计算工序尺寸及其公差、确定切削用量及计算工时定额等。

（6）编制工艺文件　按照标准格式和要求编制工艺文件。

3. 充分发挥铣削加工的高速、高效特点

1）平面加工采用可转位硬质合金刀具高速铣削、阶梯铣削。

2）批量生产采用多件、多工位夹具。

3）根据工件加工面特点采用铣刀组合加工方法。

4）大型工件采用几个方向铣头或多个动力头同时进行铣削加工的方法。

5）仿形铣削采用一个模型多个工件同时仿形铣削的方法。

6）使用成形铣刀铣削加工，一次铣成法向截面较为复杂的成形面或成形槽。

7）夹具采用气动、液压等快速夹紧机构。

4. 注意工种衔接和铣削工序衔接合理性

（1）与其他工种前后衔接　轴、套、盘类工件通常与车削加工衔接，轴、套、盘类工件车工工序一般在铣削加工前完成，作为铣削加工的坯件。热处理、镗、钻、钳工等工序通常安排在铣削加工之后。

（2）与其他工种穿插衔接　箱体类工件和模具等特殊零件的加工工艺比较复杂，通常会有工种穿插衔接，铣削加工过程中常会有热处理工序、钳工划线工序、镗削加工工序等，此时应注意工种穿插安排的合理性。

（3）普通铣削加工与数控铣削加工衔接　一些精度要求较高的模具型面、特殊零件会采用数控机床进行铣削加工，通常由普通铣床粗加工后进行精加工，或由普通机床加工精度要求不高的部位，由数控机床加工精度要求较高的部位，此时应注意基准面的转换和选择，以保证铣削工艺的正确和合理性。

（4）普通铣削加工工序衔接

1）作为基准的部位应先进行铣削加工。

2）余量多、分为粗精加工的部位应先粗后精进行铣削加工。

3）精度要求较高的铣削加工部位，为了减少其他部位加工对其的影响，应安排在其他铣削工序之后进行加工。

4）一次装夹后，尽可能将可以加工的内容顺序进行铣削加工。

5）铣削加工后会影响其他加工部位加工装夹的应安排在后道工序铣削加工。

5. 数控铣削加工工艺的主要内容和特点

1）主要内容。

① 选择适用的数控机床。

② 分析被加工零件的图样，明确加工内容及技术要求。

③ 确定零件的加工方案，制订数控加工工艺路线，包括划分工序，安排加工顺序，处理与非数控加工工序的衔接等。

④ 安排加工工序的作业内容，如零件的定位基准、确定夹具方案、划分工步、选用刀辅具、确定切削用量等。

⑤ 数控加工程序的调整。按零件坐标系选对刀点和换刀点，确定刀具补偿，确定加工路线。

⑥ 分配数控加工中的加工余量和尺寸公差。

⑦ 处理数控机床的部分工艺指令。

2）数控铣削加工工艺的主要特点是依靠程序完成所有铣削工艺过程。数控加工程序是数控机床的指令性文件。数控机床受控于程序指令，加工的全过程都是按程序指令自动进行的。数控加工程序不仅包括零件的工艺过程，而且还包括了完成工艺过程所必需的工艺参数，如切削用量、进给路线、刀具尺寸编号以及机床的运动过程。

3）数控铣削加工的常见工艺文件是指导工人操作和用于生产、工艺管理的各种技术文件，主要包括数控加工工序卡、数控刀具调整单、机床调整单、加工路线图、零件加工程序单等。

4）数控铣削加工工艺具有复合加工的工艺特点。复合加工是数控机床的一个重要发展趋势，是指在柔性自动化的数控加工条件下，当工件在机床上一次装夹后，能完成同一类工艺方法的多工序加工（如同属切削方法的车、铣、钻、镗、磨等加工）或者不同类工艺方法的多工序加工（如切削加工、激光和超声加工），多轴数控机床能加工一个工件的五个面，从而能在一台机床上顺序地完成工件的全部或大部分加工工序。

5）数控铣削加工工艺具有精细加工的工艺特点，精细加工的基础是高速切削，加工的量小、快进使切削力减小，切屑的高速排出，减少了工件受切削力和热应力变形的影响，提高了刚度差和薄壁零件切削加工的可能性。切削力的减小和转速的提高使切削系统的工作频率远离机床的低阶固有频率，而工件的表面粗糙度对低阶频率最为敏感，由此降低了表面粗糙度。薄壁零件的薄壁可达到 0.3mm 而不会变形，表面粗糙度可达到磨削加工的效果（见图 1-1）。

图 1-1　精细加工的表面效果

1.2 典型零件铣削加工工艺编制和分析

1.2.1 箱体零件（C6150型车床主轴箱箱体）铣削加工工艺规程分析

1. 箱体零件的工艺分析

主轴箱体是机床的基础零件之一，按照变速、换向等传动要求，箱体内装有轴和轴承、齿轮、离合器、手柄和盖板等零件和组件。这些零件和组件的装配精度很大程度上取决于箱体本身的铣、镗、钻的加工精度。箱体还要以其底面和导向面（安装基准面）装配到床身上去，与其他部件保持一定的相互位置，满足机床的运动精度要求。因此，主轴箱的加工质量直接影响到机床的精度。

箱体零件结构复杂，箱壁较薄，加工面多。图 1-2a 所示为 C6150 车床主轴箱箱体装配图，图 1-2b 是 C6150 车床主轴箱箱体展开图。在箱体零件中以主轴箱精度要求比较高，其技术要求如下：

（1）轴孔精度 轴孔的尺寸误差和几何形状误差会造成轴承与孔的配合不良。配合过松会使主轴回转中心不稳定，并降低了支承刚度，易产生振动和噪声。配合过紧，轴承将因外环变形而不能正常运转。

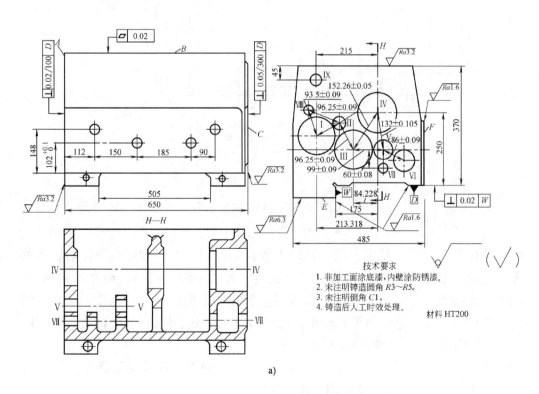

图 1-2 C6150 车床主轴箱箱体

a）主轴箱箱体装配图

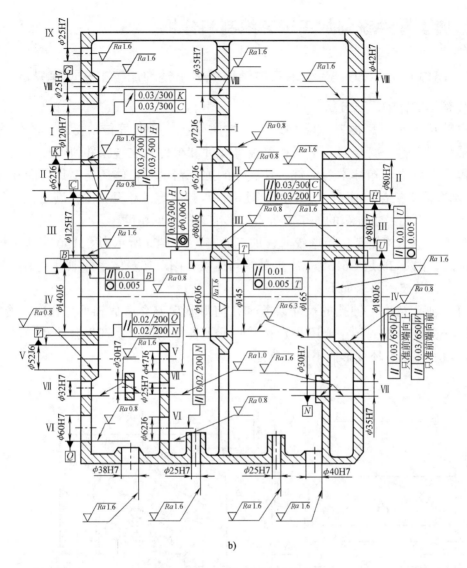

图 1-2 C6150 车床主轴箱箱体（续）

b）主轴箱箱体展开图

（2）轴孔的相互位置精度　同一轴线上各孔的同轴度误差和轴孔端面对轴线的垂直度误差使轴和轴承装配到箱体后产生歪斜，造成主轴径向圆跳动和轴向窜动，也加剧了轴承磨损。各轴线之间的平行度误差影响轴上齿轮的啮合精度。轴线之间的距离偏差对渐开线齿轮传动影响较小，但要防止距离偏小使齿轮啮合时没有间隙，甚至咬死；距离偏大易产生传动冲击及噪声。

（3）轴孔和平面的相互位置精度　C6150 车床主轴箱的安装基面是底面 D 和导向面 E，决定了主轴与床身导轨的相互位置关系。

（4）平面的精度　装配基面的平面度影响主轴箱与床身连接时的接触刚度，若在加工过程中作为定位基面还会影响轴孔加工精度。因此规定底面 *D* 和导向面 *E* 必须平直，用涂色法检查接触点数或面积。还应规定 *D*、*W* 面的垂直度公差。箱体前后端面 *A*、*C* 须与底面 *D* 垂直，以间接保证前后端面与孔的轴线垂直。顶面 *B* 的平面度要求是为了保证箱盖的密封性，防止工作时润滑油泄出。当顶面 *B* 须用作统一基面时，对它的平直度要求就更高。

（5）表面粗糙度　影响连接面的配合性质或接触刚度，一般主轴孔为 *Ra*1.6 ~ *Ra*0.8μm，其余孔为 *Ra*1.6μm，装配基面和定位基面为 *Ra*1.6 ~ *Ra*0.8μm（磨削加工）或 *Ra*3.2 ~ *Ra*1.6μm（刮削），其他平面为 *Ra*6.3 ~ *Ra*1.6μm。

2. 箱体材料和毛坯

箱体材料常选用 HT150 ~ HT350 各种牌号的灰铸铁，这是由于灰铸铁具有较好的耐磨性、可加工性、阻尼特性和经济性特点。坐标镗床的主轴箱选用耐磨铸铁，有时一些负荷较大的箱体采用铸钢件。为了缩短毛坯制造的生产周期，单件生产或某些简易机床的箱体可采用钢材焊接结构。

3. C6150 车床主轴箱零件图样分析

1）该零件为机床主轴箱，主要加工部位为平面和孔系，零件结构复杂，加工精度要求高，加工中应注意合理选择定位基准及夹紧力。

2）箱体材料 HT200，适用于金属切削机床床身等比较重要的铸件。

3）铸件采用人工时效处理。

4）箱体上面的几何公差要求：

① 箱体上 *B* 面平面度公差为 0.02mm。

② *A* 面与 *D* 面的垂直度公差为 0.02mm/100mm。

③ *C* 面与 *D* 面的垂直度公差为 0.05mm/300mm。

④ *D* 面与 *W* 面的垂直度公差为 0.02mm。

5）箱体上孔系的几何公差要求：

① Ⅰ 轴轴孔的轴线对基准 *K*、*C* 的径向圆跳动公差均为 0.03mm/300mm。

② Ⅱ 轴轴孔的轴线对基准 *G* 的平行度公差为 0.03mm/300mm，对基准 *H* 的平行度为 0.03mm/500mm。

③ Ⅲ 轴轴孔的轴线对基准 *C* 的平行度公差为 0.03mm/300mm，对基准 *V* 的平行度公差为 0.03mm/200mm。

④ Ⅳ 轴轴孔内表面对基准 *H* 的平行度公差为 0.03mm/300mm，Ⅳ轴各轴孔表面对基准 *C* 的同轴度公差为 0.006mm；Ⅳ轴各轴孔的圆度公差均为 0.005mm，每孔内表面相对侧素线的平行度公差为 0.01mm；Ⅳ轴轴孔的轴线对基准 *D* 和 *W* 的平行度公差为 0.03mm/650mm。

⑤ Ⅴ 轴轴孔的轴线对基准 *Q*、*N* 的平行度公差均为 0.02mm/200mm。

⑥ Ⅵ 轴轴孔的轴线对基准 *N* 的平行度公差为 0.02mm/200mm。

4. C6150车床主轴箱箱体机械加工工艺过程（见表1-3）

表1-3 C6150车床主轴箱箱体机械加工工艺过程

工序号	工序名称	工序内容	工艺装备
1	铸造		
2	清砂		
3	时效处理	人工时效处理	
4	涂底漆	涂红色防锈底漆	
5	划线	1）按图样外形尺寸及主轴孔位置划出IV轴轴孔中心线 2）划出B、D、W、F各面加工线及找正线 3）根据轴承挡位置划出A、C面加工线及找正线	
6	粗、精铣	以F面定位安装，找正中心线，粗、精铣顶面B	X6120
7	刨	以B面定位安装，找正中心线，粗刨、半精刨D、W、F、E面，各面留余量0.5～0.8mm	BQ2010A
8	磨	以B面定位安装，W面找正，粗、精磨D、W面至图样尺寸	M7130
9	铣	以D面、W面定位安装，粗、精铣A、C面至图样尺寸	X6120
10	划线	以D面、W面为基准，划线样板划出A面各孔加工线及其他面上孔的加工线	划线样板
11	粗镗	以D面和W面定位装夹，按轴孔加工线找正，粗镗I、II、III、IV各轴孔，留加工余量5～8mm	T618
12	半精镗	以D面、E面、C面定位装夹，半精镗I、II、III、IV各轴孔，留加工余量1.5～2mm，钻、扩、铰其余各孔	T618
13	精镗	以D面、W面、C面定位装夹，精铰I、II、III、IV各孔至图样尺寸	T618
14	钻	以D面、W面和A面定位装夹，钻、扩、铰C面各孔，并钻、攻全部光孔和螺纹孔	T618
15	磨	粗、精磨F面	M7130
16	钳	去毛刺	
17	检验		
18	入库		

5. 箱体加工工艺分析

1）主轴箱的主要加工表面是平面和孔，由于车床主轴箱的尺寸不大，刚度较好，所以平面加工一般困难不大，为尽可能减少装配时的刮削量，平面精加工时的精度和表面粗糙度要求比较高。

2）轴孔加工时，由于刀具与辅助工具（如铰刀和镗刀杆）的尺寸受到孔径的限制，所以刚度差、容易变形，影响孔加工的精度和效率。而且箱体内隔板上的精密孔加工时，刀具因悬伸长而更容易变形。因此，孔加工的尺寸、形状和位置精度较难保证。根据以上分析，C6150车床主轴箱箱体的关键是轴孔加工。

3）选择定位基准时，考虑到孔系加工的精度要求高、需要经过多次安装、箱体零件有较大面积的平面，因此有必要采用统一基准。车床主轴箱的基准统一有两种方案：

① 中小批量生产以底面为统一基准，即图 1-2a 所示的底面 D 和导向面 E。采用这种定位方式加工定位基准、装配基准和设计基准重合时没有定位误差。箱体顶面开口向上，便于在加工过程中测量孔径，也便于安装、调整刀具和观察加工情况。但在加工箱体内隔板上的轴孔时需用支承和导向。由于箱体底部是封闭的，只能采用图 1-3 所示的吊架式镗模，镗模设有定位销定位，但刚度比较差，制造安装精度比较低。

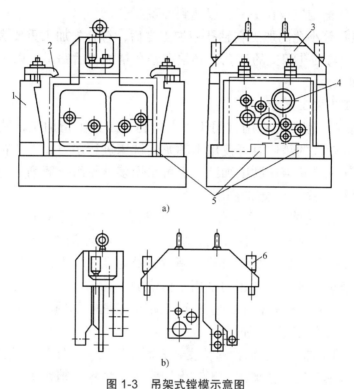

图 1-3 吊架式镗模示意图

a）装配图 b）吊架

1—镗模板 2—压板 3—吊架 4—镗套 5—定位板 6—定位插销

② 批量大时，采用顶面及两个销孔作为统一基准，如图 1-4 所示，此时工件箱口朝下，中间导向支承架可直接固定在夹具体上。夹具刚度好，有利于保证相互位置要求，工件装卸方便。但箱体顶面向下无法在加工过程中观察，不便于测量孔和调整刀具，通常需要采用定尺寸刀具直接获得工件尺寸。此法的主要缺点是基准不重合，由于主轴轴线对安装基准的平行度间接保证，所以精度较难达到，必须在装配时进行修刮。

4）安排加工顺序时应掌握以下要点：

① 安排人工时效工序。为了消除铸造内应力，

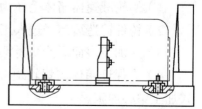

图 1-4 箱体顶面定位的镗模

防止加工后的变形，需进行时效处理。时效处理一般应安排在粗加工平面和轴孔之后，精加工之前。对于普通机床的箱体可在毛坯铸造后即进行时效处理，而在粗加工后、精加工之前存放一段时间，以消除加工内应力。

② 粗精分开，先粗后精。箱体零件主要是平面和轴孔加工，应尽可能把粗、精加工分开，并分别在不同机床上进行。

③ 先加工平面，后加工轴孔，符合箱体加工的一般规律。其中主轴箱体正面（俗称排挡面）的磨削应放在最后，以达到外观要求。

④ 紧固螺孔等小孔的加工在轴孔精加工之后，符合先加工重要表面、后加工次要表面的原则。与轴孔相交的油孔，必须在轴孔精加工后钻出，以免精镗轴孔时产生断续切削和振动。

6. 箱体加工主要工序分析

1）平面加工。刨削和铣削常用于平面的粗加工和半精加工，铣削的生产效率高，当加工尺寸较大的箱体时可使用多轴龙门铣床进行多刀加工。箱体平面的精加工采用平面磨床和导轨磨床磨削加工，也可采用多砂轮组合磨削。对于精度很高的机床箱体，则仍需要进行一定的刮削。

2）孔系加工。箱体上一系列有相互位置精度要求的轴承孔称为孔系，包括平行孔系、同轴孔系和交叉孔系。保证孔系加工精度要求是箱体加工的关键。通常应根据孔系精度要求采用不同的加工方法。精度较低的孔采用划线找正、试切镗孔，大批量生产采用镗模法加工，常用的是用坐标法加工孔系。坐标法是按孔系的坐标尺寸，在普通镗床、立式铣床和坐标镗床上借助测量装置提高孔系的尺寸和位置精度。有条件的可采用数控机床进行加工。

3）主轴孔的精加工。主轴孔的精度和表面粗糙度要求比其他轴孔高，应在其他轴孔精加工后再单独进行精加工。工艺上通常将半精镗和精镗工序在不同设备上进行，在一台设备上加工应在半精镗后使工件松夹，从而使夹紧或内应力引起的变形得以纠正。机床主轴箱的主轴孔精加工方法有精镗—浮动镗、精镗—珩磨和精镗—滚压等。

1.2.2 蜗轮减速器箱体数控铣削加工工艺规程分析

1. 毛坯及机床选择

1）蜗轮减速器箱体毛坯为铸件，厚度不同，毛坯余量较大。

2）铸件铸造后需经过人工时效处理。

3）非加工表面需涂防锈漆。

4）为保证箱体内蜗轮蜗杆的啮合精度，孔系之间位置精度要求较高，故采用卧式加工中心加工。

5）考虑经济性，减速器箱体的基准面可以安排普通铣床完成。

2. 零件图样分析

蜗轮减速器箱体如图 1-5 所示。

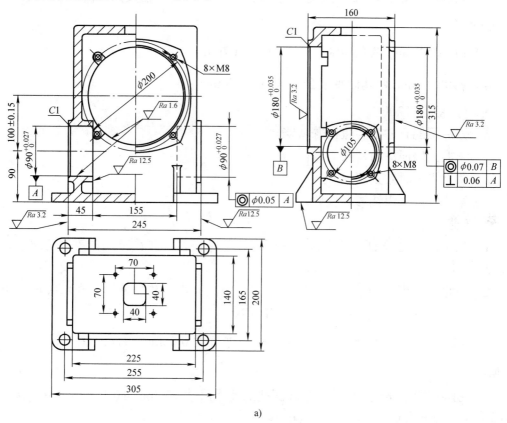

a)

b)

图 1-5 蜗轮减速器箱体

a）结构 b）外形

1）零件结构复杂，加工精度要求高，加工中应注意合理选择定位基准及夹紧力。

2）$\phi 180_0^{+0.035}$ mm 孔轴心线对基准轴线（$\phi 90$mm 孔轴线）A 的垂直度公差为 0.06mm。

3）$\phi 180_0^{+0.035}$ mm 两孔同轴度公差为 $\phi 0.07$mm。

4）$\phi 90_0^{+0.027}$ mm 两孔同轴度公差为 $\phi 0.05$mm。

5）材料为 HT200。

6）铸件不能有砂眼、疏松等缺陷。

7）非加工表面涂防锈漆。

8）铸件人工时效处理。

9）箱体内部做煤油渗漏检验。

3. 工艺分析

1）加工前，安排划线工艺，以保证工件壁厚均匀，并及时发现铸件的缺陷，减少废品。

2）该箱体工件壁薄，加工时应注意夹紧力的大小，防止变形。在精镗前要求对工件压紧力进行适当的调整，以确保加工精度。

3）$\phi 180_0^{+0.035}$ mm 与 $\phi 90_0^{+0.027}$ mm 两孔的垂直度 0.06mm 要求，由机床分度精度保证。

4）$\phi 180_0^{+0.035}$ mm 与 $\phi 90_0^{+0.027}$ mm 两孔的孔距尺寸 100mm ± 0.15mm，由机床定位精度保证，可采用装心轴的方法检测。

4. 蜗轮减速器箱体机械加工工艺过程卡片（见表 1-4）

表 1-4　蜗轮减速器箱体机械加工工艺过程卡片

工序号	工序名称	工序内容	工艺装备
1	铸	铸造	
2	清砂	清砂	
3	热处理	人工时效处理	
4	涂装	涂红色防锈底漆	
5	划线	划上平面加工线	
6	铣	以顶面毛坯定位，按线找正，粗、精铣底面及 4 个孔	普通铣床
7	铣	以底面定位装夹工件，粗、精加工各面及孔系	卧式数控加工中心
8	钳	修毛刺	
9	试验	煤油渗漏试验	
10	检验	按图样检查工件各部尺寸及精度	
11	入库	入库	

5. 蜗轮减速器箱体数控加工工序卡片（见表 1-5）

在数控加工之前，基准底面已在普通铣床上完成加工。

表 1-5　蜗轮减速器箱体数控加工工序卡片

数控加工工艺卡			工序号	零件图号	材料名称		零件数量	
			7		HT200		小批量	
设备名称	卧式加工中心	系统型号	FANUC	夹具名称	组合夹具	毛坯性质	铸造件	
工序号	加工内容			刀具号	主轴转速 / （r/min）	进给量 / （mm/r）	背吃刀量 / mm	备注
1	以底面定位装夹工件，粗、精铣顶面，保证尺寸为 315mm			T1	500/800	60/80		
2	粗、精铣顶面 40mm×40mm 通气孔			T2	800/1000	80/100		
3	钻顶面 4×M6 螺纹中心孔			T3	1200	40		
4	钻顶面 4×M6 螺纹底孔至 $\phi 5$mm			T4	600	30		
5	以底面定位，粗铣 $\phi 90^{+0.027}_{0}$ mm 两孔侧面，至尺寸 246mm			T1	500	60		
6	粗镗 $\phi 90^{+0.027}_{0}$ mm 至尺寸 $\phi 89$mm			T5	350	60		
7	工作台旋转 90°，粗铣 $\phi 180^{+0.035}_{0}$ mm 两孔侧面，至尺寸 161mm			T1	500	60		
8	粗镗 $\phi 180^{+0.035}_{0}$ mm 至尺寸 $\phi 179$mm			T6	250	40		
9	调整工件压紧力（工件不动），精铣 $\phi 180^{+0.035}_{0}$ mm 两孔侧面，至尺寸 160mm			T1	600	80		
10	精镗 $\phi 180^{+0.035}_{0}$ mm 至尺寸要求，保证与 $\phi 90^{+0.027}_{0}$ mm 孔距尺寸（100±0.15）mm			T7	400	60		
11	钻 8×M8 螺纹中心孔			T3	1200	40		
12	钻 8×M8 螺纹底孔至 $\phi 6.7$mm			T8	600	30		
13	攻 M8 螺纹至尺寸要求			T9	90	90		
14	工作台旋转至 0°，精铣 $\phi 90^{+0.027}_{0}$ mm 两孔侧面，至尺寸 245mm			T1	500	60		
15	精镗 $\phi 90^{+0.027}_{0}$ mm 至尺寸要求，保证与 $\phi 180^{+0.035}_{0}$ mm 孔距尺寸（100±0.15）mm			T10	600	70		
16	钻 8×M8 螺纹中心孔			T3	1200	40		
17	钻 8×M8 螺纹底孔至 $\phi 6.7$mm			T8	600	30		
18	攻 M8 螺纹至尺寸要求			T9	90	90		
编制		审核		批准		年　月　日	共　页	第　页

6.蜗轮减速器箱体数控加工刀具卡片（见表 1-6）

表 1-6　蜗轮减速器箱体数控加工刀具卡片

序号	刀具号	刀具名称	刀具规格 /mm	刀具材料	补偿号	备注
1	T1	面铣刀	ϕ 50	硬质合金		
2	T2	立铣刀	ϕ 16	硬质合金		
3	T3	中心钻	ϕ 3	高速钢		
4	T4	直柄麻花钻	ϕ 5	高速钢		
5	T5	镗刀	ϕ 89	硬质合金		
6	T6	镗刀	ϕ 179	硬质合金		
7	T7	镗刀	ϕ 180	硬质合金		
8	T8	直柄麻花钻	ϕ 6.7	高速钢		
9	T9	丝锥	M8	高速钢		
10	T10	镗刀	ϕ 90	硬质合金		
编制		审核	批准	年　月　日	共　页	第　页

1.3　铣削加工的发展趋势与提高加工精度的措施

1.3.1　铣削加工的发展趋势

1）铣削加工的发展与多种因素有关，总的来看，铣削朝着两个方向发展：一是以提高生产率为目的的强力铣削；二是以提高精度为目的的精密铣削。模具钢、不锈钢和耐热合金等难加工材料的出现对机床和刀具都提出了新的要求，强力铣削就是在这种背景和条件下产生的。它要求机床具有大功率、高刚度，要求刀具具有良好的切削性能，而机床与刀具的发展反过来又促进了强力铣削的发展。

2）由于铣削效率比磨削效率高，特别是对大平面及长宽都比较大的导轨面采用精密铣削代替磨削将大大提高生产率，因此以铣代磨成为平面与导轨加工的一种趋势。例如，用硬质合金刀片的面铣刀盘加工大型铸铁导轨面，精铣时直线度误差在 3m 长度内可达 0.01 ～ 0.02mm，表面粗糙度可达 Ra1.6 ～ Ra0.8μm，而铝合金的超精铣削其表面粗糙度可达 Ra0.8 ～ Ra0.4μm。

3）由于铣削是多刃刀具的断续切削，容易产生振动，从而降低加工表面质量和精度，并影响生产率。为了抑止铣削过程中的振动，近年来研究和发展了一种被称为"变速铣削"的铣削形式，即在铣削过程中按一定的规律改变铣削速度，可以使铣削振动幅度降低到恒速铣削时的 20% 以下。试验表明，在一定范围内增大变速幅度、提高变速频率，均可使变速铣削的抑振效果明显提高。对于一般中小惯量的铣床，如采用正弦波、锯齿波等无平顶特性的变速波形，抑振效果比较好。

4）高速铣削是提高生产效率的重要手段，随着刀具材料的发展，铣削速度也在不断提高。例如，对中等硬度（150 ～ 225HBW）的灰铸铁，高速钢铣刀切削时的速度为 15 ～ 20m/min，硬质合金铣刀为 60 ～ 110m/min，而采用多晶立方氮化硼铣刀的切削速度可达 305 ～ 762m/min。新刀具材料的出现，使得高速加工成为了可能，但高速加工在实际加工中的应用还需考虑一些其他因素，如生产量、加工余量、进给量等。批量越大，采用高速加工的意义也越大；被加工零件需要切除的余量越大，采用高速机加工越合算；对薄壁工件（如飞机机翼上的结构筋）采用小进给量的高速加工，可得到无变形的截面等。此外，采用高速加工所引起的企业一般管理费用的增减也是必须考虑的因素之一。

5）应用数控高速铣削技术已成为铣削加工发展的主要方向之一。数控高速铣削在航空制造业中铝合金零件、高强度铝合金整体构件、薄壁类零件加工领域应用广泛。在现代模具制造业中，采用数控高速铣削替代电火花生产模具，具有提高模具加工效率、提高模具精度、模具使用寿命长等特点。

高速铣削一般采用高主轴转速和高进给速度，切削速度是常规切削速度的 5~10 倍。高速铣削采用高的铣削速度、适当的每齿进给量和小的铣削深度，铣削时大量的铣削热被切屑带走，工件表面的切削温度较低，有利于提高加工表面的精度。

数控高速铣削应选用高精度高速主轴和控制精度高的高速进给系统的数控类铣床，并选用适用于高速铣削的新型刀具，如涂层刀具、陶瓷刀具、立方氮化硼刀具和聚晶金刚石刀具等。同时，数控高速铣削应采用相应的高速铣削工艺技术，包括选择铣削方式、铣削参数、表面质量控制方法等。

高速切削加工工艺与常规切削加工工艺有很大的不同。常规切削认为高效率应由低转速、大切深、缓进给、单行程等要素决定，而高速切削则通过高转速、小切深、快进给、多行程等要素实现高效率。

对于特殊材料的高速数控铣削，还应注意选择的机床应具有高速 CNC 控制系统。数控超高速铣削要求机床 CNC 系统的数据处理时间要快得多，高的进给速度要求 CNC 系统不仅要有很高的内部数据处理速度，而且还应有较大的程序存储量。同时，要求机床床身、立柱和工作台等基础支承部件具有高静刚度、动刚度和热刚度。

1.3.2 铣床制造的发展趋势

1. 铣床发展的基本类型

铣床的类型很多，随着铣床功能的进一步优化和完善，其结构布局更为合理，升降台铣床、床身铣床和龙门铣床已成为未来发展的三大主流基本类型。普通型升降台铣床适用于单件小批量、中小型零件的生产。床身铣床刚度较升降台铣床好，加工精度也较高，适用于加工较大的零件。龙门铣床适用于加工大型和重型零件的平面、斜面，数控或仿形龙门铣床可加工曲面，若配置滑枕式铣头则可进行镗孔加工。

2. 铣床发展的派生类型

在铣床基本类型的基础上，为了适应不同加工对象和不同生产规模，铣床的派生类型不断产生，如摇臂铣床、滑枕铣床、专门化铣床和专用铣床，有些还形成了独立的系列。数控技术的应用扩大了铣床的加工范围，提高了铣床的自动化程度。

数字显示型铣床也是铣床的派生类型之一，应用数显技术，显示主轴的转速、工作台进给速度和位移量，使得普通的铣床操作更为便捷、直观。

3. 铣床运动系统的高速化发展趋势

为了进一步提高铣床的生产效率和加工精度，以及适应轻合金材料和轻、薄、小型零件的加工需要，必须向高速化发展，包括主轴转速高速化、进给系统高速化（高速度和高加速度）和辅助运动高速化。主轴高速化要求主轴最高转速从 1000 ~ 2500r/min 提高到 6000r/min 甚至 15000r/min。进给系统不仅需要提高铣削过程进给运动的高速化，还应大幅度提高快速进给速度，从而提高生产效率和加工精度。辅助运动的高速化在自动化加工中显得特别重要，提高工件装夹、自动换刀等辅助运动的速度，可有效提高自动化铣削加工的效率。

4. 铣床设计技术的发展趋势

为了适应铣床高速化和提高加工精度的要求，铣床的设计势必由静态设计过渡到动态设计，即在铣床的结构设计阶段优化其动态性能。由于动态性能设计进一步强化的要求，必然促使铣床动态测试分析技术的进一步发展。

5. 数控铣床类机床的发展趋势

数控铣床类机床包括各种应用数控系统控制的，具有铣削功能的数控铣床、各类数控专用铣床、数控铣镗床、数控仿形铣床、加工中心和复合加工中心等。数控铣床类机床的发展趋势与数控机床技术的发展是同步的，具有精密、柔性和高效功能的数控机床，随着社会需求的多样化和计算机等相关技术的不断突破，将会向更广泛的领域和更深的层次发展。主要发展趋势包括：高速度、高精度和高效率，机床动态特性和静态特性的不断改善；人工智能化控制，产生了实时智能控制的新领域；柔性化和自动化，数控单机柔性化程度不断提高，"无人化"管理生产模式逐步趋于完善；复合化和多轴化，数控机床将朝着多轴、多系列控制功能的方向发展；高集成化发展，提高数控机床的运行速度、实现超大尺寸图形显示、图形动态跟踪和仿真等功能；网络化发展，将数控机床联网可实现远程控制和自动化操作；开放式发展，数控机床将可采用远程通信、远程诊断和远程维修。图 1-6 所示为数控类铣床的典型示例。

1.3.3 提高铣削加工精度的途径和措施

1. 影响铣削加工精度的因素分析

（1）铣削振动对铣削加工精度的影响　铣削振动是铣削加工的断续切削特点和铣削方式（逆铣或顺铣）、工艺系统刚度引起的，铣削振动直接影响铣削加工精度。铣削加工中引起振动的常见原因如下：

1）多切削刃刀具断续切入工件加工表面，切削力不断变化，引起工艺系统周期性振动。

2）逆铣时铣刀在切入工件加工表面时有一段滑移距离，使得刀杆抬起，切入加工表面后刀杆又被拉下，引起周期性铣削振动。

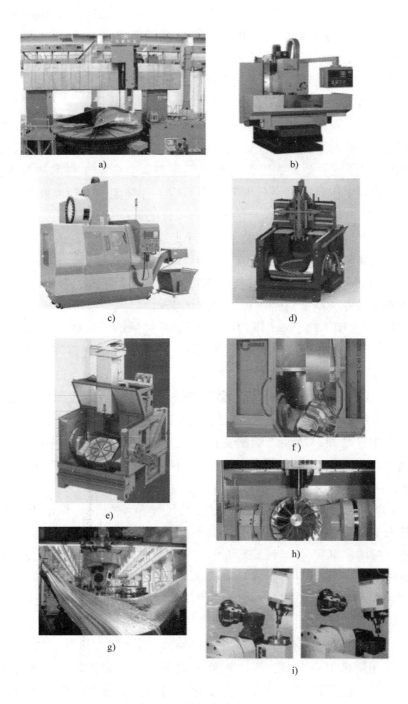

图 1-6　数控类铣床示例

a）船用螺旋桨七轴五联动立式车、铣加工中心　b）立式数控铣床　c）凸轮自动换刀加工中心
d）五轴立式加工中心　e）叶片用多轴联动数控龙门铣床　f）五轴联动高速加工中心
g）A/C 轴双摆动立式加工中心　h）叶轮用多轴联动数控加工中心　i）双主轴多轴联动加工中心

3）铣床因主轴、工作台导轨、传动机构等间隙引起铣削振动，影响加工精度。

4）铣床夹具在铣削过程中因刚度不足引起铣削振动。

5）铣刀刀杆较长、铣刀直径或长度尺寸较大引起铣削振动。

6）工件刚度不足，或定位、夹紧不当引起铣削振动。

（2）铣床精度对铣削加工精度的影响

1）铣床主轴位置和运动精度差，如立式铣床的主轴对工作台面的垂直度误差大，会影响加工平面的平面度；又如铣床主轴径向圆跳动大，影响加工表面粗糙度。

2）铣床工作台精度差，如工作台面平面度差，会影响工件和夹具的安装精度；工作台横向移动对工作台面的平行度差，会影响工件铣削的平行度和垂直度等。

3）铣床的工作精度差，会综合性地影响工件的铣削加工精度。

4）铣床使用的附件和辅具精度差，如万能铣床换装的立铣头精度差，影响工件加工精度；又如换装的插头精度差，会影响插削加工的精度等。

5）数显铣床的检测装置误差大，会直接影响工件移距精度，影响加工尺寸控制。

（3）铣刀及其安装精度对铣削加工精度的影响

1）铣刀材料选用不当，会引起刀具切削部分过早磨损。如在铣削铸铁时选用了YT类（P类）⊖的硬质合金，铣削加工淬火钢时选用高速钢铣刀等会直接影响加工的正常进行，使得铣削加工尺寸精度难以控制。

2）铣刀形式、结构参数选用不当会影响铣削过程的稳定性和尺寸精度控制。如铣削车床光轴上的直角长槽时选用立式铣刀加工，致使铣刀在铣削过程中因转速高、行程长等因素中途磨损，从而影响槽宽的精度控制。又如在进行切割铣削加工时选用的锯片铣刀直径过大、厚度较小，致使铣刀在铣削过程中扭曲变形，影响锯削尺寸精度控制，严重时会引起铣刀折损，造成废品。

3）铣刀的几何精度差会影响铣削过程的尺寸精度控制。如用于键槽铣削的键槽铣刀，其刀尖部分外圆尺寸磨损后未修磨到位，残留的部分会直接影响键槽的截面形状，使得键槽底部尺寸变小，形状变异。又如使用盘形齿轮铣刀铣削加工齿轮，铣刀磨损后没有及时修磨前刀面或没有修磨到位，使得齿廓形状变异，影响齿轮铣削的形状精度和齿厚精度控制。再如选用圆柱形铣刀加工平面，若铣刀的圆柱度误差大，将直接影响工件的平面度和尺寸精度控制。

4）铣刀几何角度选用不当会影响铣削过程的尺寸精度控制。如前角选用不当，致使铣削过程切屑排出不顺畅，影响工件表面质量。又如铣削薄形工件平面时选用的铣刀偏角较小，使得铣削力分配比例变化，引起铣削振动，影响工件平面度。再如用于精铣的螺旋齿铣刀选用螺旋角较小，使得铣削过程不平稳，引起铣削振动影响加工精度。

⊖　国际标准分类中将硬质合金分为 K、P、M 三大类，但国内大多数仍使用原标准。

5）铣刀安装精度差会影响铣削过程的尺寸精度控制。如盘形齿轮铣刀安装选用的刀轴过长、铣刀安装的位置离主轴距离过大、支架轴承调整不当间隙过大等，造成铣刀跳动，引起铣削振动和加工尺寸难以控制。又如指形齿轮铣刀安装选用的刀轴精度差、铣刀安装过程操作不当等，致使铣刀安装后与主轴不同轴，铣刀回转精度差，直接影响加工精度。

（4）工件装夹不当对铣削加工精度的影响

1）加工薄形工件，设置的定位、夹紧部位不合理，使用的夹紧力过大会引起工件变形，影响加工精度。

2）加工细长轴缺少辅助支承，引起工件变形。

3）选用的通用夹具精度差，如机用虎钳的固定钳口与钳体底面基准不垂直，引起矩形工件装夹误差，影响加工精度。又如用分度头加工离合器，因分度头主轴回转精度差，引起离合器齿分布圆与工件装配基准不同轴。

4）使用的专用夹具设计不合理、制造精度差，工件装夹操作不合理，使得工件装夹精度差，影响加工精度。

（5）铣削加工工艺步骤不当、操作调整不当对铣削加工精度的影响

1）铣削余量分配不合理。

2）切削用量选用不当。

3）铣削方法不符合规定的铣削工艺步骤。

4）铣削调整失误，如工件找正精度差、等分工件分度计算操作错误、尺寸测量误差引起调整差错等。

5）较复杂、加工步骤较多的零件安排的加工顺序错误，引起工件变形、尺寸链换算错误等。

2. 提高铣削加工精度的途径和方法

（1）控制和避免铣削振动

1）尽可能选用刚度足够的工艺系统，如足够的机床功率、刚度好的夹具、合理的铣刀结构尺寸、合理的夹紧方式、夹紧力等。

2）铣削操作前合理调整机床各部位的间隙，加工中注意锁紧不使用的进给方向等。

3）选用合理的刀具切削角度和铣削用量。

4）采用先进的减振措施。

（2）选用先进铣刀，控制铣刀及其安装精度

1）选用各种先进可转位刀具和整体铣刀，改善铣削过程的排屑、控制欠切和过切现象。

2）在铣削前预先测量铣刀的尺寸精度、几何精度和成形铣刀的齿廓形状精度。使用修磨后的铣刀必须仔细检测铣刀修磨质量。

3）检测铣刀安装辅具的精度，安装过程进行精度检测，保证铣刀安装后的回转精度。

（3）选用精度相应的夹具，合理选择工件装夹方式

1）小型、薄形等易变形工件装夹应预先设定装夹方案，合理选择夹紧位置、夹紧力大小和夹紧装置形式。

2）等分精度要求高的工件选用的分度头或回转台应预先检测等分精度，必要时应采用光学分度装置。

3）使用专用夹具批量加工，注意首件留有铣削余量进行试加工，以检测夹具精度。

4）大型工件装夹应遵循拼组机床加工工艺方法，预先设计装夹方案，设置夹紧位置应防止变形，保证工件在铣削中保持正确的加工位置。

（4）选用相应精度的铣床

1）根据加工精度选用相应精度的铣床。

2）使用铣床前应预先检测机床的精度，特别是对加工部位有直接影响的精度应重点检测。

3）对机床工作台位移精度的检测直接影响工件加工尺寸精度的控制，通常可通过借助指示表等测微量仪进行控制。选用具有检测装置的数显机床应注意数显位移量的准确性。

4）使用精度稍低于需求的铣床加工，应通过合理的间隙调整、精度检测，借助精度较高的测微量仪，以提高机床工作台的位移精度。

（5）选用先进的铣削加工方法

1）平面铣削可选用强力、阶梯铣削法提高加工效率和加工精度。

2）能采用展成加工方法时尽可能采用展成铣削，如滚子链轮的轮齿铣削可在立式铣床上用立式铣刀采用展成方法进行加工，以提高铣削加工精度。

3）采用旋风和高速铣削方法，提高球面、花键等零件的铣削加工精度。

4）灵活使用标准铣刀改制、组合等方法，提高铣削加工效率和几何精度。有条件的可选用先进刀具，如可转位模块刀具等，以提高铣削加工工步间的调整精度。

5）灵活运用大型机床组合加工方法，提高大型工件的加工精度。

6）采用光学、电测技术提高测量检验精度，有效控制精加工余量，以提高铣削精加工的尺寸控制精度。

7）形状比较复杂的零件表面采用数控加工模型，普通铣床配置仿形装置，或在仿形铣床上进行仿形铣削，以提高型面加工精度。仿形铣削应注意合理选择仿形刀具、仿形销形式、仿形仪灵敏度以及型面仿形方式，以提高型面微小细节部位的仿形精度。

1.4　铣削加工工艺难题的解决途径与方法 *

1.4.1　大型零件和小型零件的铣削加工

1. 大型零件拼组机床铣削加工

大型零件的铣削加工是拼组机床加工的主要内容，也是铣工工艺的难点之一。在实际生产中遇到大型零件铣削加工，可以因地制宜地运用轻、小、简、廉的工艺装备灵活拼组以解决加工难题。

（1）拼组铣削加工的特点

1）大型零件绝大部分不作运动，即使运动也是简单的回转运动或间隙分度运动，如铣削大型齿轮需要进行间隙分齿运动。

2）拼组机床没有专用的机座。

3）拼组的机床部件根据零件的加工部位就位。

4）加工装置是按零件加工部位的要求，用通用机床或部件拼组而成的。

（2）适用范围

1）适用于单件或某些小批量大型零件的铣削加工。

2）适用于缺乏与大型零件适应的大型专用、通用设备的场合。

3）适用于大型设备的现场维修铣削加工。

2. 大型零件拼组铣削加工常用的工艺装备

拼组机床铣削加工的工艺装配通常包括三个部分：切削部件、传动部件和支承部件。常用的拼组机床部件如图 1-7 所示。

（1）切削部件　用于铣削的切削部件要求具有一定的直线或回转运动的精度与刚度，如动力头主轴的径向圆跳动误差一般应小于 0.02mm；主轴的径向刚度一般为 100～300N/μm，规格较大的主轴应取较大值。

（2）传动部件　用于铣削加工的传动部件要求体积小、重量轻，有适合各种加工的切削速度或进给量，如铣镗动力头、回转工作台等，主切削功率一般在 3～17kW。由于工件的毛坯精度不高，加工余量一般较大，因此一般电动机的功率都应留有余地。

（3）支承部件　用于铣削加工的支承部件要有一定的刚度和导向精度，导向尺寸应注意通用化，以便于拼接和互换。

3. 大型零件拼组加工机床的定位、装夹和测量

（1）拼组机床加工的定位方法　机床部件拼组时，为了保证相对于工件的位置精度和运动精度，应采用以下定位方法：

1）按照工件上所需加工的表面划线定位。

2）利用工件上已加工表面定位。

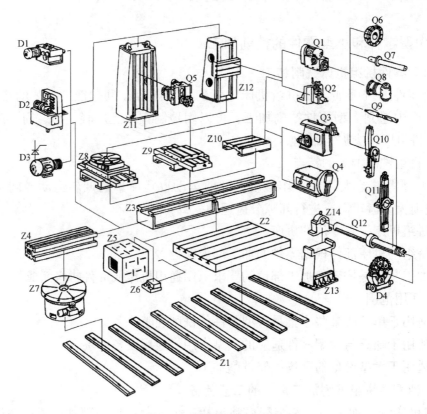

图 1-7　常用拼组机床部件

切削部件：Q1—铣镗动力头　Q2—刨刀架　Q3—牛头刨床　Q4—车端面动力头　Q5—双面铣削头　Q6—铣刀盘　Q7—镗杆　Q8—直角铣头　Q9—钻头及锥柄衬套　Q10—差动式进给的车端面刀架　Q11—间歇进给的车端面刀架　Q12—差动镗杆

传动部件：D1—变速箱　D2—液压传动系统　D3—直流调速系统　D4—蜗杆副传动

支承部件：Z1—轨道地基　Z2—底板　Z3—床身　Z4—横梁（小床身）　Z5—方箱　Z6—调整楔铁　Z7—回转工作台　Z8—带回转盘的双向滑座　Z9—双向滑座　Z10—单向滑座　Z11—双立柱　Z12—单立柱　Z13—支架　Z14—轴承座

　　3）根据已定位的机床部件来调整加工另一表面的机床部件的位置，定位时一般可按机床部件的主轴、导轨或平整的基面进行测量和调整。

　　4）必要时可以制造辅具保证机床部件的安装精度。如用锥套、模板保证多孔加工时镗杆的平行度和轴线距离。

　　（2）拼组机床部件和大型工件装夹注意事项

　　1）稳固可靠，使其在加工中不致引起相对位置的变化，若工件上没有合适的装夹部位，可在其非工作面上用焊接或装配的方法，临时增加一些装夹基面。

　　2）防止装夹变形对加工精度的影响。如图 1-8 所示，横梁紧固时应夹压在梁壁上面，不能夹压在导轨面上，否则会影响加工精度。

（3）拼组机床加工的测量 测量是拼组加工的一个关键环节，是机床部件拼组时的正确定位、加工中调整和控制机床部件的运动精度以及加工精度检查的主要依据。由于测量的尺寸较大，因此应使测量工具（如平尺、直角尺和指示表杆等）具有足够的刚度。在可能的条件下，尽可能采用光学仪器（如光学准直仪、光学平直仪、经纬仪等）测量，以提高测量精度。表 1-7 列出了部分位置精度的测量方法。

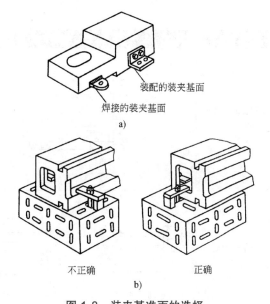

图 1-8　装夹基准面的选择

a）临时装夹基准面　b）夹压部位的选择

表 1-7　拼组机床加工部分位置精度的测量方法

测量项目	测量方法简图	测量及数据处理方法
移动部件对平面的垂直度		移动部件上的指示表在给定长度内读数的最大差
移动部件对轴的垂直度		轴先不动，测出指示表在相对 180° 位置的读数差，然后端面圆盘回转 180° 再测，取两次数据的平均值
两移动部件间的垂直度		调整直角尺，使移动部件 A 在直角尺两端时指示表 a 读数一致，然后测出指示表 b 在给定长度内读数的最大差

（续）

测量项目	测量方法简图	测量及数据处理方法
两移动部件间的垂直度	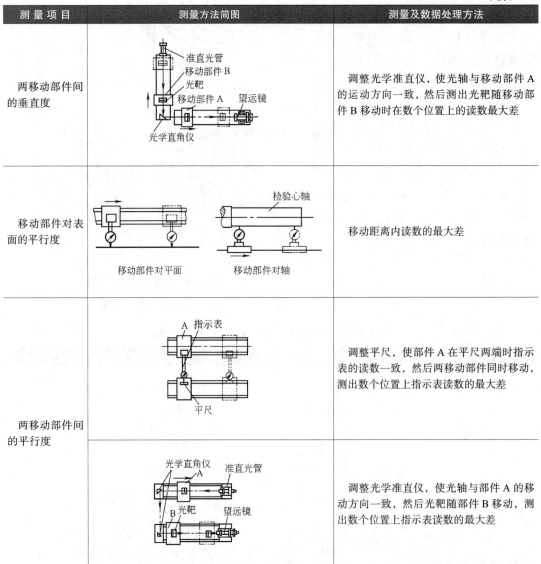	调整光学准直仪，使光轴与移动部件A的运动方向一致，然后测出光靶随移动部件B移动时在数个位置上的读数最大差
移动部件对表面的平行度		移动距离内读数的最大差
两移动部件间的平行度		调整平尺，使部件A在平尺两端时指示表的读数一致，然后两移动部件同时移动，测出数个位置上指示表读数的最大差
		调整光学准直仪，使光轴与部件A的移动方向一致，然后光靶随部件B移动，测出数个位置上指示表读数的最大差

注：1. 光学准直仪包括望远镜、准直光管、光靶和定心器等，测量精度一般为 0.02mm。
　　2. 光学直角仪主要是光学棱镜，使光轴转折 90°。
　　3. 光学平直仪（又称自准直仪）包括带光源的望远镜和反射镜，测量精度一般为 1m 长度内 0.01mm。

4. 典型零件拼组机床铣削加工示例

（1）1200 轧机机架内窗口平面铣削加工　如图 1-9 所示，机架内窗口平面加工时，双面铣削头装在双立柱上，立柱装在带有回转盘的双向滑座上。加工时下滑座纵向进给，铣削窗口的一侧平面。然后上滑座横向移动，用另一面的铣刀盘，下滑座纵向进给铣削另一侧平面。将立柱在水平面内转过 90°，铣削头自下向上进给，即可加工窗口底平面。

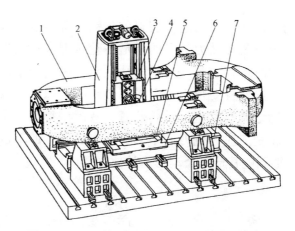

图 1-9　1200 轧机机架内窗口平面的铣削加工

1—工件（轧机机架）　2—双立柱　3—双面铣削头　4—铣刀　5—上滑座　6—下滑座　7—床身

（2）精密球面的铣削加工　如图 1-10 所示，用拼组机床铣削加工天文望远镜的静压球面轴颈的加工要点如下：

1）心轴两端用固定顶尖支承定位，以保证工件具有较高的回转精度。

2）心轴上有卸荷装置，顶尖上受的载荷小可以减轻心轴顶尖孔的磨损。

3）刀架回转台采用 Y38 型滚齿机的工作台，从而保证刀架有较高的回转精度。

4）注意精心调整回转台轴线和工件轴线在同一平面内，且相交于球心。

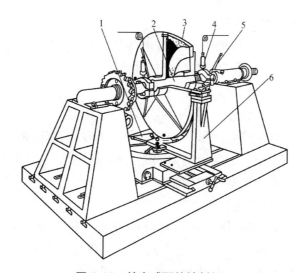

图 1-10　精密球面的铣削加工

1—回转工作台　2—心轴　3—球面工件　4—卸荷装置　5—刀具　6—刀架

（3）大模数圆柱齿轮的铣削加工　如图 1-11 所示，用拼组机床铣削加工模数 $m = 22\text{mm}$，齿数 $z = 192$ 的大模数圆柱齿轮，分度盘用滚轮定位，齿坯以止口为定位基准，夹紧时采用 8 块压板将工件夹紧在分度盘上。分度时液压推杆上的棘爪推动分度盘回转一定转角，由 4 个液压定位装置的插销准确定位，分度盘用 4 个液压夹紧装置夹紧。铣削时用安装在动力头上的指形齿轮铣刀进行切齿加工，为了提高工效，采用四个动力头同时进行铣削。铣削时从下至上进给铣削，避免切屑积聚影响表面粗糙度，同时使进给丝杠受拉力，以提高传动的平稳性。为了保证齿面加工精度，应先以分度盘准确地调整定位插销的位置，然后调整第一个动力头，使其主轴轴线（若使用盘形齿轮铣刀应为铣刀的中间平面）在齿坯的轴剖面内。随后根据第一个动力头切出的齿形调整其他几个动力头的位置。

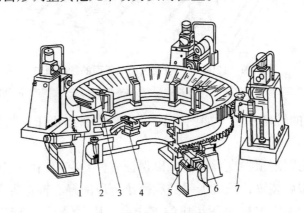

图 1-11　大模数圆柱齿轮的铣削加工

1—分度盘　2—滚轮　3—压板　4—液压夹紧装置　5—液压定位装置　6—液压推杆　7—动力头

5. 小型零件的铣削加工方法

小型零件的加工包括工件外形小、铣削加工部位精细、尺寸小、精度高的零件加工。在实际生产中，小型零件加工属于铣削难点之一。

（1）小型零件的铣削加工特点

1）工件结构尺寸小，装夹、测量、找正都比较困难。

2）使用的刀具对刀尖部分的形状、几何角度的要求比较高。

3）工件的抗振、抗压、承受切削力的能力都比较差，铣削用量选择比较困难。

4）加工过程中的操作观察比较困难。

（2）小型零件铣削加工的基本方法

1）根据小型零件的结构特点和尺寸设计中间夹具，即使用中间夹具装夹小型零件，然后使用一般的通用夹具装夹中间夹具。例如，铣削加工铝合金叶片，如图 1-12 所示，制作中间夹具装夹叶片，然后将中间夹具装夹在万能分度头上，运用分度头主轴的回转运动作为圆周进给，铣削加工叶片内外圆弧面。

2）选用刀尖、刃口锋利的铣刀加工小型工件，以减小切削力，避免铣削振动，提高铣削加工精度。如在小型工件上铣削加工 0.5mm 的窄槽，所选用的锯片铣刀应锋利，刀尖部分无圆弧和倒角，以减小铣削阻力来保证铣削的顺利进行。

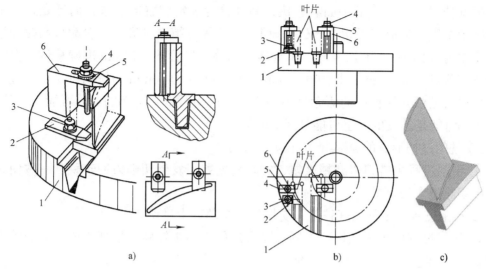

图 1-12　小型叶片的装夹

1—夹具体　2、6—压板　3、4—螺钉　5—垫片

3）保证切削速度和合适的切削液，提高铣刀安装精度，使较小尺寸规格的铣刀回转精度高、切削温度低、切削顺利、排屑顺畅。

4）采用减速方法减慢进给速度，使用手动进给往往需要减小手轮的直径，切入和切出应动作稳健、轻巧，避免切削冲击，损坏铣刀和工件。

5）选用精度高的量具测量小型零件，使用的测微量具、量仪应具有无磨损的高精度测爪、测砧、测头，便于检测狭小的平面、沟槽等。有条件的可采用光学、电子、气动、液动测微量仪，用不接触式测量方法进行检验。批量生产还应设计灵巧简便的专用检具。

6）测量、操作观察可以借助放大镜进行，微量的位移可以借助指示表等高精度测微仪进行。检测时可使用小型工件测量辅具夹持工件，以解决手持工件无法测量的难题。

7）选用尽可能小型的铣床加工小型零件，有条件的可以使用仪表铣床、刻模铣床，以提高小型零件的加工精度，降低操作难度。

1.4.2　铣削过切和欠切的控制方法

金属切削过程中的过切和欠切是提高加工精度必须控制的难点之一。铣削加工过程中的过切和欠切有其自身的特点和控制方法，现简要分析介绍如下：

1. 铣削过切和欠切的形成原因分析

（1）铣削过切现象和形成原因

1）铣削过切现象。铣削过切现象是指在铣削过程中，由于各种原因使得实际切削的金属层超过预定位置的现象。例如，用圆柱形铣刀进行平面铣削的过程中由于铣削振动使得实际形成的平面有起伏，高处符合预定位置的要求，而低处超过了预定的铣削位置，形成"过切"。又如，用立铣刀周刃精铣盘形凸轮轮廓型面时经过测量的余量为0.15mm，于是进行工作台移位调整，尽管按0.15mm准确移位，但实际铣削后切除量为0.25mm，其中0.25mm－0.15mm＝0.10mm为铣削过切量。过切与表面粗糙度微观几何精度的概念是不一样的。过切可以是全部的，也可能是局部的，局部过切可能是连续的，也可能是间隔断续的。

2）铣削过切形成的原因。

① 铣削过程中铣刀刃磨精度差、安装精度差，发生切削刃回转跳动，致使铣削过程中切除过多的余量。

② 铣削过程中工件刚度较差，受切削力拉动产生过切。

③ 铣削过程中机床工作台控制切除余量的方向未锁紧、摇把方向有间隙等引起过切。

④ 铣削进给方向变换产生过切。例如，采用立式铣刀周刃铣削台阶两侧面，机床的进给方向不同，若按照计算值控制台阶宽度，可能产生过切。

⑤ 铣削方式变换产生过切。例如，采用铣刀周刃铣削，半精铣用逆铣方式，精铣采用顺铣方式，此时可能产生过切。

⑥ 铣刀锋利程度不同可能引起过切。例如，铣刀使用后磨损变钝，换用了锋利的铣刀后往往会产生余量控制不当，将磨损后铣刀避让的余量连带切除而造成过切。

⑦ 在连接部位或铣削中途发生不适当的铣削停顿会产生过切。

⑧ 在仿形铣削过程中，选用的铣刀切削部分形状与铣削方式、型面形状不匹配，如指形铣刀球头直径大于型面最小圆弧直径，可能产生过切。

（2）铣削欠切现象和形成原因

1）铣削欠切现象。铣削欠切现象是指在铣削过程中，由于各种原因，使得实际切削的金属层未到达预定位置，仍留有余量的现象。例如，在铣削过程中，金属表面硬化使得较少余量的铣削未能达到预定的位置要求，即使工作台已经实际移动了预定铣除的余量，但实际铣削后，余量还是没有铣除。

2）铣削欠切形成的原因。

① 铣削过程中，铣刀或刀轴、刀杆支承系统刚度比较差，致使铣削过程中铣刀发生偏让而形成欠切。

② 铣削过程中工件刚度较差，受切削力推动发生偏让而产生欠切。

③ 铣削过程中，机床工作台控制切除余量的方向未锁紧、摇把方向有间隙等引起实际切削位置变动而引起欠切。

④ 铣削进给方向变换产生欠切。例如，采用铣刀周刃铣削平面，已加工表面有加工硬化层，采用顺铣容易切入，而采用逆铣则可能产生欠切。

⑤ 铣刀锋利程度不同可能引起欠切。例如，铣刀使用后磨损变钝，由于磨损程

度不同会影响实际切除的金属层厚度，往往会因切入逐渐困难，使铣刀产生避让而造成欠切。

⑥ 铣削余量过小，而进给速度反而加快，容易产生欠切。

⑦ 在仿形铣削过程中选用的铣刀切削部分形状与铣削方式、型面形状不匹配，如指形铣刀球头直径远小于型面最小圆弧直径可能产生欠切。

2. 控制铣削过程欠切和过切的基本方法

1）提高工艺系统的刚度，避免铣刀、夹具、机床、工件之间的弹性偏让和拉动。

2）控制适当的和最小的铣削加工余量，避免余量过大造成拉动过切或偏让欠切，避免余量过少因切入困难造成欠切而一旦追加余量后又造成过切的综合现象。

3）控制铣刀的磨损程度和使用寿命，在需要控制加工精度、余量比较少的情况下，应使用进入正常磨损阶段初期的铣刀。

4）在铣削过程中，注意摸索工件形状、刚度、材料、切削用量、铣削方式等相关因素的规律，用最稳定的铣削方案进行加工。

5）注意使用在原预定位置多次铣削来消除欠切余量的方法达到铣削加工几何精度的要求。如图 1-13 所示，在立式铣床上用立铣刀周刃铣削矩形内框侧面，在四个角上的圆弧位置往往会产生欠切；在侧面的下部，由于铣刀远端的偏让也会产生欠切。因此，测出的框形上部比较大，而下部比较小。若上部尺寸已经达到，此时不宜调整铣削位置，而应在原有的位置进行重复铣削，以使欠切部分逐步铣除，达到工件的几何精度要求。

6）在数控铣削过程中，除了掌握上述普通铣床铣削控制欠切和过切的基本方法外，还可以采用刀具补偿的方法进行控制。刀具补偿的应用方法如下：

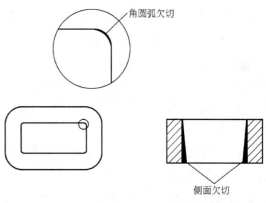

图 1-13　矩形内框欠切控制的方法示意

① 在编程中应用刀具半径补偿可按工件轮廓编程，将刀具半径输入刀具半径偏置存储器中，通过 G41 G01 X_ Y_ F_ D_ ;（刀具左补偿）或 G42 G01 X_ Y_ F_ D_ ;（刀具右补偿），偏置值输入在存储器中以便在程序中调用。对于同一轮廓，若工艺采用的铣削方式不同，刀具补偿指令也不同。例如，采用外轮廓周铣逆铣需要应用 G42 刀具右半径补偿进行加工，而采用外轮廓周铣顺铣则需要应用 G41 刀具左半径补偿。

② 对于形状尺寸相同的二维内外轮廓，可使用不同的指令，同一个半径补偿值进行加工，也可以应用同一个指令，改变补偿值前的符号进行加工。例如，铣削模具的凹凸配合，可应用同一指令，铣削凹模调用的偏置值为 $+D$，而铣削凸模调用的

偏置值为 $-D$。

③ 对于零件二维轮廓的粗精铣，可通过改变偏置值的方法留出精铣余量，即粗铣时偏置值 $D=R+\Delta$（Δ 为精铣余量），精铣时的偏置值为 $D=R$。

④ 对于两平面相交为锐角的情况，可能产生超程过切，导致加工误差，早期的数控机床采用非模态指令 G39（夹角补偿指令）与指令 G41/G42 联用补偿解决，比较先进的数控系统，指令 G41/G42 已经具有拐角过渡补偿功能。

1.4.3　仿形铣削、成形铣削和展成铣削加工

在铣削加工的零件中，经常会遇到一些不规则的曲线、曲面轮廓等加工难题，如果使用的设备受到限制，则应设法采用仿形铣削、成形铣削或展成铣削加工方法来解决难题。

1. 仿形铣削及其模型制作

在采用仿形铣削解决铣削加工难题时，主要解决的难点是确定仿形方式、仿形装置和模型的设计制作。

（1）确定仿形方式　在分析型面特点的基础上，选定平面仿形和立体仿形方式。平面仿形方式一般在立式铣床上设置平面仿形装置，通过工作台的自动进给和手动或利用弹簧力、重锤拉力等带动滑台的随动运动，使工件随模型型面作仿形运动，从而铣削出以不规则曲线为导线的直线成形面。立体仿形方法与仿形铣床类似，沿一个方向的坐标运动用机床自动进给实现，水平面内沿另一坐标的运动由周期性的步长进给实现，而垂向的随动运动则由弹簧力带动滑板实现。

（2）仿形装置的设计制作　仿形装置的设计和制作可参见夹具设计和改进设计有关章节内容。

（3）模型的设计制作　使用三坐标等具有数据输出的测量设备测量模型型面，经过数据回归处理后应用 CAD/CAM 技术在数控机床上铣削加工不规则曲线、曲面的仿形铣削模型型面，模型的设计和制作可以与数控技术人员或数控操作工配合进行。

2. 成形铣削

成形铣削是采用成形刀具铣削加工成形面的方法，用这种方法来解决加工难题时，重点是设计制作成形铣刀以及测量成形面的专用样板量规。成形铣刀的设计包括廓形设计、结构设计和几何角度设计等内容，由于成形面加工的精度由成形铣刀廓形保证，成形面的位置由成形铣刀在加工中的对刀调整予以保证，因此在设计成形铣刀的同时应设计完成对刀的数据和对刀方法，以使成形面铣削达到所要求的几何精度。成形铣刀的廓形设计也可以应用 CAD/CAM 设计技术，铲齿铣刀的刀齿结构借鉴标准成形铣刀的有关数据。铣刀廓形的检测参见项目 3 有关内容。

成形面铣削过程中涉及成形面的测量，通常不规则的曲线轮廓直线成形面可使用专用样板量规进行检测。专用极限样板量规的设计和制作参见项目 3 中专用检具

设计与制作有关内容。

3. 展成铣削

在普通铣床上通过展成铣削解决加工难题的要点是分析展成铣削加工的原理，设计展成铣削的方案和辅具。因为凡是能进行展成铣削加工的零件，通常必须符合啮合过程的运动条件。例如，在铣床上展成加工滚子套筒链链轮，采用在立式铣床上以立铣刀作为链条的滚子，工件安装在回转工作台上，通过回转台和工作台纵向的复合运动进行展成铣削。当配置的交换齿轮使得复合运动符合链条滚子和链轮啮合运动规律时，展成运动才能铣削出符合图样要求的滚子链链轮齿形。又如，在铣床上采用辅助装置，仿效弧齿锥齿轮铣齿机的功能，展成铣削加工弧齿锥齿轮，也是通过展成铣削原理分析和设计后形成的展成铣削方案实例。

1.4.4　铣床的功能应用及铣床的扩展使用

灵活应用铣床的功能和合理扩展使用铣床功能是解决铣削加工难题的重要途径之一。

在龙门铣床上加工工件，一些难加工的部位可以通过安装各种专用铣头进行铣削加工。例如，铣削机床床身和工作台的 V 形导轨面可采用专用垂直铣头安装专用附件进行加工；又如，铣削机床床身背部一些凹平面时，可安装专用的反铣头附件进行铣削。

在普通升降台铣床上加工难加工工件时，应该充分发挥普通铣床的铣削功能，通过合理改装也可以得到解决加工难题的途径。例如，如图 1-14 所示，在铣床上加工的模具上的特殊半圆孔（中心线是圆弧的半圆槽和两端封闭的半圆槽），这类工件由于受到结构形状的限制，如果用一般的方法镗削，镗杆会与工件其他部位相碰，此时可采用铣床改装的方法进行加工。图 1-15 所示为将卧式铣床改装后，加工中心线是圆弧的半圆槽的情形。改装的辅具是在卧式铣床支架的内侧面加装一块平板 1，并由刀杆上的主动齿轮 2 来带动中间齿轮 3、从动齿轮 4，使装有镗刀 6 的刀盘 5 旋转，工件 7 装夹在回转工作

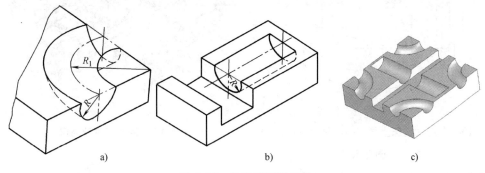

　　　　　a)　　　　　　　　　　　b)　　　　　　　　　　c)

图 1-14　特殊半圆孔工件

a）工件一　b）工件二　c）工件三

台 8 上。镗削加工时，回转台作圆周进给运动，由平板 1 和从动齿轮 4、刀盘 5 组成的结构避免了与工件半圆槽表面的干涉，因此解决了铣削加工的难题。

又如，在缺少机床设备的情况下，如图 1-16 所示，可以将铣床改装成滚齿机，经过改装的铣床不仅能解决缺少滚齿机的难题，而且在某种程度上比滚齿机更为灵活，能解决一些在滚齿机上不便加工的小直径齿轮、较长的花键轴、带柄的小模数插齿刀等。改装工作是以铣床原有的分度头为主，增加锥齿轮、固定板、万向接头、滑键轴、支架、进给交换齿轮、工作台傍板等零件。如图 1-17 所示，安装时先将傍板 8 固定在工作台右端，固定板 2 以主轴法兰板定位固定在床身上，再把支架 6 固定在固定板 2 上，然后把被动锥齿轮 4 套在固定板支架轴 5 上，轴承架 9 则固定在工作台傍板 8 上，并将滑键轴 10 穿入轴承架和分度交换齿轮 A 的孔内，支架轴 5 和滑键轴 10 由万向接头 7 联系起来，而滑键轴可和分度头侧轴之间用分齿交换齿轮 A、B、C、D 相互联系，再把主动锥齿轮 3 套入刀杆与被动锥齿轮啮合，滚刀 1 安装在刀杆上，用平键传递转矩。在加工过程中，通过锥齿轮、万向接头、分齿交换齿轮 A、B、C、D 和分度头可将滚刀的旋转运动与工件的旋转运动联系起来，形成连续的分齿展成运动。滚齿加工时，工件的轴向进给速度很慢，因此原有的铣床进给机构已不适用，可将铣床工作台的进给运动和工件的旋转运动联系起来。为此，在分度头主轴的后锥孔内插入进给交换齿轮轴 11，并在交换齿轮轴 11 和工作台纵向传动丝杠之间配置进给交换齿轮 a、b、c、d，具体的结构布置如图 1-17c 所示。

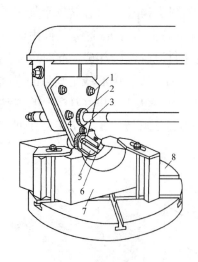

图 1-15　在卧式铣床上加工中心线是圆弧形的

特殊半圆孔示意

1—平板　2—主动齿轮　3—中间齿轮　4—从动齿轮
5—刀盘　6—镗刀　7—工件　8—回转工作台

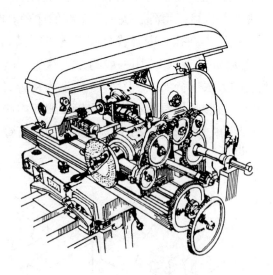

图 1-16　将铣床改装为滚齿机

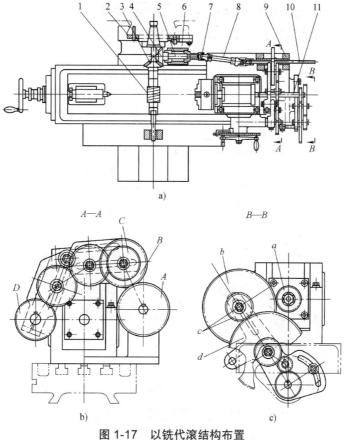

图 1-17　以铣代滚结构布置

a）传动结构　b）分齿交换齿轮布置　c）进给交换齿轮布置

1.4.5　铣刀和夹具的设计改进及其组合使用

1.设计专用铣刀或改进标准铣刀解决加工难题

在铣削加工过程中，经常会遇到一些使用标准铣刀难以完成的加工部位和零件表面，此时可采用设计专用铣刀和改进标准铣刀的方法来解决铣削加工难题。按选择铣刀的基本方法首先确定铣削方式，在确定铣削方式之后即可确定铣刀的形式，如图 1-18 所示。槽的截面形状比较特殊，无法使用标准铣刀进行加工，此时可确定使用改制标准指形铣刀的方法解决铣削难题。根据油槽的结构特点和截面尺寸，可选用直径为 $\phi 10mm$ 的立铣刀或键槽铣刀改制修磨。考虑到工件的材料、加工精度和改制修磨的工艺，确定使用两刃的键槽铣刀进行改制，改制方法是：铣刀端部按槽侧斜面角度修磨锥面→修磨锥面刃后角→修磨端面刃后角→试切（或投影）测量工件槽（刀具）截面形状和尺寸精度→精磨锥面刃和端面刃后角。又如加工不规则的曲线作导线的直线成形面，确定用仿形法加工，仿形的方式为立铣刀靠杆加工，此时需要在设计模型的同时考虑设计或改制靠杆仿形的铣刀结构，譬如铣刀靠杆部分是由铣刀柄部直接接触模型型面，还是设计铜套或安装滚动轴承，然后间接与模型型面接触等。关于专用铣刀的设计，可借鉴标准铣刀的结构和几何参数进行，具体方法可参见项目3有关内容。合理地将铣刀进行组合，也可解决铣削加工工艺复杂、多次装夹误差大的难题。

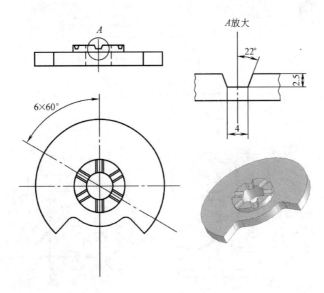

图 1-18　推力轴承的油槽加工工序

2. 设计专用夹具或改进夹具解决加工难题

设计简易的专用夹具，可以解决许多难装夹工件的加工难题，如加工薄形工件，设计定位方法和夹紧方法直接影响到工件加工的精度，尤其是加工时的装夹变形和受切削力作用而产生的弹性变形，因此在设计中合理而且灵活地使用定位元件，特别是使用辅助可调支承、浮动支承等，既可以有效解决定位点过多的过定位引起的定位误差，又可以解决定位点分布距离较大、工件悬空部位容易发生变形的难题。夹紧机构的巧妙灵活应用也是解决工件装夹困难的重要措施之一。例如，在夹紧面为毛坯面时，由于毛坯面的变化可能引起夹紧不稳定、夹紧力不均匀等弊病，从而产生工件加工尺寸不稳定的难题，此时应对定位方式和夹紧机构的设置进行分析，对定位和夹紧元件与工件接触的部位进行改进。譬如在定位销和压板与工件接触部位设置斜面锯齿（见图1-19），以使工件定位减少接触面积，工件夹紧后靠向定位元件，以解决坯件表面变化引起的工件装夹难题。

采用多种夹具的组合使用，也是解决工件装夹难题的重要途径之一。例如，在铣削大导程或小导程的螺旋槽时，因交换齿轮配置困难而无法加工，此时可以采用双分度头法进行加工；又如在加工需要等分的多条圆弧槽时，因单条圆弧槽需要进行圆周进给运动，而工件等分又需要分度机构，此时可以采用双回转台法进行加工，也可以将分度专用夹具安装在回转工作台上进行加工，以解决圆周进给和圆周等分的双重加工要求难题。再如在铣削加工大质数直齿锥齿轮时，为了解决既要差动分度、工件轴线又需要与进给方向形成切削角度的难题，可以使用双分度头法予以解决。把组合夹具与通用夹具组合使用，可以灵活地解决许多单件加工工件的装夹难题。

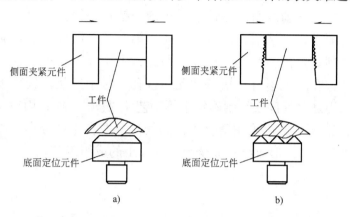

图 1-19　改进定位与夹紧元件与工件接触部位结构

a）改进前　b）改进后

1.4.6　成组工艺在铣削加工中的应用

在实际生产中，由于科学技术的不断进步，产品不断更新换代，中小批量的零件的生产占主导地位，因此往往要求较短的加工周期、较短的工装准备周期。为了提高生产效率，解决中小批量零件生产和铣削加工周期短的难题，可应用成组技术。

1. 成组技术的基本概念

各类机械零件尽管功能、结构各不相同，但是都可以分为复杂件、相似件、标准件三大类。根据三类零件的出现规律，相似件约占 70%。零件的相似性主要表现为结构相似、材料相似和工艺相似。成组技术就是基于这一客观基础的一门生产技术科学。成组技术应用在生产加工方面，就是将企业生产的多种产品按其组成零件的相似性准则分类成组，然后按零件组进行工艺准备和加工。目前成组技术已成为集成制造信息系统的核心。

2. 成组加工原理

成组技术作为一种先进的工艺方法，在机械加工中的具体应用称为成组加工工艺，应用在铣削加工中可称为成组铣削加工。它是通过一定的分类方法把不同的加工零件按形状、尺寸、材料和工艺要求的相似性分类归组，根据同一组零件共同的工艺路线，配备工艺装备采用适当的布置形式，按零件组组织加工的一种技术。其基本原理是以一组零件的总批量代替一种零件的批量，从而扩大了批量，使得中小批量也能够采用大批量生产的先进工艺和制造技术。成组加工可以应用于某一单工序，也可用于有共同工序的全部加工过程。

3. 铣削加工应用成组加工的特点

（1）便于运用铣削加工主体工艺 在成组的零件中确定主体零件工艺，编制主体工艺，然后组内各零件即可使用标准工艺进行加工。例如，同组零件中共有三类零件：第一类是铸件铣削六面体→铣削直角槽→钻孔→铰孔；第二类零件是在已成形的六面体上铣削方孔→铣削直角槽→钻孔；第三类是锻件铣削六面体→铣削键槽→铣削方孔→铣削直角槽→钻孔→铰孔。因此，主体件工艺可综合为铣削六面体→铣削键槽→铣削方孔→铣削直角槽→钻孔→铰孔。对于形状比较简单的零件，如图1-20所示，可采用复合零件法编制确定主体工艺（见图1-21）；而对于结构比较复杂的零件，如图1-22所示，可采用复合工艺路线法，即在零件分类组中选出具有最长工艺路线的零件为代表，形成能完成全组零件加工的成组工艺。

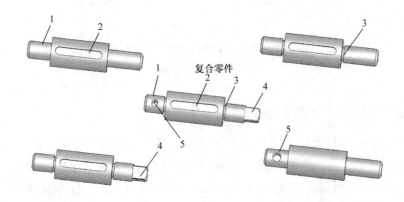

图 1-20 零件组成及其复合零件

1—外圆柱面 2—键槽 3—功能槽 4—平面 5—辅助孔

（2）便于使用可调性成组夹具进行铣削成组加工 如图1-23所示，一种零件是支架类，另一种是连杆类，因大小相当、工艺相似，均可在立式铣床上用成组夹具装夹加工，实际加工中，当变换加工零件时只需对夹具和刀具作适当的调整便可继续进行加工。

（3）便于采用先进铣削设备和多工位铣削加工 成组加工使铣削加工的零件批量扩大，使工艺落后的中小批量的生产方式能采用高效的设备，如专用铣床、组合机床、数控铣床和加工中心等，从而提高生产效率、稳定产品质量。如图1-24a所示的各种拨叉，构成一个零件组，选用一台八工位组合机床进行加工（见图1-24b）。每个工位上有一个成组夹具，可以很方便地更换定位夹紧元件，以适应加工各种不同形状和大小的拨叉零件。用于成组加工的刀具具有更换、对刀方便的特点，有利于保证加工质量，可有效缩短辅助时间。

零件图	工艺过程
复合零件： 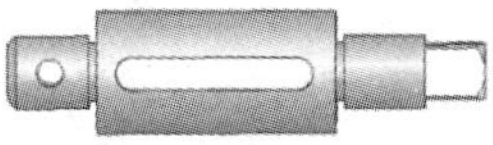	C1-C2-XJ-X-Z
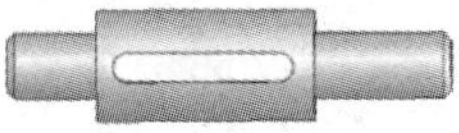	C1-C2-XJ
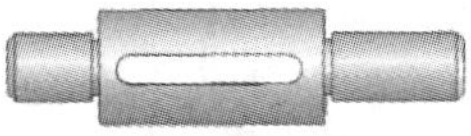	C1-C2-XJ
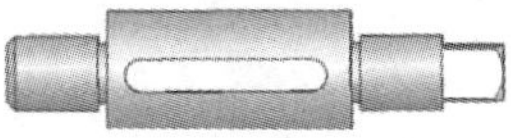	C1-C2-XJ-X
	C1-C2-Z

图 1-21　复合零件法成组工艺实例

C1—车一端外圆　C2—调头车另一端外圆　XJ—铣键槽　X—铣方头平面　Z—钻径向辅助孔

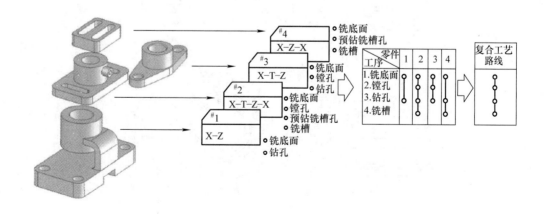

图 1-22　复合工艺路线法成组工艺实例

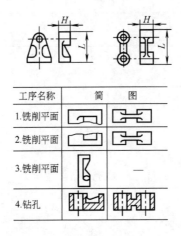

工序名称	简 图	
1.铣削平面		
2.铣削平面		
3.铣削平面		—
4.钻孔		

图 1-23 支架、连杆类零件组及其加工工序

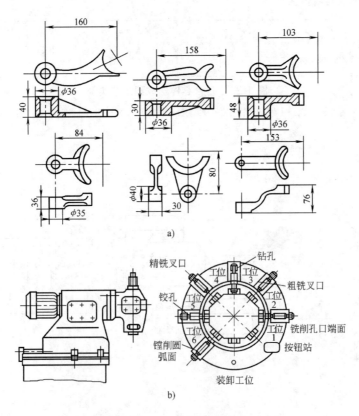

a)

b)

图 1-24 拨叉类零件组及其专用组合机床和动力头

a）六种拨叉类零件   b）八工位组合机床和动力头

（4）便于采用成组加工单机、单元和流水线生产管理　在批量生产中若铣削加工占有较大比重的工艺过程，设备的布置、成组工装的使用、生产物流和生产节拍的调节与控制都具有便于系统性较强的生产特点。

1.4.7　四轴以上数控铣床的操作方法与加工工艺

1. 四轴以上数控铣床简介

1）工件在空间未定位时，具有六个自由度，X、Y、Z 三个线性位移自由度和与其对应的 A、B、C 三个旋转位移自由度。通常所谓的三轴加工中心，是通过 X、Y、Z 三个线性轴，分别对工件进行加工的数控机床。

2）四轴数控铣床是在三轴的基础上，增加了 A 或 B 一根旋转轴（A 旋转轴是指绕着 X 轴旋转的轴；B 旋转轴是指绕着 Y 轴旋转的轴），即在 X、Y、Z、A（或 B）四个位移自由度上，对工件进行加工。

3）五轴数控铣床是在三轴的基础上，增加了 A 和 B 两根旋转轴，六轴数控铣床指的是在五轴数控铣床的基础上再增加一根 C 旋转轴对工件进行加工。

4）机床控制的坐标数有三轴二联动、三轴三联动、四轴三联动、五轴四联动、六轴五联动等。三轴、四轴是指加工中心具有的运动坐标数，联动是指控制系统可以同时控制运动的坐标轴数，从而实现刀具相对工件的位置和速度控制。

2. 四轴以上数控铣床的加工特点

1）配置了自动换刀刀库数控铣床（称为加工中心），可在一次装夹中通过自动换刀装置改变主轴上的加工刀具，实现多种加工功能，大大提高了生产效率。

2）相对于静止的工件来说，刀具的运动位置不仅是任意可控的，而且刀具轴线的方向在刀具摆动平面内也是可以控制的，从而可根据加工对象的几何特征，按保持有效切削状态或根据避免刀具干涉等需要来调整刀具相对零件表面的位置。因此，四轴加工可以获得比三轴加工更广的工艺范围和更好的加工效果。

3）不需使用专用夹具，就可以完成复杂加工，还可延长刀具寿命，提高表面质量，有效提高加工效率和生产效率。

3. 四轴以上数控铣床的操作规程与维护

（1）多轴数控铣床的操作规程

1）开机前检查机械电气，各操作手柄、防护装置等是否安全可靠，设备接地是否可靠。

2）认真检查机床上的刀具、夹具、工件装夹是否牢固正确、安全可靠，保证机床在加工过程中受到冲击时不致松动而发生事故。

3）禁止将工具、刀具、物件放置于工作台、操作面板、主轴头、防护板上，机械安全防护罩、隔离挡板必须完好。

4）专用夹具、立式分度盘、分度头等，应保持清洁，使用前认真检查。

5）发现设备异常时必须由专业人员进行检查维修。严禁设备带"病"运行。

6）机床运转期间，勿将身体任何一部分接近数控铣床移动范围内，不得隔着机床传递物件，更不要试着用嘴吹切屑、用手去抓切屑或清除切屑。

（2）多轴数控铣床的维护

1）拆卸清洗各部刮油皮；擦拭各滑动面和导轨面，擦拭工作台及横向、升降丝杠，擦拭进给箱及刀架。

2）检查和调整铣头传动带、压板及镶条松紧程度；检查和调整限位挡块及丝杠间隙。

3）保持各油孔清洁畅通并加注 32 号润滑油；在各导轨面及滑动面及各丝杠处加注润滑油；检查油壶、油面，并加油至标高位置。

4）检查并紧固压板及镶条螺钉；检查并扭紧工作台限位螺钉；检查进给箱传动机构、三球手柄、工作台支架螺钉。

4. 四轴以上数控铣床工艺规程

（1）多轴铣床的质量分析

1）利用球刀加工时，倾斜刀具轴线后可以提高加工质量和切削效率。

2）多轴加工可以把刀具与工件的点接触改为线接触，提高加工质量。

3）多轴联动加工可以提高工件的加工质量。

（2）工艺安排原则

1）粗加工工艺安排原则：

① 尽可能用平面加工或三轴加工去除较大余量，可提高切削效率。

② 分层加工，保证精加工余量，使加工产生的内应力均衡，防止变形过大。

③ 对于难加工材料或者窄缝的加工可采用插铣加工方式。

2）半精加工工艺安排原则：

① 给精加工留下均匀、较小的余量。

② 给精加工留有足够的刚度。

3）精加工工艺安排原则：

① 分区域从浅到深，从上到下精加工。

② 从曲面到清根，再到曲面加工，切忌底面余量过大，造成清根时过切。

1.4.8　龙门数控铣床的操作方法与加工工艺

图 1-25 所示为龙门数控铣床，它是目前应用比较广泛的机械加工设备，可以进行大型、超大型工件，以及外形复杂的模具、检具、薄壁复杂曲面、叶片等的数控铣削加工，还适用于在成批量和大量生产中加工大型工件的平面和斜面。

1. 龙门数控铣床介绍

龙门数控铣床由门式框架、床身工作台和电气控制系统等构成。

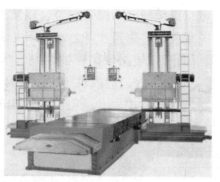

图 1-25　龙门数控铣床示例

1）门式框架由立柱和顶梁构成，中间有横梁。横梁可沿两立柱导轨作升降运动。横梁上有 1～2 个带垂直主轴的铣头，可沿横梁导轨作横向运动。两立柱上还可分别安装一个带有水平主轴的铣头，可沿立柱导轨作升降运动。这些铣头可同时进行前、后、左、右、上面工序的加工。每个铣头都具有单独的电动机（功率最大可达 150kW）、变速机构、操纵机构和主轴部件等。

2）卧式长床身上架设有可移动的工作台，并覆有护罩。加工时，工件安装在工作台上并随之作纵向进给运动。

3）电气控制系统采用 PLC、数字化交流伺服控制技术，实现高精度和高可靠性控制。机床三向进给采用国际先进水平的交流变频矢量控制，实现无级调速。

2. 龙门数控铣床的操作注意事项和日常维护

（1）龙门数控铣床的操作注意事项

1）因机床较大，工作前，要检查机床外部和传动部分的运转情况，并将机床的挡板装好，没有异常才能起动机床总电源，按下工作台运动控制按钮，检查空载运转有无异常现象。

2）加工零件比较大时，用专用吊装设备把加工零件移动至工作台的合适位置后，采用压板、螺钉或专用工具等夹紧。

3）刀具一定要安装正确，夹紧牢固，按要求依次装入刀库，否则不准起动机床工作。

4）移动工作台和刀架时，应先松开固定螺钉，然后慢慢移动，铣切工件。粗铣时，由于切削力较大，刚开始应进行缓慢试切。

5）在切削过程中，不准变速和调整刀具，禁止用手摸或测量工件，以免发生事故。

（2）龙门数控铣床的日常维护

1）保持润滑系统良好的状态，定期检查、清洗自动润滑系统，增加或更换油脂、油液，使丝杠、导轨等各运动部位始终保持良好的润滑状态，以减小机械磨损。

2）进行机械精度的检查调整，以减少各运动部件之间的装配精度误差。

3）经常清扫，保持干净。周围环境对数控机床影响较大，如粉尘会被电路板上的静电吸引而产生短路现象；油、气、水的过滤器和过滤网太脏，会发生压力不够、流量不够、散热不好，造成机、电、液部分的故障等。

4）尽量少开数控柜和强电柜门，车间空气中一般都含有油雾、潮气和灰尘，一旦落在数控装置内的电路板或电子元器件上，容易引起元器件绝缘电阻下降，并导致元器件损坏。

5）定时清理数控装置的散热通风系统，通风口过滤网上灰尘积聚过多，会引起数控装置内温度过高（一般不允许超过55℃），致使数控系统工作不稳定，甚至发生过热报警。

3. 龙门数控铣床的加工特点

1）龙门数控铣床配置的铣头具有铣削、镗削、锪孔、攻螺纹等功能，适用于机械、钢铁、能源、汽车、航空航天、兵器、船舶等行业的大中型零件的加工。

2）龙门数控铣床主轴的选择是机床选择的重要指标。比如，BT50的主轴转速只能达到8000r/min，BT40的主轴转速就可以达到12000r/min。选择刀具和切削速度一定要考虑这个因素。

3）龙门数控铣床可以选配很多附件，比如安装直角铣头可以实现五面同时加工，提高工作效率；添加齿轮箱可以加大机床转矩，吃刀量会大大提升等。

4）龙门数控铣床可以加工大型及超大型零件。尺寸从几米到几十米不等，重量从几吨、几十吨到几百吨。这就要求机床具有足够的刚度和承载能力，要有足够的空间容纳工件，还要有足够的驱动和切削功率，加工刀具也要有相应的切削能力和寿命。

4. 龙门数控铣床的加工工艺

1）毛坯种类应根据零件的材料、形状、尺寸和工件数量来确定。

2）零件加工顺序应根据尺寸精度、表面粗糙度和热处理等全部技术要求以及毛坯的种类和结构、尺寸来确定。

3）确定工艺方法及加工余量即确定每一工序所用的机床、工件装夹方法、加工方法、测量方法及加工尺寸。

4）龙门数控铣床加工零件时要选合适的表面作为在机床或夹具上的定位基准面。

5）对精度要求较高的表面，一般应在工件全部粗加工完成后再进行精加工。这样可消除工件在粗加工时因夹紧力、切削热和内应力引起的变形，也有利于热处理工序的安排。

6）在单件、小批量生产中，有位置精度要求的有关表面应尽可能在一次装夹中进行精加工。

1.4.9 数控铣削工艺文件的编制过程

图 1-26 所示为摩擦楔块锻模零件，零件形状为中间部分内凹的型腔，两边是凸台，两凸台带有 2° 的斜度，最深处形状为矩形，其四周是不同角度的斜面，四周有一圈深 6mm 的飞边槽。为了避免应力集中，整个锻模曲面的交接处和四周角边都有半径为 3mm 的过渡圆角。

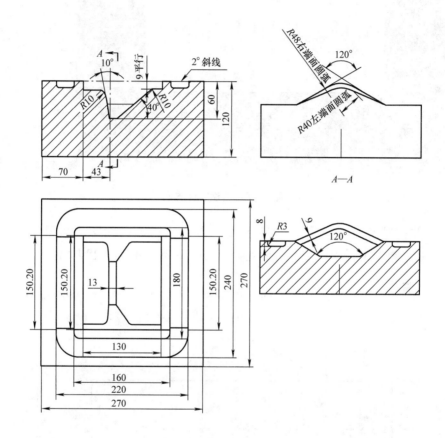

图 1-26　摩擦楔块锻模零件

1. 创建零件模型

按图样采用 Solidworks2014 进行三维建模，不同的建模软件，建模过程略有不同。

（1）新建零件模型　打开 Solidworks 软件，新建零件（见图 1-27）。

（2）零件主体造型　绘制三张草图，分别为零件右端面断面图、通过断面图的 2° 斜线、左端面断面图。通过草图放样凸台生成零件主体部分。

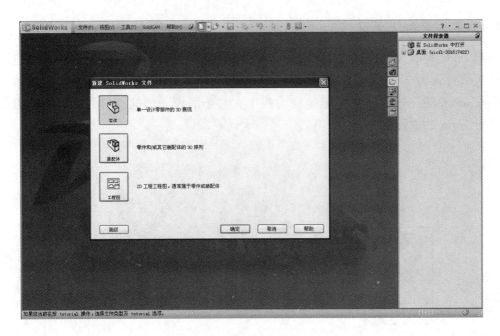

图 1-27　新建零件界面

1）在前视基准面 前视基准面 新建草图 ，绘制右端面断面图。草图关键尺寸：凸台角度 120°、圆弧半径 R48mm、凸台宽度 150.2mm，如图 1-28 所示。

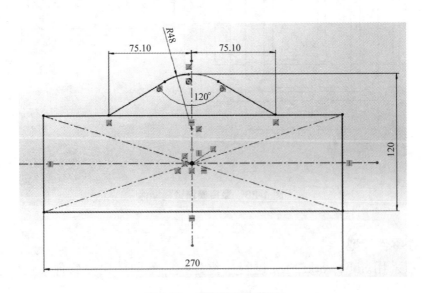

图 1-28　前视基准面草图

2）通过前视基准面，新建基准面，距离 270mm，通过右视基准面作斜线草图，草图关键尺寸为角度 2°，直线两端点分别过半径 R48mm 圆弧中点和基准面，如图 1-29 所示。

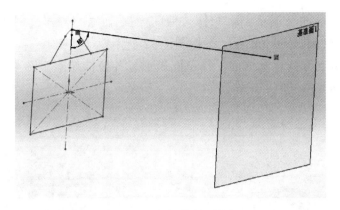

图 1-29　右视基准面草图

3）在基准面 1 上绘制左端面断面图，草图关键尺寸：凸台圆弧半径 $R40mm$，圆弧中点和斜线端点重合，如图 1-30 所示。

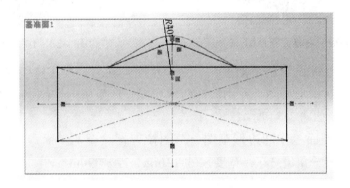

图 1-30　基准面左端断面图

4）利用特征拉伸凸台 和放样凸台 生成主体，如图 1-31 所示。

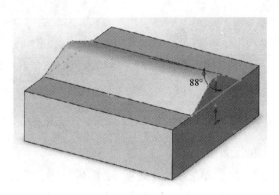

图 1-31　拉伸和放样凸台

（3）绘制零件凹型腔　绘制俯视型腔 B-B 断面图，通过拉伸和切除作出型腔部分。

1）在零件右端面新建草图，并作拉伸曲面操作 拉伸曲面(E)...，草图关键尺寸：角度 120°，离开凸台圆弧 60mm 深度，如图 1-32 所示。

2）在零件正上方新建基准面，作草图矩形，并拉伸切除至图 1-32 所示曲面，草图关键尺寸：130mm×150.20mm，如图 1-33 所示。

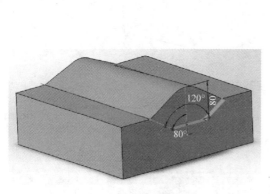

图 1-32　右端面新草图

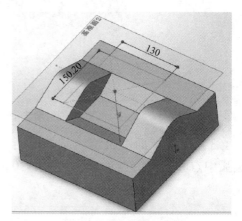

图 1-33　作矩形草图

3）在切除产生的两个扇形面上，分别作草图，利用转换实体引用 功能和等距实体 功能，创建扇形草图，并用放样凸台功能，产生扇形实体。草图关键尺寸：离开上圆弧面 8mm，如图 1-34 所示。

4）在右视基准面上作四边形草图，草图拉伸切除至两斜面，草图关键尺寸（见图 1-35）：角度 12°，角度 38°，宽度尺寸 13mm，距离 90mm。

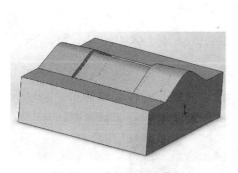

图 1-34　扇形面新建草图

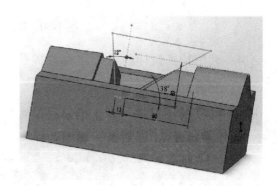

图 1-35　作四边形草图

（4）飞边槽和倒圆角造型

1）在零件上方绘制矩形草图，最终拉伸切除至图样要求。草图关键尺寸：230mm×230mm，170mm×170mm。新建等距曲面，离开凸台外表面 6mm，将草图拉伸切除至曲面，如图 1-36 所示。

2）采用倒圆角功能，生成 R10mm、R3mm 圆角，完成图 1-37 所示的零件模型。

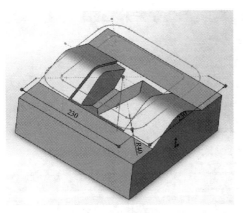

图 1-36　拉伸切除

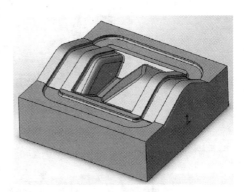

图 1-37　倒圆角

2.零件工艺分析

本例的摩擦楔块锻模零件，材料为 5CrNiMo，该材料具有优异的韧性和良好的冷热疲劳性能。毛坯外形为已加工成形，先采用 ϕ20mm 的立铣刀对锻模零件进行粗加工，然后选用 ϕ12mm 的牛鼻刀进行残余材料粗加工。粗加工之后，采用 ϕ10mm、ϕ6mm 的球头刀对型腔和凸台进行半精加工和精加工，然后用 ϕ12mm 的立铣刀对分型平面进行平面精加工，最后用 ϕ4mm 球头刀进行平行清角加工。工艺方案见表 1-8。

表 1-8　数控加工工艺方案

序号	加工部位	方法	加工方式	刀具号	刀具类型 /mm	主轴转速 / （r/min）	进给速度 / （mm/min）
1	锻模整体	粗加工	高速轮廓	T1	ϕ20 立铣刀	1600	200
2	残留部位	粗加工	高速残余	T2	ϕ12R2 牛鼻刀	3000	450
3	飞边槽及型腔	半精加工	3D 相等宽度	T3	ϕ10 球头刀	3500	500
4	飞边槽及型腔	精加工	高速残余	T4	ϕ6 球头刀	5000	500
5	飞边槽及型腔	精加工	拐角平移	T5	ϕ4 球头刀	6000	300
6	锻模分型平面	精加工	直线加工	T6	ϕ12 立铣刀	3000	400
7	拐角	精加工	平行清角	T5	ϕ4 球头刀	6000	300

3.创建加工刀具轨迹

因篇幅限制，前期毛坯、工件坐标系、刀具设置省略。

1）新增高速加工轮廓粗加工工序，在 SolidCAM 管理器的操作选项上，鼠标右键单击"加工工程"，新增 HSM 菜单命令，在新窗口左上角下拉菜单中，选择高速加工轮廓粗加工，如图 1-38 所示。

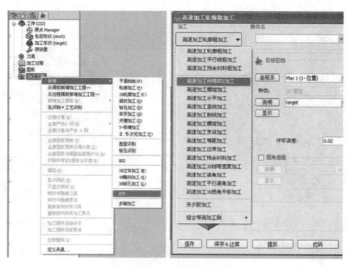

图 1-38　高速加工选择

设置选择刀具参数，新刀具为 ϕ20mm 立铣刀；设置加工参数，精加工余量为 0.5mm 等，保存并计算实现零件粗加工，如图 1-39 所示。

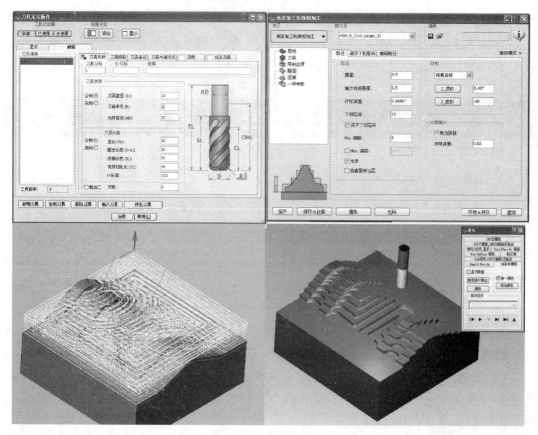

图 1-39　粗加工参数

2）新增高速加工残余材料粗加工工序，设置新刀具为直径 ϕ12mm、刀尖圆角半径为 R2mm 的牛鼻刀，设置限制边界为凸台和飞边槽四周，选择相应的前刀面加工工程，完成加工路径设置，如图 1-40 所示。

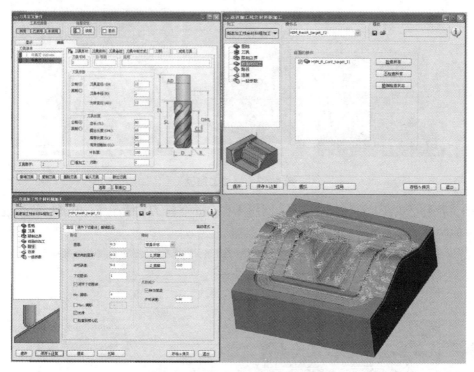

图 1-40　残余材料粗加工刀具路径

3）新增高速加工 3D 相等宽度加工，选择相应刀具（ϕ10mm 球头刀），限制边界手动选择凸台和飞边槽四周，设置路径参数，保存并计算产生半精加工路径，如图 1-41 所示。

图 1-41　半精加工设置路径参数

4）新增高速加工残余材料粗加工和拐角平移加工工序，继续对工件进行残余材料和拐角部分的精加工，产生精加工路径，图1-42a、b、c所示分别为 ϕ 10mm球头刀相等宽度半精加工、ϕ 6mm球头刀残余材料精加工、ϕ 4mm球头刀拐角部分精加工轨迹。

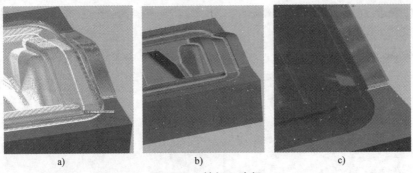

图1-42　精加工路径

5）新增高速加工直线加工工序，用 ϕ 12mm立铣刀对凸台两边分型平面进行精加工，如图1-43所示。

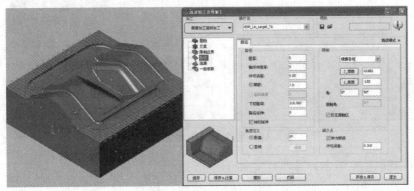

图1-43　精加工两边平面

6）新增高速加工平行清角加工工序，用 ϕ 4mm球头刀对零件进行平行清角加工，如图1-44所示。

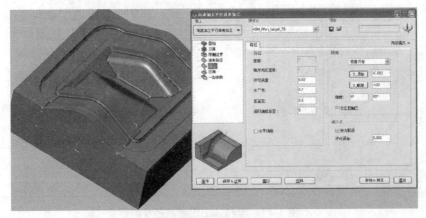

图1-44　清角加工

7）进行零件图形模拟检验，并生成加工 G 代码，如图 1-45 所示。

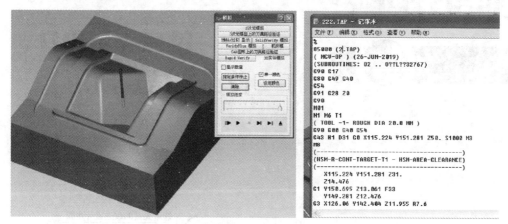

图 1-45　生成 G 代码

项目 2 铣床夹具设计、改进方法及应用

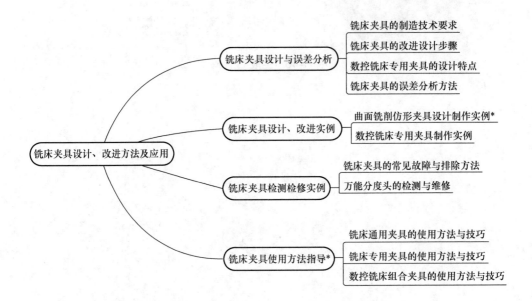

铣床夹具设计、改进方法及应用
- 铣床夹具设计与误差分析
  - 铣床夹具的制造技术要求
  - 铣床夹具的改进设计步骤
  - 数控铣床专用夹具的设计特点
  - 铣床夹具的误差分析方法
- 铣床夹具设计、改进实例
  - 曲面铣削仿形夹具设计制作实例*
  - 数控铣床专用夹具制作实例
- 铣床夹具检测检修实例
  - 铣床夹具的常见故障与排除方法
  - 万能分度头的检测与维修
- 铣床夹具使用方法指导*
  - 铣床通用夹具的使用方法与技巧
  - 铣床专用夹具的使用方法与技巧
  - 数控铣床组合夹具的使用方法与技巧

2.1 铣床夹具设计与误差分析

2.1.1 铣床夹具的制造技术要求

1. 定位元件的制造技术要求

铣床夹具定位元件的设计制造应尽可能选择标准定位元件，并按标准元件确定制造技术要求。需要采用特殊结构的定位元件，也应参照类似标准定位元件的形式和技术要求进行设计制造。定位元件的基本要求包括：限位基准面有足够的精度，以保证加工要求；有足够的强度和刚度，以免定位元件在使用中变形或损坏；耐磨性好，能满足使用寿命的要求；工艺性好，便于制造、装配和维修；限位基准面应便于清除切屑。

（1）平面定位元件的制造技术要求 铣床夹具平面定位元件主要是支承钉和支

承板，在设计制造时应参照夹具定位元件的标准进行选择，并确定制造技术要求。支承钉采用 T8 钢，淬火硬度为 55 ~ 60HRC，表面应进行防锈处理，国家标准推荐的有 A 型（平头）、B 型（球头）和 C 型（网纹）三种形式，其中精基准面定位支承选用 A 型支承钉，粗基准面定位选用 B 型支承钉，侧面或顶面定位选用 C 型支承钉。支承板采用 T8 钢，淬火硬度为 55 ~ 60HRC，或用 20 钢、20Cr 钢并经渗碳淬硬，表面应进行防锈处理，工件的导向定位基准面选用无斜槽的 A 型支承板限位支承；用于主要基准面限位支承的采用定位面设置斜槽的 B 型支承板，以便于清除切屑。对于一些比较特殊的零件定位，可根据工件定位基准面的形状设计特殊的夹具定位基准面，如台阶环形限位基准面、框形限位基准面等。此外应按需要设计制造可调节支承、浮动支承和辅助支承，其形式和结构的选择制造可参照有关的设计标准。

（2）孔定位元件的设计制造要求 铣床夹具孔定位的定位元件主要是定位销和定位心轴（圆柱心轴和小锥度圆锥心轴）。定位销有多种结构形式，设计制造应尽可能按标准选择适用的结构形式，并确定制造技术要求，定位销与夹具体的连接一般采用过渡配合，有较大的径向力或轴向力的定位销可采用带肩定位销，在凸缘部分设有螺钉过孔，用均布的螺钉将定位销与夹具体进行连接紧固。定位心轴的设计制造可参照标准定位心轴的设计制造要求，心轴为台阶轴，定位部分圆柱面的长度应略小于工件基准孔的长度，与工件基准孔的配合为 H7/h6、H7/g6，紧固工件的螺纹采用细牙螺纹。定位心轴与夹具体的定位紧固一般采用过渡配合和止转结构（如止转螺钉、止转销等）。若制作简易夹具采用分度头顶尖装夹或自定心卡盘装夹，需要设计制造心轴的顶尖孔或夹持部位。

（3）圆柱面定位元件的设计制造技术要求 铣床夹具圆柱面定位的主要定位元件是 V 形块、圆柱孔、定位块、半圆柱孔和圆锥套。

1）设计制造 V 形块，应合理选择 V 形槽的夹角，一般选择 90°，较大直径的圆柱面选用 120°，较小直径的圆柱面选用 60°。中小型尺寸 V 形块材料选用 20 钢，渗碳淬火硬度为 58 ~ 63HRC。大尺寸的 V 形块可选用 T8A、T12A 或 CrMn 钢。V 形块与夹具体的连接和定位采用联接螺钉和定位销，定位销应在 V 形块和夹具体基准的相对位置找正后配作加工。V 形块的工作面应经过磨削等精加工，需要耐磨的可在铸铁基体上镶配淬硬的钢板。活动 V 形块的制作应注意 V 形块与导向部位的配合精度，以及与调节装置的连接方式。

2）设计制造圆柱孔定位元件时，若采用定位衬套的形式，衬套单独制造，一般可采用 20 钢，经渗碳淬火，硬度为 55 ~ 60HRC。采用夹具体上设置定位孔的，夹具体采用 45 钢锻造制造，淬火硬度为 33 ~ 38HRC。采用定位块定位的形式一般适用于大直径零件定位，定位块一般采用 45 钢，经淬火后硬度为 33 ~ 35HRC，定位块组装后应进行工作面的精加工，并与夹具体采用定位销定位和螺钉紧固。大型轴类零件定位可采用半圆柱孔定位，下半孔固定在夹具体上，上半孔装在可卸式铰链结构的盖上，工作部位（定位和夹紧部位）采用衬套结构，衬套采用铜套或45钢淬火（硬度为35HRC），衬套与本体或盖的配合为H7/n6或H7/h6，下半孔的最小直径应取工件定位基准圆柱面的最大直径。

（4）组合表面定位元件的设计制造要求　特殊的组合表面定位有一面双孔定位、特殊表面（如V形导轨槽基准面定位、燕尾导轨面定位等）定位。在设计制造一面双孔定位元件时，通常应采用圆柱销和削边销（菱形销）进行双孔定位，削边销的最大直径为工件上对应定位孔的最小直径减去最小定位间隙。工件以V形导轨槽定位时，应选用图2-1所示的短圆柱定位方式。其中左边一列是两个固定在夹具体上的V形块和短圆柱1，起主要限位作用，右边一列是两个可移动的V形块及短圆柱2，两列V形座（包括短圆柱）的工作高度误差不大于0.005mm。V形块常采用20钢制造，渗碳淬火后硬度为58~62HRC；定位圆柱采用T7A钢制造，淬火硬度为53~58HRC。

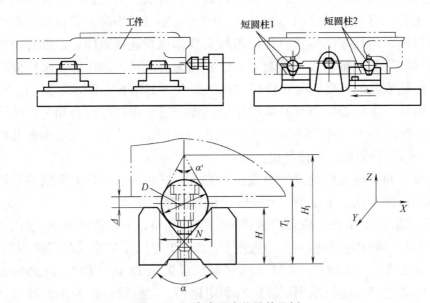

图2-1　组合表面定位元件示例

2. 夹紧元件和装置的设计制造要求

铣床夹具夹紧元件和夹紧装置的设计制造应尽可能选用标准的夹具夹紧元件和装置，并确定夹紧元件和装置的制造技术要求。铣床夹具对夹紧元件和装置的基本要求包括：在夹紧过程中应保持工件原有的正确定位；夹紧力要可靠、适当，防止工件在铣削加工中位移，避免工件在夹紧中变形和表面损坏；结构简单，工艺性好，便于制造；夹紧机构应安全、灵活、方便、省力。

（1）斜楔和偏心夹紧机构的设计制造技术要求　选用斜楔夹紧机构应合理选择斜楔的升角α，通常斜楔的升角α小于两个接触面间的摩擦角之和，斜楔的升角α在

11°~17°之间，手动夹紧一般取 $\alpha = 6° \sim 12°$，气动与液压传动夹紧的斜楔因不需要自锁，可取 $\alpha = 15° \sim 30°$，升角的选取应同时兼顾夹紧力与行程的大小。斜楔一般采用 30 钢制造，渗碳后淬火硬度为 58 ~ 62HRC。偏心夹紧机构中常用的偏心件是圆偏心轮和偏心轴，偏心轮或偏心轴的主要设计参数是偏心率或偏心特性 D/e（D 为偏心轮直径，e 为偏心距），实际应用中应选用 $D/e \geqslant 14$。圆偏心轮一般采用 20 钢制造，经渗碳（深度为 0.8 ~ 1.0mm），淬火硬度为 55 ~ 60HRC。

（2）螺旋夹紧机构的设计制造技术要求　采用单螺旋夹紧机构时，应在螺钉头部使用浮动压块，标准的 A 型浮动压块端面是光滑的，用于夹紧已加工表面；B 型浮动压块端面是有齿纹的，用于夹紧毛坯表面；根据特殊需要可设计螺杆头部与压块接触面为球面的浮动压块。单螺旋夹紧机构常使用各种快速接近或快速撤离工件的夹紧机构，如图 2-2 所示。设计螺旋夹紧机构时，一般应校验螺杆的强度，螺杆一般承受扭转、拉伸和压缩力的作用，通常验算其抗拉强度。设计特殊结构的螺栓压板机构，当工件的高度在 100mm 时，可采用万能自调式螺旋压板；钩形螺旋压板机构是夹具上夹紧机构空间位置受到限制时常用的螺旋夹紧机构，钩形压板与夹具体导向孔的配合为 H9/f9 间隙配合。设计自动回转的钩形压板，需要确定压板回转角（一般取 30° ~ 90°），并根据回转角计算确定压板的行程和螺旋槽的螺旋角，选用较小的回转角可减少压板行程，避免螺旋角过大，以保证压板回转的灵活性。

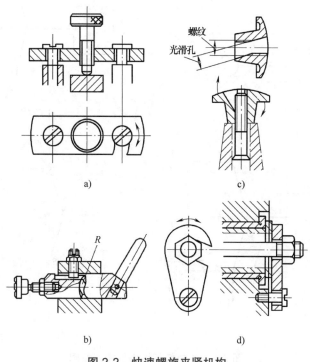

图 2-2　快速螺旋夹紧机构

（3）定心、联动和增力夹紧机构的设计制造技术要求　铣床夹具常使用定心夹紧、联动夹紧和增力夹紧机构。

1）设计制造定心夹紧机构时，应注意兼顾定心机构定位和夹紧的特点，定心夹紧机构应能均分定位基准的公差。

2）设计制造联动夹紧机构时，应注意多点均匀夹紧一个工件或同时夹紧若干个工件这两种形式的各自特点。联动夹紧一般要求较大的总夹紧力，机构和夹具体都应具有较好的刚度；中间力传递机构中的杠杆应考虑增力，以减小驱动力；适当限制同时夹紧的工件数；多件夹紧联动机构应设置必要的浮动环节，并有足够的浮动量，以保证夹紧可靠和各工件获得基本一致的夹紧力。

3）设计制造机械增力机构时，增力复合机构的增力倍数是各个扩力部分扩力比的连乘积。图 2-3 所示为常用铰链杠杆增力机构，设计制造时应注意夹紧力、杠杆力臂长度、倾角、工件被夹紧部位尺寸、杠杆末端的行程等参数之间的关系。在实际应用中，当夹紧工件为最小尺寸时，倾角 α 不应小于 5°，以保证夹紧可靠。表 2-1 为图 2-3 所示铰链杠杆在不同倾角 α 时的作用力及末端行程。

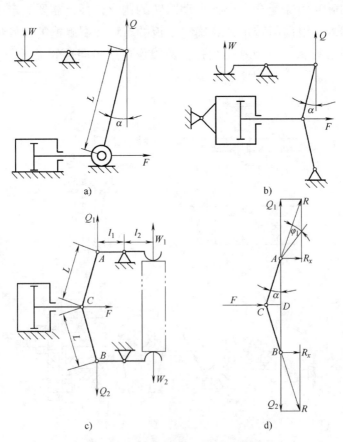

图 2-3　铰链杠杆增力机构示意图

表 2-1　不同倾角的杠杆作用力 Q 与末端行程 S

倾角 $\alpha/$ (°)		5	10	15	20	25	30	35	45
单臂杠杆机构	Q（图 2-3a）	6.3F	4F	3F	2.3F	1.85F	1.5F	1.3F	0.92F
	S	0.004L	0.015L	0.034L	0.060L	0.094L	0.134L	0.181L	0.310L
双臂杠杆机构	Q（图 2-3b）	4.6F	2.5F	1.7F	1.3F	1.0F	0.82F	0.68F	0.48F
	$Q = Q_1 + Q_2$（图 2-3c）	9.2F	5.0F	3.4F	2.6F	2.0F	1.64F	1.36F	0.96F

注：1. 图 2-3b 所示的结构，杠杆末端行程为表中值的两倍。

　　2. 图 2-3c 所示的结构，各端行程与单杠杆机构相同。

　　3. 末端行程 S 是指杠杆末端的最小位移量，以保证夹紧有效。

3. 对刀和分度对定装置、夹具体的设计制造技术要求

（1）对刀装置的设计制造要求　铣床专用夹具一般设置对刀装置，典型对刀装置的形式如图 2-4 所示，设计制造时应选用标准的对刀元件，图 2-5 是典型的直角对刀块零件图。在设计制造铣床对刀装置时，应考虑夹具体上对刀零件安装面的加工精度要求，如与夹具体安装底面的平行度、与定位元件限位基准面的尺寸精度等。在装配时应制订对刀装置装配检测和定位装配的技术要求，保证对刀装置对刀工作面的位置精度。

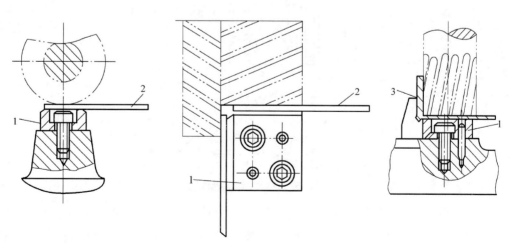

图 2-4　典型铣床对刀装置示例

1—对刀块　2、3—对刀塞尺

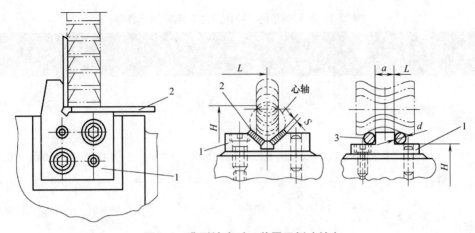

图2-4　典型铣床对刀装置示例（续）

1—对刀块　2、3—对刀塞尺

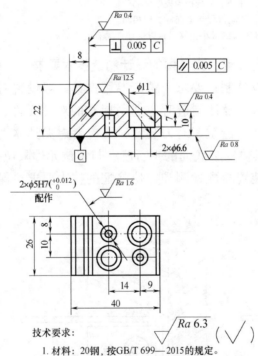

技术要求：

1. 材料：20钢，按GB/T 699—2015的规定。
2. 热处理：渗碳深度0.8~1.2mm，硬度为58~64HRC。
3. 其他技术条件按JB/T 8044—1999的规定。

图2-5　直角对刀块零件图

（2）分度对定装置的设计制造技术要求　分度对定装置是铣床回转分度夹具常用的装置，主要由分度盘和对定销构成。按照分度盘与对定销的位置关系，有轴向分度和径向分度两种形式。分度盘的制作应达到分度定位孔（槽）的等分位置和尺寸、形状精度要求，并具有耐磨性和一定的使用寿命。对定的销、楔等构件一般应采用标准元件，以便于维修更换。装配后的分度对定装置，应保证回转分度夹具的等分精度、插销（斜楔）的位移精度和灵活性。

（3）夹具体的设计制造技术要求　夹具体的毛坯可采用铸造、焊接、锻造和装配等方式制造。夹具体应具有足够的强度和刚度，应有足够的壁厚，设置必要的加强肋；结构简单，便于工件装卸；有良好的工艺性和使用性，以便于基准底面和各元件安装表面的加工；铸造夹具体应进行时效处理，焊接夹具体应进行退火处理；设计的结构应便于排屑；夹具在机床上的安装应稳定、安全、可靠。

2.1.2　铣床夹具的改进设计步骤

1. 铣床夹具设计的基本步骤

铣床夹具有直线送进、圆周送进和靠模送进三种类型，设计铣床夹具应遵循机床专用夹具设计的一般步骤：

1）了解工件的结构特点、材料，本工序的加工表面、加工要求、加工余量、定位基准、夹紧部位及所用的机床、刀具和量具。

2）构思夹具的结构方案，如夹具体、定位方式和结构、夹紧方式和结构、对刀装置、对定装置等。

3）误差分析和夹紧力估算，加工精度要求较高时，应进行加工误差分析，结构特殊的零件，采用气动、液压等传动装置的应进行夹紧力估算。

4）绘制总装配图和非标准的零件图，并参照有关标准确定加工、装配和检测等技术要求。

2. 铣床夹具改进设计的基本方法

1）分析现有夹具的缺陷，分析的内容包括加工零件和夹具的适应性，夹具的定位、夹紧、对刀、工件装卸、夹具安装找正等方面存在的缺陷，如定位是否符合加工所需限制的自由度、夹紧装置是否符合基本要求等。

2）制订改进的方案，包括定位方式改进、夹紧方式改进、对刀装置改进、对定部位改进等。在改进方案的制订中，应注重克服原有夹具的各种缺陷。

3）分析缺陷弥补的程度，包括定位缺陷的改进程度、夹紧缺陷的改进程度、对刀装置缺陷的改进程度等。改进程度的确定是通过各种分析数据计算后确定的，如定位误差的分析、夹紧力的分析等。

4）绘制改进后的夹具总图、非标零件的图样，编制技术要求，包括零件制造的技术要求，标准零件的形式、规格和标准号等；编制夹具装配的技术要求，配作内容和技术要求等。

5）验证改进后夹具的制造质量，验证时按总图技术要求进行夹具装配后的精度检验，并验证夹具的安装、定位、夹紧、对刀等是否已经克服了原有夹具的缺陷。

6）使用改进后的夹具装夹零件进行加工，通常需要经过一定数量的加工，对加工零件进行精度检测，通过分析加工件的加工质量进一步验证夹具的可靠性和稳定性等技术指标。

2.1.3 数控铣床专用夹具的设计特点

数控铣床专用夹具是特别为某一项或类似的几项工件设计制造的夹具，一般在批量生产或研制中必要时采用。图 2-6 所示为常用铣床专用夹具。

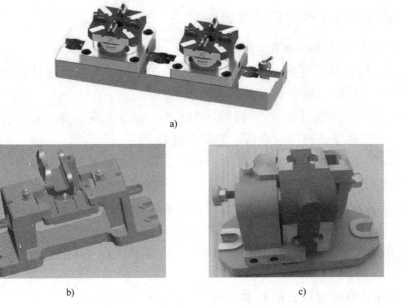

图 2-6 常用铣床专用夹具

a）方形气动卡盘 b）壳体直槽铣夹具 c）拨叉凸台面铣夹具

1. 数控机床专用夹具的特点

设计数控机床夹具时，必须使夹具适应高精度、高效率、多方向同时加工，数字程序控制以及批量生产等工艺特点。

1）数控机床精度很高，一般用于高精度加工。对数控机床夹具也提出较高的定位、转位、夹紧和安装的精度要求。

2）为适应高效、自动化加工的需要，夹具结构应适应快速装夹的需要，常采用液动、气动等快速夹紧装置，尽量减少在工件装夹中的辅助时间，提高机床切削运转利用率。

3）数控机床加工追求在一次装夹的条件下，能进行多个表面的多种加工，尽量做到完成所有机加工内容。借助于夹具的转位、翻转等功能弥补机床性能的不足，保证在一次装夹的条件下完成多面加工。

4）应防止夹具与机床的空间干涉，需多次进出工件的多刀、多工序加工，夹具的结构应尽量简单、开敞，使刀具容易进入，以防刀具运动中与夹具工件系统发生碰撞。

5）夹具在机床坐标系中坐标关系明确，数据简单，便于坐标的转换计算，根据工件在夹具中的装夹位置，明确编程的工件坐标系相对机床坐标系的准确位置，以便把刀具由机床坐标系转换到此程序的工件坐标系位置。

6）数控机床夹具应为刀具的对刀提供明确的对刀点，刀具在装刀时，应把刀位点都安装或校正到同一个空间点上，以便于每把刀具都由同一个起点进入程序。

2. 夹具设计要求及步骤

（1）夹具设计的基本要求

1）加工精度要求：根据夹具图样的设计要求，对于夹具体上用来安装定位元件、对刀（或引导）元件的工作表面，以及夹具体上用以与机床定位连接的表面和找正基准面等重要表面，应提出相应的尺寸、形状和位置精度要求。

2）结构工艺性和使用性要求：夹具应便于制造、装配和检验。夹具体的安装基面与机床连接的表面、安装定位元件的表面、安装对刀或导向装置的表面，是保证装配后夹具精度的关键。因此，在设计夹具体时应考虑结构简单便于加工。夹具体上不加工的毛坯面与工件表面之间应保证有一定空隙，以免安装时产生干涉。

3）强度和刚度要求：铣削加工的切削力一般较大，切削力的大小和方向也是变化的。因此，夹具在夹紧力、切削力等外力作用下，不能产生不允许的变形和振动。在不影响工件装卸和加工的前提下，尽可能采用框形结构或圆周封闭形式的夹具体，合理布置加强肋和耳槽，以保证其具有较高的强度和刚度。

（2）夹具设计步骤

1）确定定位方案：分析图样，按六点定位规则确定工件的定位方式，并设计相应的定位装置。

2）确定夹紧方案：确定工件的夹紧方式和设计夹紧装置。

3）确定刀具导向方案：确定刀具的引导方法，并设计引导元件或对刀装置。

4）设计夹具体：考虑各种装置、元件的布局，确定夹具体和总体结构，使其具有较好的稳定性和刚度并能正确地安装到机床上。

5）绘制夹具图：符合国家制图标准，能清楚表达夹具内部结构及各装置、元件位置关系。

① 夹具图上公差的标注值应取工件相应技术要求所定数值的 1/5~1/3。

② 影响工件加工精度的配合尺寸，在确定了配合性质后，应尽量选用优先配合。

③ 夹具图上无法用符号标注而又必须说明的问题，可作为技术要求用文字写在总图的空白处。

3. 夹具精度分析

在用夹具装夹工件进行机械加工时，其工艺系统中影响工件加工精度的因素很多，必须对影响精度的各种误差进行分析，了解误差的属性及产生原因，进而找出减少或消除误差的方法。通常将工艺系统中的各种误差分为三大类：过程误差、安装误差及对定误差。

（1）过程误差　在机械加工中由于机床、刀具精度、工艺系统受力变形等所引起的误差称为过程误差。因该项误差影响因素多，又不便于计算，所以常根据经验留出工件公差的 1/3。通常取 $\Delta_{过程}$ = 工件尺寸公差 /3。

（2）安装误差　由定位误差和夹紧误差组成。

1）定位误差：

① 基准不重合误差的大小应等于定位基准与工序基准不重合而造成的加工尺寸的变动范围。

② 基准位移误差是由定位基准位移引起的，其数值是一批工件的定位基准在加工方向上相对于限位基准的最大位移范围。

定位基准与工序基准不重合以及定位基准与限位基准不重合造成定位误差。因此，定位误差由基准不重合误差与基准位移误差组合而成。

2）夹紧误差：若夹紧机构的结构不合理或使用不当，夹紧力也会导致工件偏离定位状态，使工件产生弹性变形，定位副产生接触变形，从而产生夹紧误差。

（3）对定误差　为了保证工件相对刀具及切削运动处于规定的正确位置，除了使工件得到正确定位之外，还要使夹具相对刀具及切削运动处于规定的正确位置。这个过程称为夹具的对定，由此产生的误差称为夹具的对定误差。

2.1.4　铣床夹具的误差分析方法

1. 铣床夹具的定位误差分析方法

铣床夹具定位误差主要是分析平面定位误差、圆柱销和轴的定位误差、V 形槽定位误差和一面两销的定位误差。定位误差的分析应从基准不重合、基准位移和转角误差三个方面进行分析。

（1）平面定位误差的分析方法　铣床夹具常采用平面定位，在分析平面定位误差时，应考虑工件的制造误差在工件定位中产生的基准位移误差，夹具设计时定位基准与工件上尺寸标注的基准不重合造成的误差，以及夹具制造中，定位支承销、支承板构成的限位基面的制造误差等方面进行分析，然后得出误差的最大值，从而确定夹具的平面定位精度是否符合零件工序加工的精度要求。减少平面定位误差的主要方法是尽可能符合基准重合原则，用于平面定位的元件在夹具装配后应将限位的支承销、支承板进行磨削加工，以保证定位副的制造精度。支承钉的分布距离应尽可能大，以减小定位的转角误差。

（2）内孔圆柱销（轴）定位误差的分析方法　分析时可按定位销（轴）水平安装和垂直安装两个不同的位置进行分析。在轴线水平设置的孔定位副中，由于配合间隙和重力的作用，会产生工件轴线的下移误差，基准位移量至少为 $X_{min}/2$（X_{min} 为最小配合间隙）。在轴线垂直设置的孔定位副中，在任意方向都可能产生径向定位误差，最大的误差值为定位副的最大配合间隙 X_{max}。

（3）外圆柱面 V 形槽定位的误差分析方法　V 形块是铣床夹具常用的定位元件，主要用于各种外圆柱面的定位。V 形块的定位误差主要是沿 V 形槽中间平面方向的误差，误差主要是由工件圆柱面直径的尺寸误差形成的，对于 V 形槽的夹角不同，会影响误差值的大小，夹角越大，误差越小。此外，圆柱面工件上尺寸标注的基准也会影响误差值的大小，如键槽深度的标注，以轴线为基准的尺寸，加工后的尺寸误差为工件轴线位移误差；以圆柱面下部素线为基准的尺寸，加工后的尺寸误差为工件轴线位移误差与半径制造误差之差；以圆柱面上部素线为基准的尺寸，加工后的尺寸误差为工件轴线位移误差与半径制造误差之和。

（4）工件一面双孔定位的误差分析方法　当工件以一面双孔定位时，应在分析基准位移误差的基础上，根据加工工序尺寸标注，通过几何关系得出定位误差。主要的误差是基准任意方向的位移和转角误差。减小一面双孔定位误差的主要方法是在工件上加一个外力，使其角位移向单边偏转；其次是提高定位副的制造精度，减小间隙或采用圆锥销、可胀销等，减小位移误差。

2. 铣床夹具夹紧力的分析方法

（1）夹紧力大小的分析方法　如前所述，斜楔夹紧、偏心夹紧机构的夹紧力与倾角、偏心距和力臂有关，标准手动偏心轮的夹紧力 W 为（$9 \sim 11$）Q，一般 Q 为 150N，估算时可参见表 2-2。

表 2-2　手动偏心轮的夹紧力 W

偏心轮尺寸 /mm			夹紧力 W/N	偏心轮尺寸 /mm			夹紧力 W/N
直径 D	力臂 L	偏心距 e		直径 D	力臂 L	偏心距 e	
40	75	2	1900	65	90	3.5	1400
50	90	2.5	1480	80	130	5	1600
60	130	3	2200	100	150	6	1500

　　夹紧力的分析主要依据是铣削力，大型工件应考虑重力，快速运动的工件还应考虑惯性力，用压板和机用虎钳夹紧时，需要考虑接触面之间的摩擦因数。在按公式进行理论夹紧力计算后，应乘以安全系数 K，粗加工时的 K 值为 $2.5 \sim 3$，精加工时的 K 值为 $1.5 \sim 2$。采用增力机构的夹具，必须核算增力倍数，然后进行夹紧力的

估算。液压或气动夹具的夹紧力与驱动缸的活塞面积及系统的压力有关，需要进行计算核定，附带机械传动的，还要分析估算扩力比和增力倍数。

（2）夹紧力作用方向的分析方法　夹紧力的作用方向应指向主要的限位基面，并与铣削力的分力方向相同。不同的夹紧方式，夹紧力的方向是有区别的。在设计制造采用螺旋压板夹紧方式的夹具时，确定垫块的适当高度是十分重要的，否则压板倾斜所产生的夹紧力分力可能导致工件定位基准面脱离夹具限位基面。

（3）夹紧力作用点的分析方法　薄型等易变形工件的夹紧需要进行夹紧力作用点的分析，以便确定作用点位置是否合理。夹紧元件与工件的接触有点、线、面三种情况，线、面接触的属于均布作用力的形式。作用点的位置应在工件的实心部位和支承面的上方，避免工件在夹紧力作用下变形而影响精度和夹紧的可靠性。在设计制造中，遇到夹紧力作用点难以设置的情况时，可通过设置辅助支承等方法进行改善。当加工后的工件出现加工精度误差，尤其是几何精度误差时，应注意分析工件在夹紧力作用下变形的趋势和可能性，以便采取改善措施。

3. 对定装置的误差分析方法

（1）刀具与工件对定装置的误差分析方法　对刀装置的制造精度直接影响到刀具与工件的相对位置，从而影响工件的加工精度。对刀误差是由对刀装置的自身制造误差和夹具的安装误差等综合因素引起的。对刀操作的正确性也会对对刀误差产生一定的影响。在夹具正确安装的情况下，通常对刀装置的对刀工作面应与机床的工作台面平行或垂直。若发现有误差，应检测夹具对刀装置的制造精度，然后检测夹具的安装精度，在加工精度允许的误差范围内，可使用对刀装置。在分析对刀装置误差时，应注意刀具的安装精度对对刀精度的影响因素。

（2）夹具与机床对定部位的误差分析方法　铣床夹具通常采用夹具体底面设置定位键的结构来实现夹具与机床的对定安装，使夹具的定位元件与机床工作台处于预定的加工位置。夹具体底面定位键槽与定位键的加工精度、装配精度都会使夹具在安装中产生位置误差，影响夹具定位元件与机床的相对位置，也会影响对刀装置与工件的相对位置，从而影响工件的加工精度。

2.2　铣床夹具设计、改进实例

2.2.1　曲面铣削仿形夹具设计制作实例 *

1. 夹具设计准备要点

（1）图样分析要点

1）曲面构成如图 2-7 所示，工件曲面的素线是直线，直线成形面轮廓类似机翼状，是由两端连接圆弧、凸非函数曲线段和凹非函数曲线段构成。

2）凸非函数曲线和凹非函数曲线可用投影放大的方法在坐标面上求得各点的坐标值，若设定机翼型曲面两端的连接圆弧的中心连线为曲线轮廓的 X 轴，小圆弧的中心为坐标原点，如图 2-8 所示，机翼形曲线位于 X 轴的上方和下方，获取的坐标值可作为制作模型的数据。获取的坐标值通常应设定一个方向的移动值为固定单位量，如 $\Delta x_n = 0.25\text{mm}$，然后在放大的投影图上找出对应的 Δy_n，将对应的数据列入数据表备用（见表 2-3）。

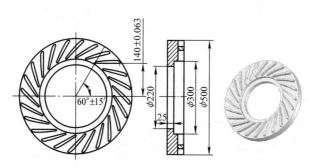

图 2-7　复杂成形面工件实例

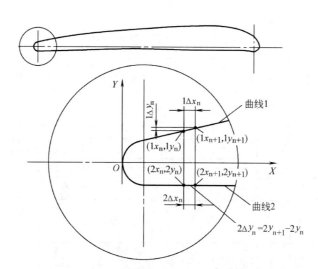

图 2-8　非函数曲线放大投影示意

表 2-3　工件非函数曲线坐标数据示例表

曲线名称		坐标值 /mm							
曲线 1	$1\Delta x_n$	0.25	0.50	0.75	……	50.25	50.50	50.75	……
	$1\Delta y_n$								
曲线 2	$2\Delta x_n$	0.25	0.50	0.75	……	50.25	50.50	50.75	……
	$2\Delta y_n$								

（2）夹具结构设计方案

1）仿形夹具的结构如图 2-9 所示，非函数曲线仿形模型的结构如图 2-10 所示，上模用于铣削凸形曲线 1，下模用于铣削凹形曲线 2。模型固定在与铣床垂直燕尾导轨配合夹紧的燕尾槽架上，可沿垂向和纵向进行调整。滚轮的直径与铣刀的直径相等。由于仿形铣削运动由工作台纵向和仿形装置的滑板沿导轨的横向运动复合而成，安装滚轮的仿形杆的长度是可以调节的，以便于调整模型与滚轮、铣刀与工件的横向相对位置。

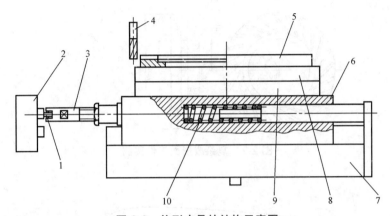

图 2-9　仿形夹具的结构示意图

1—滚轮　2—模型　3—可调仿形杆　4—铣刀　5—工件
6—滑板　7—底座　8—回转盘　9—转盘座　10—滚轮接触压力调节弹簧

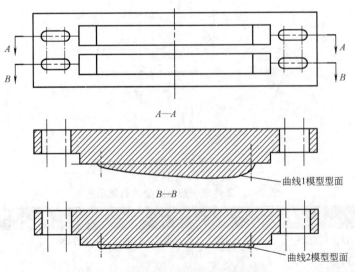

图 2-10　非函数曲线仿形模型的结构

2）工件的叶片有等分要求，安装工件的夹具部分采用回转盘结构，回转盘与转盘座之间设置等分装置，本例采用滚柱对定等分装置，如图 2-11 所示。

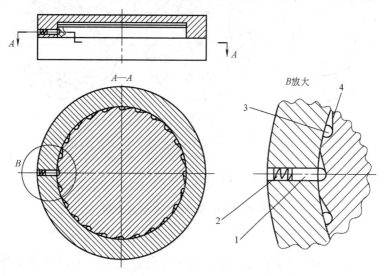

图 2-11　滚柱对定等分机构示意

1—滚柱　2—弹簧　3—等分定位孔　4—导出滚道

2. 夹具制作和验证铣削加工要点

（1）夹具制作加工、调整要点

1）制作模型时，根据备用数据表的数据，在卧式铣床上采用夹角较小的角度铣刀按坐标值逐次铣削，铣成的模型表面有阶梯状的痕迹，可由钳工精细修正后使用。制作模型型面时，注意曲线有拐点，不可使用有宽度的铣刀，如窄槽铣刀、立铣刀等加工型面。此外，铣削凸曲线 1 时的模型，因工件铣削时铣刀铣削位置在曲面的内侧，滚轮带动滑板、工件沿 Y 轴的运动方向与铣刀运动相反，因此模型型面应制作成向外凸起。模型的两端应具有延伸部分，以使铣刀铣削机翼形曲面的外延部分。机翼形片的两端圆弧由钳工修锉。

2）为了确保仿形铣削的精度，安装和调整仿形装置时应注意：

① 仿形装置的滑板导轨应与工作台横向平行。

② 模型与铣刀中心的纵向相对位置尺寸，应等于滚轮中心与工件加工部位的纵向位置尺寸。

③ 弹簧压缩量应根据铣削力的大小确定，通常可进行试铣，只要在铣削过程中滚轮能始终紧贴模型表面即可。

④ 仿形杆的长度根据铣刀与工件的横向相对位置调整确定，但需注意滚轮轴线与垂向平行，仿形杆必须用螺母可靠紧固。

（2）夹具调试、验证加工要点

1）工件的划线可由钳工完成，划线步骤如图 2-12 所示，一般需要制作与机翼形状相同的样板。

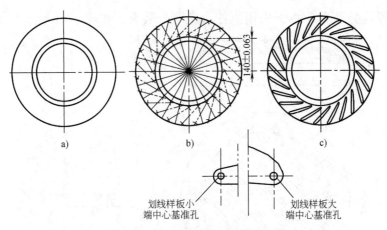

图 2-12　复杂成形面工件划线步骤

a）划垂直中心线　b）划机翼片等分位置线　c）划机翼片外形线

2）铣削找正时，应将回转盘对定在某一等分位置上，通过转动工件，使某一机翼形片的等分划线与工作台纵向平行。关于铣刀与工件的横向位置，粗铣调整由调整仿形杆的长度确定，精铣调整由工作台横向微量移动确定。

3）粗精铣分开，利用粗铣可以校核成形面的形状、位置和滚轮接触压力等。

4）注意采用逆铣方式，凸曲面 1 由机翼大端铣入，凹曲面 2 由机翼小端铣入。

3. 夹具验证铣削加工检验与质量分析

（1）验证铣削加工测量检验要点

1）轮廓曲线检验时，用专用样板检验。

2）机翼形片的位置通常按划线目测检验。

3）各机翼形片形状检验合格后，工件曲面的等分可用指示表借助等分盘对定装置复核检验凸曲面的最高点，由指示表示值差确定等分误差。

（2）验证铣削加工质量分析要点

1）成形面表面粗糙度值大的原因是：除常规原因外，还有滑板导轨间隙不适当、滚轮接触压力调整不适当等。

2）成形面轮廓形状、位置误差大的原因是：模型与铣刀的纵向距离不等于滚轮与工件加工部位距离、划线错误、滚轮接触压力过小、滚轮轴线与垂向不垂直、滑板移动有阻滞、铣削时精铣余量少等。

2.2.2　数控铣床专用夹具制作实例

以图 2-13 所示的双臂曲柄工件为例介绍数控铣床夹具设计方法。图 2-13 为双臂曲柄工件的工序简图，本工序的加工内容是钻、铰两个 $\phi 10^{+0.03}_{0}$ mm 的孔以及上、下两个平面，保证 a、b 孔与孔 $\phi 25^{+0.01}_{0}$ mm 轴线平行度公差为 $\phi 0.15$ mm/100，a 孔轴

线至孔 $\phi 25^{+0.01}_{0}$mm 轴线距离为 36mm ± 0.1mm，b 孔轴线至孔 $\phi 25^{+0.01}_{0}$mm 轴线距离为 98mm ± 0.1mm。a、b 孔上下两平面与孔 $\phi 25^{+0.01}_{0}$mm 下、上两平面平行度公差为 0.08mm。工件上 $\phi 25^{+0.01}_{0}$mm 孔以及其余各平面在本工序前都已加工完毕。

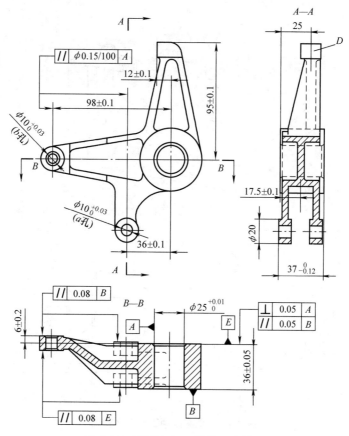

图 2-13　双臂曲柄工件的工序简图

（1）确定定位方案　按基准重合原则选择 $\phi 25^{+0.01}_{0}$mm 孔轴线和 B 面作为定位基准。定位心轴的圆形支承端面限制工件一个移动，两个转动共三个自由度，心轴 $\phi 25$g6 限制两个移动，两个转动共四个自由度，其中两个转动重复，属过定位，因两个定位面是已加工面，垂直度较高，允许过定位。D 面靠紧圆柱定位销，限制最后一个转动的自由度，达到完全定位。

（2）确定夹紧方案　由于切削力不是很大，将采用螺旋压板机构。这种结构可根据夹紧力的大小、工件高度、夹紧机构允许占有的部位和面积进行选择。

（3）设置对刀装置　为迅速、准确地确定刀具与夹具的相对位置，需要设置对刀装置。

（4）设计夹具体　夹具体必须将定位、导向、夹紧装置连接成一体，并能正确地安装在机床上。此方案安装稳定、刚度好。

（5）绘制夹具装配图　夹具装配图如图 2-14a 所示。

（6）夹具图上尺寸标注与公差确定　标注的定位基面与限位基面的配合尺寸 $\phi 25H7/p6$。直接影响工件加工精度的夹具公差，通常取工件公差的 1/3，所以孔距公差取 ± 0.03mm（见图 2-14b、c）。

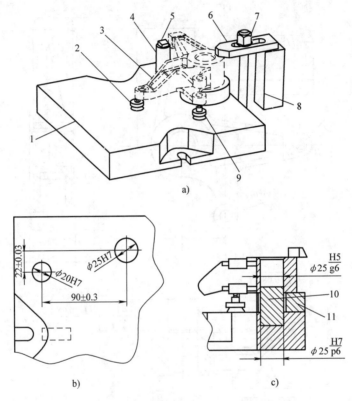

图 2-14　双臂曲柄工件专用夹具

1—方形工艺板　2、9—辅助支承　3—工件　4、10—固定圆柱定位销　5—对刀块　6—压板
7—方头螺栓　8—方形支承　11—圆形支承

夹具装配效果如图 2-15 所示。

2.3　铣床夹具检测检修实例

2.3.1　铣床夹具的常见故障与排除方法

（1）观察故障现象　铣床夹具发生故障，有一些明显的故障现象，如零件加工精度不能保证，零件夹紧不牢靠，夹具某些构件损坏和严

图 2-15　夹具装配效果图

重磨损、装置和机构无法实现操作功能等。此时主要是通过检测、观察和实验操作，来初步判断故障的主要引发部位。

（2）故障原因分析　铣床夹具的各种故障，若是由单一的原因引发的，分析时可按一般规律进行，例如，零件在加工过程中发生位移，此时引发的原因可能是夹紧部分故障；零件的加工尺寸精度发生有规律的偏差，引发原因可能是零件定位元件精度下降或松动；零件的加工精度偏差一致，引发的原因可能是对刀装置的故障等。若是多种原因引发的，需要按以上单一原因分析后，再进一步分析相关的原因。例如，平面铣削夹具发现位置精度下降，可能是支承限位元件顶部磨损，还有联动夹紧机构失调等多项原因造成的。

（3）夹具检查检测　在发生故障后，首先应按夹具装配图和技术要求对夹具进行检查检测，检查的内容和步骤如下：

① 对定位元件的定位表面进行检查检测，判断定位元件是否损坏和磨损超过极限值。如支承钉、支承板、定位销轴、可调支承与自位支承的支承部位的磨损量是否处于极限值范围内。

② 对夹紧元件、装置和机构进行检查检测，如压板是否变形、带齿压板的齿廓是否损坏、垫块或支承螺钉是否移位损坏、气动液压装置是否有泄漏和运动故障、偏心机构的偏心轮是否损坏和超过磨损极限、斜楔夹紧机构的楔块贴合是否符合精度要求、螺旋夹紧机构的螺纹传动副是否损坏、联动夹紧机构的机械传动元件是否完好等。

③ 有等分对定装置的要检测检查对定位置精度，如四等分转位是否准确、对定装置操作是否有阻滞和松动感、插销等操作件推拉是否灵活、定位是否准确到位等。

④ 有对刀和导向装置的应检查检测对刀、对定元件是否损坏和磨损严重，配合间隙是否过大等。检查检测应注意对刀装置的结构形式和使用方法。

⑤ 对各种元件和装置、机构的连接部位、配合间隙等进行检查检测，如螺栓夹紧的螺杆与夹具体的连接是否稳固，圆柱销定位的定位元件与夹具体的过盈连接是否松动，止转用的螺钉或销是否松动脱落或损坏变形，气动液压夹具的气缸和液压缸与夹具的连接是否稳固，铰链部位的销联接等元件是否脱落损坏，导向元件和对刀元件配合间隙是否正常，用螺钉紧固的各种元件是否松动等。

（4）确定维修方法

① 对明显损坏的夹具构件和装置进行更换。如将超过磨损最大值的定位销、支承钉等进行更换，将损坏的螺栓进行更换，将液压气动夹具中的密封件进行更换等。

② 将因使用后松动的部位进行装配位置的调整，并进行重新紧固。如将螺旋夹紧机构中与夹具体联接的螺栓重新进行紧固，对用螺栓紧固的支承板进行紧固，对

松脱的定位轴骑缝螺钉进行紧固等。

③ 对一些缺乏备件的零件、比较重要的基础元件，如夹具体等进行修复或自制更换。

（5）维修装配检验　按夹具装配图进行维修部位的装配作业，在维修装配过程中，需要综合应用装配的基本技能，如各种连接装配技能（螺纹联接、销联接、键联接、过盈联接、粘接等）。位置精度的检测技能：如孔中心线与基准面的位置精度检测，定位面与基准面的位置精度检测以及配合件的配合间隙检测技能。

（6）试件加工检验　在夹具维修装配检测完成后，需要进行试件加工检验，此项工作可与操作工人配合进行。一般在所使用的机床上，按工艺规定的刀具、切削用量、加工方式和操作规范进行试件加工，试件加工也可直接用加工零件进行，在加工首件时，应仔细观察夹具的定位、夹紧操作是否符合夹具的功能和精度要求，试加工后应通过被加工零件的检验检测，确定夹具的使用精度，随后加工一定数量的零件，以其平均精度为夹具修复后的实际使用精度，并确认夹具的使用精度稳定性和功能的修复程度。

2.3.2　万能分度头的检测与维修

万能分度头是一种常用的铣床通用夹具，由于使用不当引起的损坏，或因使用时间比较长而正常磨损，均会影响分度头的精度。因此，在加工精度较高的零件前，或在分度头使用一个阶段以后，以及分度头使用不当受到损伤后，必须进行精度检测或维护维修。

1. 万能分度头的检测方法

（1）用指示表检测万能分度头精度

1）分度精度检测。分度头等分精度检测应在主轴与回转体配合间隙适当、蜗杆副啮合间隙适当时进行，具体操作方法如下：

① 调整分度头主轴尾部的开槽螺母，消除主轴轴向窜动，手摇分度手柄能带动主轴转动自如。

② 调整偏心套扇形板，使分度头手柄带动主轴正反向转动具有较小的反向间隙，并在主轴转动一周内无明显松紧现象。

③ 使用锥度检验棒检测主轴前端内锥面的形状精度，检验时用涂色对研法检测内锥孔的精度。

④ 使用图 2-16 所示的专用检具，专用检具的锥柄 1 与分度头的主轴前端锥孔配合，专用检具的锥面轴颈 2 用于找正分度头与检具的同轴度，专用检具的平行测量基准板 3 用于放置正弦规和标准量块，与锥面轴颈 2 锥面配合。将专用检具的锥柄插入主轴前端的内锥孔，用指示表检测专用检具的颈部外圆，检测专用检具与分度头回转轴线的同轴度。将分度头手柄定位销插入孔盘某一等分孔圈的定位孔内，用

指示表找正平行检测基准板与测量平板平行。

⑤ 选定某一角度，用分度手柄分度，然后将正弦规和量块放置在平行测量基准板基准面上，用指示表检测正弦规测量面，若指示表示值不变，则说明分度角度准确；若指示表在两端示值不一致，则可按正弦计算角度分度误差。

⑥ 若需要检测等分精度，可将专用检具的平行测量基准板拆下，换装所需检测的等分基准量块，图 2-16a 所示的六角等分基准量块 4，即可检测分度头的等分精度。为了能够进行多方位的检测，可以将等分基准量块随机安装在主轴上的任意位置，并记录多次检测的误差，可得出最大、最小和平均等分误差，以判断分度头的磨损或损坏情况。

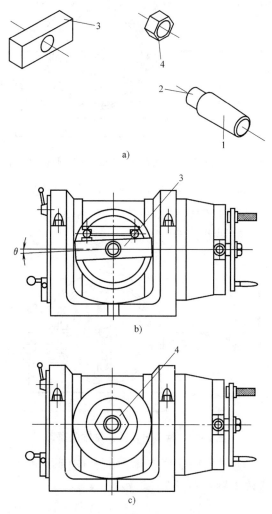

图 2-16　分度精度专用检具

a）专用检具　b）用正弦规测量　c）用等分基准量块测量
1—锥柄　2—锥面轴颈　3—平行测量基准板　4—六角等分基准量块

2）主轴回转精度检测。分度头主轴回转精度的检测方法与铣床主轴的回转精度检测方法类似，将分度头放置在检测标准平台上，主轴呈水平状态，主轴尾部螺母和蜗杆副啮合间隙做适当调整后进行检测。具体检测方法如下：

① 如图 2-17 所示，检测主轴锥孔轴线的径向圆跳动时，在主轴中插入锥柄检验棒，固定指示表，使其测量头触及检验棒表面，a 点靠近主轴端面，b 点与主轴端面的距离根据分度头的不同规格选定。用分度手柄带动主轴旋转进行检测。为提高检测精度，可使检验棒按不同方位插入主轴重复进行检验。

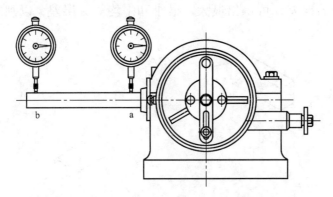

图 2-17　分度头主轴锥孔轴线的径向圆跳动检测

② 如图 2-18 所示，检测主轴轴向窜动时，固定指示表，使测量头触及插入主轴锥孔的专用检验棒的端面中心处，中心处粘上一钢球，旋转主轴检验，指示表读数的最大差值为主轴轴向窜动误差。

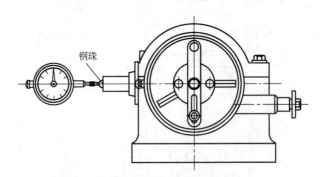

图 2-18　检测分度头主轴轴向窜动

③ 如图 2-19 所示，检测主轴轴肩支承面的轴向圆跳动时，固定指示表，使测量头触及轴肩支承面，旋转主轴进行检测。

④ 如图 2-20 所示，检测主轴轴颈锥面径向圆跳动时，固定指示表，使测量头触及定心轴颈表面，旋转主轴检验，指示表读数的最大差值作为径向圆跳动误差。

（2）使用过程检测　在使用过程中检测分度头的调整精度，是一种用实际操作经验进行检测和判断故障原因的方法，常用的具体操作方法如下：

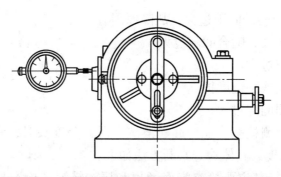

图 2-19　检测分度头主轴轴肩支承面的轴向圆跳动

1）分度手柄旋转一周，有松紧现象，故障原因如下：

① 分度手柄轴与支承孔之间缺少润滑；有毛刺、污物等；孔与轴磨损较大，配合间隙过大。

② 传动齿轮缺少润滑；有污物、毛刺等；齿轮磨损间隙较大。

③ 蜗杆与蜗轮啮合区域有污物、毛刺、齿面损坏等。

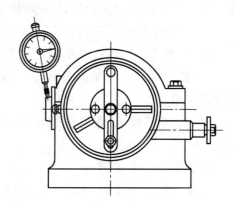

图 2-20　检测分度头主轴轴颈锥面径向圆跳动

④ 蜗杆轴向间隙调整不当。

⑤ 蜗杆副啮合间隙过小。

2）分度头主轴旋转一周，有松紧现象，故障原因如下：

① 主轴与回转体支承面之间缺少润滑，有污物等。

② 主轴与回转体支承面局部磨损后面接触精度差。

③ 蜗轮局部齿廓磨损。

④ 蜗杆轴向间隙调整不当。

⑤ 蜗杆副啮合间隙过小。

⑥ 主轴锁紧装置失灵。

3）用自定心卡盘装夹工件的铣削过程中振动大，故障原因如下：

① 分度头轴向间隙调整不当，间隙过大。

② 主轴锁紧机构失灵。

4）用插入主轴锥孔的锥柄夹具装夹工件，同轴度误差大，故障原因如下：

① 主轴与回转体支承面之间缺少润滑，有污物等。

② 主轴与回转体支承面局部磨损后，面接触精度差。

③ 主轴轴向间隙过大。

④ 主轴锥孔磨损、表面有毛刺等。

5）分度手柄正反转动间隙过大，故障原因有：

① 蜗杆蜗轮磨损大，啮合间隙过大。

② 蜗杆轴向间隙过大。

③ 分度手柄键槽或平键磨损。

④ 传动齿轮磨损间隙过大。

（3）拆卸后的目测检查　在拆卸、清洗、保养分度头时，常采用目测检查的方法来判断分度头的精度，具体检查判断方法如下：

1）检查蜗轮蜗杆。主要检查齿面磨损和压溃情况，检查是否有个别齿的损坏等。齿面的磨损和个别齿损坏，会引起分度误差。

2）检查主轴锥面磨损情况。局部磨损会引起主轴回转精度误差。

3）检查主轴内锥孔磨损情况。局部磨损会引起锥柄夹具的定位误差。

4）检查蜗轮与主轴配合间隙。蜗轮内孔与主轴定位轴颈的配合间隙过大，会引起分度误差。

5）检查键联接情况。蜗轮与主轴传递转矩的键槽、平键磨损会引起分度误差。

2. 万能分度头的维修

分度头的零件会出现损坏和磨损严重的现象，应按互换的原则进行调换。对磨损不严重的，可清洗、去毛刺后再行使用。主轴的锥孔和定位锥度轴颈等部位可用精磨方法修复精度。主轴支承轴承的锥面可以用研磨的方法进行修复。零件调换和修复后，关键是修理装配调整。

（1）分度头的装配　图 2-21 所示为分度头的传动系统和结构，分度头装配作业步骤如下：

1）装配蜗杆组件：将偏心套套装在蜗杆轴上，在蜗杆轴肩上安装平键和直齿圆柱齿轮，并用六角螺母锁紧。

2）装配主轴组件：将平键和蜗轮装在主轴轴颈上，用锁紧螺母锁紧。

3）装配侧轴箱组件：装配侧轴、平键和交错轴斜齿轮副及锁紧螺母；装配分度手柄传动轴、平键和圆柱直齿轮及锁紧螺母；装配孔盘、连接套和交错轴斜齿轮副及孔盘锁紧螺钉；装配分度叉、弹性圈、平键、分度手柄和分度定位销。

4）回转体部件装配：主轴组件从回转体前端装入，在回转体后端套装主轴调整垫片、锁紧螺纹圈，主轴前端装配刻度盘；装配主轴锁紧轴和手柄；装配蜗杆组件，蜗杆组件从侧轴箱一侧装入，在另一侧装配扇形蜗杆脱落手柄。

5）装配回转体部件：将回转体部件圆柱定位带与底座内圆弧定位带贴合，回转体用两块弧形压板和内六角圆柱头螺钉紧固在底座上。

6）装配侧轴箱组件：将侧轴箱组件沿回转体和侧轴箱定位台阶装入，用内六角圆柱头螺钉在侧轴箱下部与底座连接紧固。

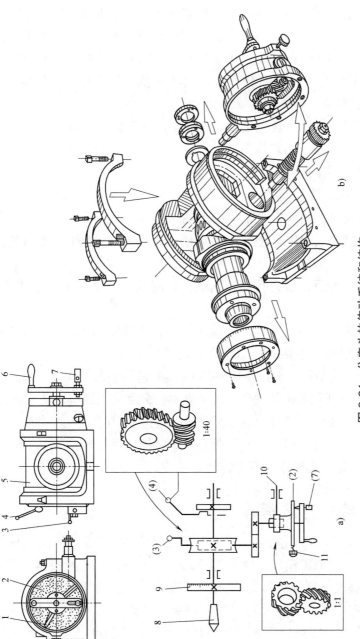

图 2-21 分度头的传动系统和结构

a）分度头传动系统 b）分度头的结构

1—分度叉 2—孔盘 3—蜗杆脱落手柄 4—主轴紧固手柄 5—壳体
6—分度手柄 7—插销 8—主轴 9—刻度盘 10—侧轴 11—孔盘紧固螺钉

（2）分度头装配的调整要点

1）主轴组件装入回转体时，注意不能碰擦回转体上的主轴锥度滑动轴承。调整时，可松开锁紧圈的紧定螺钉，旋转锁紧螺纹圈，调节主轴的轴向和径向间隙。检查间隙时可用手旋转主轴，并做轴向推拉，以观察和感觉主轴的间隙和装配精度。

2）蜗杆组件装入回转体时，应注意偏心套转至蜗轮与蜗杆脱开的位置装入，在另一侧装配蜗杆脱落机构及手柄后，可通过顶端的螺母调节蜗杆轴向间隙，通过扇形板带动偏心套调节蜗轮蜗杆的啮合间隙。此项调整需仔细操作，反复进行，以达到分度机构啮合精度要求。

3）侧轴箱组件装配时，注意交错轴斜齿轮副的啮合位置和啮合间隙。

4）侧轴箱组件与底座、回转体组装时，注意微量转动分度手柄，以使圆柱齿轮能顺利啮合，并具有一定的齿侧间隙。

（3）分度头的装配精度检验

1）主轴组件装配后，蜗轮在主轴上应无轴向和周向间隙。

2）蜗杆组件装配后，蜗杆应能转动灵活，但与偏心套内孔之间的间隙应在0.02mm以内。

3）侧轴箱组件装配后，松开孔盘锁紧螺钉，侧轴与孔盘应能互相带动，转动灵活且无阻滞。

4）主轴组件装入回转体，并经过间隙调整后，主轴锥体部与回转体锥度轴承之间的间隙在0.01mm以内，主轴的径向圆跳动误差在0.01mm以内。

5）总装后摇动分度手柄，分度头主轴应在360°范围内转动灵活且无阻滞；将分度定位销插入圈孔，松开孔盘锁紧螺钉，转动侧轴，分度头主轴应转动灵活且无阻滞。

6）脱落蜗杆机构在蜗杆脱离位置，分度头主轴应能用手转动；主轴锁紧手柄处于松开位置，转动分度手柄分度头转动应无阻滞，锁紧后主轴应无法转动；孔盘的锁紧螺钉应能锁紧孔盘，此时侧轴不能转动。

2.4　铣床夹具使用方法指导 *

正确使用铣床夹具，可以减少工件定位误差和装夹变形（包括工件和夹具变形），是保证和提高铣削加工精度的重要途径之一。灵活使用通用夹具、可调整夹具和组合夹具，也是解决铣削加工难题的重要措施之一。正确使用铣床夹具的前提条件是正确分析夹具定位元件定位原理，掌握控制定位误差的方法，分析夹紧机构和夹紧力的大小、方向和作用点，掌握控制夹紧变形的方法和途径。

2.4.1　铣床通用夹具的使用方法与技巧

铣床通用夹具最常用的有机用虎钳、分度头、回转工作台等，在规范使用的基础上，灵活组合应用基本使用方法，可扩大通用夹具的使用功能，解决铣削加工难题。

1. 机用虎钳的使用方法与技巧

（1）合理选用虎钳的类型　在大批量生产中通常应选用气动或液压虎钳，使用气动或液压虎钳，应熟悉虎钳的结构和调整方法。例如，在大批量生产中强力铣削加工冲击力较大、自重较大的工件，可使用图 2-22 所示的液压虎钳，以便有效减轻劳动强度，使夹紧力稳定，在铣削加工中能吸收一定的振动。

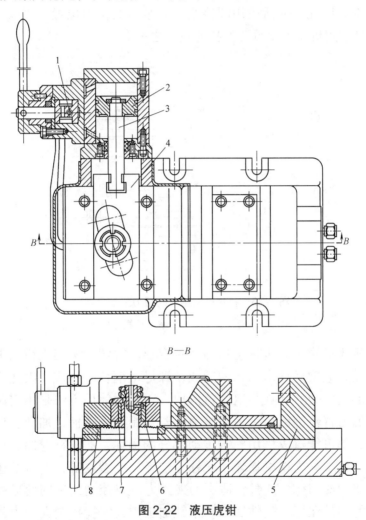

图 2-22　液压虎钳

1—控制阀　2—活塞　3—活塞杆　4—滑板　5—活动钳口座　6—滚轮　7—滚轮座　8—齿条

（2）提高机用虎钳装夹工件定位精度的方法　在规范使用标准机用虎钳的基础上，还应注意丝杠螺母安装的位置对工件装夹精度的影响。如图 2-23a 所示的机用虎钳，其夹紧机构的螺母是固定在机用虎钳滑枕上的，夹紧工件后，丝杠受压力作用变形，活动钳口有将工件向上抬起的趋势，即有使工件脱离水平定位基准的趋势，因此使用这类机用虎钳，夹紧力必须合理控制，否则工件有随切削力向上抬起的可能，加工后工件的平行度和垂直度都会受到影响。图 2-23b 所示的机用虎钳的夹紧机构的螺母是固定在机用虎钳座上的，夹紧工件后，丝杠受拉力变形，活动钳口有将工件向下压的趋势，即有使工件靠向水平基准的趋势，这对工件的夹紧是有利的。但当夹紧力过大时，机用虎钳会发生弹性变形，固定钳口向后微量倾斜，从而影响工件的定位精度。由于机用虎钳活动钳口倾斜可能引起矩形工件垂直定位面脱离固定钳口定位基准，因此，灵活应用圆棒改变夹紧力的作用位置，用以控制矩形工件的定位精度，是使用机用虎钳重要的技能技巧之一。

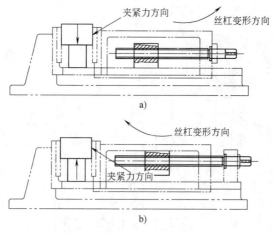

图 2-23 机用虎钳丝杠的受力变形示意

a）丝杠受压力变形 b）丝杠受拉力变形

（3）减少机用虎钳夹紧机构磨损和装夹变形的方法 机用虎钳的夹紧机构大多是丝杠螺母传动，通常丝杠由结构钢制成，螺母由铜合金制成，因此机用虎钳的夹紧机构能传递的夹紧力必须在一定的范围内。正确的使用方法是用定制的机用虎钳扳手，在限定的力臂范围内用手扳紧施力。若自制加长手柄，加套管接长力臂或用重物敲击手柄，都可能造成机用虎钳传动部分的损坏，如丝杠弯曲、螺母过早磨损或损坏，甚至会使螺母内螺纹崩牙、丝杠固定板产生裂纹等，严重的还会损坏机用虎钳活动座和机用虎钳体。此外，适当的夹紧力可以控制工件的变形和机用虎钳体的弹性变形，特别是在薄形零件加工和精铣加工中，掌握控制夹紧力的方法，以最小的夹紧力来完成铣削加工也是使用机用虎钳的基本技能技巧之一。

（4）灵活应用多种形式的特种钳口 根据加工零件的特点，灵活设计、制作形式多样的钳口，可以扩大机用虎钳的使用范围，解决铣削加工装夹难题。机用虎钳还可作为可重调的通用夹具，主要是通过两个按工件形状和尺寸、加工特性和毛坯表面状态而设计和制造的可换钳口进行调整。图 2-24 所示为采用专用钳口夹紧工件的机用虎钳，图 2-24a 所示为采用偏心夹紧机构的机用虎钳夹紧铣削斜面的工件，两个可摆动的压板 1，可以同时夹紧四个工件。图 2-24b 所示为铣削铸件毛坯工件 4 的两端面，两个专用钳口 2、5 是按工件 4 的形状设计考虑的。在固定钳口座 7 上装有摆动压板 3 的夹紧部分，在活动钳口座 6 上装有定位基准件，按槽和支承部分将工件定位。熟练掌握和运用多种形式的机用虎钳钳口，可以节约成本，有效缩短铣床专用夹具的制造周期。

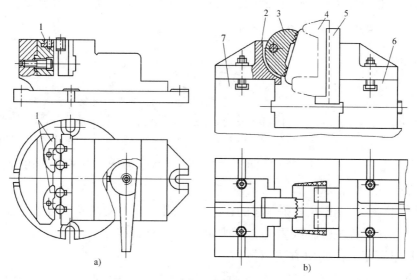

图 2-24　采用专用钳口夹紧工件的机用虎钳

a）多件夹紧的机用虎钳　b）夹紧铸件毛坯工件的机用虎钳

（5）将机用虎钳与其他通用夹具组合　这样可以灵活应用，解决多种型面的铣削加工难题。例如，与回转工作台组合，可以加工各种位置圆弧型面等分、角度位置的孔、斜面等。又如，与可调斜度板组合，可以铣削各种角度的复合斜面。如果使用形式多样的特殊钳口，然后与其他夹具组合，不仅能装夹外形各异的零件，而且可以铣削加工比较复杂的型面。

2. 分度通用夹具的使用方法和技巧

（1）光学分度头的使用方法与技巧　光学分度头主要用于检测精度较高的零件，灵活应用工件装夹、测量方法的组合，可使用光学分度头测量花键等分精度、各种角度面的夹角、螺旋槽等的螺旋角和凸轮的升高量等多种较为复杂的工件，尤其需要掌握的是测量数据的处理和换算，以便准确得出测量结果。对光学分度头测量过程中容易产生的测量误差，应掌握以下误差分析方法。

1）分度盘分度误差。这项误差值是固定的，可以通过一定的检定方法予以确定，必要时可以在测量结果中予以修正。

2）主轴顶尖与尾座顶尖不同轴引起的误差。由于两顶尖不同轴，在顶尖上的心轴与分度头主轴轴线之间就有一个夹角 α。在这种情况下，被测工件上一点随分度头做圆周运动时，其轨迹为一个椭圆。当分度头转过角度 β 时，这一点实际转过的角度为 $\beta+\Delta\beta$，$\Delta\beta$ 可由下式计算

$$\Delta\beta = \arcsin\frac{\sin\beta\cos\beta(1-\cos\alpha)}{\sqrt{\sin^2\beta+\cos^2\alpha\cos^2\beta}}$$

由上式可知，当 $\beta = 45°$（$135°$、$225°$、$315°$）时，$\Delta\beta$ 为最大。由于 $\Delta\beta$ 一般很小，故可取 $\Delta\beta = \sin\Delta\beta$，由此上式可写成

$$\Delta\beta \approx \frac{0.5(1-\cos\alpha)}{\sqrt{0.5+0.5\cos^2\alpha}}\times 2\times 10^5('')$$

3）拨动装置安装不正确引起的误差。当被测工件借助心轴支承在主轴顶尖和尾座顶尖中间时，主轴通过拨动装置带动工件旋转进行分度。由于两顶尖的同轴度误差及带动点位置不在工件顶尖孔和顶尖的轴向接触区域上，拨杆带动的工件转角会与分度头转角不一致，从而影响测量精度。

4）工件装夹、找正不正确引起的误差。被测工件装夹在光学分度头上，必须保证工件轴线与分度头主轴轴线重合，否则也会产生测量误差。

（2）万能分度头的使用方法与技巧

1）万能分度头的调整精度是合理使用的基础，在使用前必须对分度头主轴的轴向间隙、蜗杆副的啮合间隙、分度头主轴的轴线位置和分度手柄分度销的位置进行调整。在使用中合理锁紧主轴、避免撞刀、防止螺旋面铣削的冲击力等，可有效保护分度传动机构的精度。调整分度机构间隙时注意蜗杆轴向间隙和蜗杆副啮合间隙的配合进行，蜗杆轴向间隙主要通过分度手柄的反向空程大小判断，而啮合间隙则需通过主轴的一周回转过程中手柄感觉的松紧程度以及反向空程的大小进行综合判断。

2）避开分度头蜗轮的磨损区域是提高分度头使用精度的重要措施之一。在使用分度头前，预先对分度头进行精度检测，标识分度误差较大的区域，在加工中将等分点选定在蜗轮精度好的位置，可避开蜗轮磨损区域，避免蜗轮损伤部位对分度精度的影响。

3）设计和制作与分度头主轴联接的各种夹具，如锥柄心轴、借助自定心卡盘连接盘固定的夹具、用自定心卡盘夹持的夹具、采用两顶尖和拨盘装夹的心轴等，可灵活使用分度头加工各种轴类和套类零件，解决铣削加工难题。

4）采用双分度头法解决分度和螺旋加工的难题，解决分度头主轴扳转仰角以及同时需要侧轴配置交换齿轮的铣削加工难题。

5）灵活使用分度头附件。例如，在精确找正两顶尖装夹工件的角向位置时，可使用拨盘的夹紧螺钉一松一紧进行微量调整；在分度头扳转仰角后需对质数工件进行分度时，可预先制作进行简单分度的分度孔盘；在进行直齿锥齿轮偏铣加工中，可以通过微量转动分度盘位置来达到一个孔距内的偏铣角度调整；利用孔盘起始孔位置，移动分度销，实现在不同孔圈的角度分度组合，提高角度分度的精度；在多线螺旋槽工件加工时，可改装孔盘锁紧螺钉，在孔盘圆周面上加工等分孔解决工件等分难题等。

（3）回转工作台的使用方法与技巧

1）使用回转工作台应按工件的加工部位特点，分别选用卧轴式、立轴式和可倾斜式回转工作台。用于一般分度的可以选用手动回转台，需要加工圆弧和进行螺旋、展成铣削加工的可选用机动回转台。

2）为了提高回转台的分度精度，可将回转台进行改装，将刻度盘和手柄改装为分度相对比较准确的孔盘和分度手柄。角度分度可使用正弦规和量块进行找正。与分度头类似，分度前可对蜗轮误差进行检测，避开精度较低的分度区域。

3）在找正工件和回转台位置或回转台与刀具的相对位置时，可脱开蜗杆副，直接用手扳转转台工作台；找正用的指针尖应预先找正其与回转台的位置，然后找正其与工件的位置。灵活应用转台中间的基准定位锥孔和圆柱台阶，可以无需找正，使各类夹具和工件直接与转台回转轴线同轴。

4）回转台的分度计算时应根据蜗轮的齿数确定计算参数，进行螺旋面和展成铣削加工时，也应按蜗轮齿数进行交换齿轮计算。

5）回转台可以与多种通用夹具进行组合使用，例如双回转台组合加工，可以加工等分圆弧槽圆弧面的铣削加工；在工作台面上安装角铁，可以加工工件基准与转台轴线平行的各种工件；在回转台上安装机用虎钳，可以灵活装夹各种零件，加工各种型面；在机动轴和铣床之间配置交换齿轮，可以加工盘形凸轮和展成加工链轮等。

2.4.2 铣床专用夹具的使用方法与技巧

1. 定位操作

1）熟悉精基准定位元件的定位方法和磨损规律，按工艺作业指导书进行工件定位操作。例如，在使用有侧面和水平面精基准定位的夹具时，应注意清洁定位元件的表面。水平支承板的表面切屑比较难以清除，应注意仔细清洁。工件安装时，不能采用在定位元件上长距离移动的方法就位，以免损伤工件基准和夹具定位基准面精度。工件基准面与夹具定位面的贴合程度通常采用薄形塞尺进行检测。工件放置时禁止对定位元件冲击、撞击，使用微量移动、缓缓靠近的方法，使工件精基准面与夹具定位面接触贴合。由于工件移动，以及每次放置对支承板定位面边、角部位的撞击，支承板的磨损一般在边、角部位。又如，使用水平轴线的圆柱定位轴定位套类零件，由于每次放置工件时，工件套入定位轴时会撞击导向部位的圆周边缘，而每次拆卸工件时由于工件重力的作用，定位轴的上方圆柱面和边缘部位会因摩擦力较大而造成较多磨损，因此，水平设置的定位轴磨损较大的部位应该在轴端导向部位与定位圆柱面的连接部分边缘以及定位圆柱的上部。因此，使用这类定位元件的夹具，操作中应注意克服重力对定位元件局部摩擦加大的影响，延长夹具定位元件的使用寿命。

2）熟悉毛坯工件定位元件定位方法和磨损规律，注意辅助定位元件的调节。例如，较大的箱体坯件加工平面的夹具，通常在水平面上设置四个支承钉定位，一般其中一个支承钉为辅助支承，由于铸造工件形状和余量的变化，并且箱体工件涉及各部位的加工余量，因此必须注意对辅助支承进行调整，尤其是在不同批次的生产中，由于坯件外形的变化，必须引起注意。支承钉的磨损一般是顶部定位面积变大，当达到磨损极限时坯件的定位会变大而不稳定，此时应及时更换支承钉。对于一些需要通过手动调节的辅助支承，应控制支承对工件的接触压力，以免造成工件上辅助支承点的局部变形，影响工件的定位和加工精度。对一些浮动支承、自位支承应经常检查其浮动和自位的灵敏度和可靠性，以免影响工件的定位和加工精度。

2. 夹紧操作

工件夹紧操作应注意控制夹紧变形，把握夹紧力的大小、方向和作用点，尽可能使用较小的夹紧力来保证工件在切削过程中不发生位移。

1）需调节压板压紧位置的夹具必须注意夹紧力作用点的位置在支承面内，作用力的方向指向定位基准面。

2）注意压板与工件接触部位的形式，对已加工表面，应注意保护表面精度；对坯件表面，应检查尖齿或锯齿的磨损情况，以免接触面积变小，影响夹紧力和可靠性。对于薄板边缘夹紧的压板，应注意检查经常嵌入工件表面尖齿的磨损情况，以免因上部尖齿的磨损而造成夹紧作用力方向变化，引起工件变形或拱起松夹弹出。多件夹紧的压板应经常检查压板的摆动角度，以免因摆动不良影响压板根据工件尺寸变动而进行的自动调节，无法实现多件同时夹紧的功能。对于偏心夹紧的装置，偏心轮作用部分容易磨损而引起夹紧故障，因此超过磨损极限时应及时进行更换。

3）注意检查压板与螺栓紧固螺母之间的垫圈，球形垫圈应灵活摆动，以适应不同毛坯面的夹紧，平垫圈应具有平整的两表面，螺母和螺栓的螺纹及扳紧传递转矩的外六角部位等应完好可靠。可以调节压板高低的螺栓应防止松动后影响夹紧力的作用方向。

4）采用气动或液压装置传递夹紧力的，在使用时应注意检查液压、气动系统是否正常，所调定的夹紧力控制仪表的示值是否符合工艺参数的规定。

3. 对刀操作

熟悉对刀装置的结构，使用对刀塞尺应注意检查塞尺的精度，对刀时应用手扳动刀轴，使铣刀缓慢逆向转动，并同时抽动塞尺，感觉塞尺与刀齿恰好微量接触的程度，以提高对刀位置的准确性，使用组合铣刀进行铣削时，应注意按对刀位置设计的指定铣刀进行对刀，其余的刀具位置由组合精度保证。

4. 分度对定操作

使用有等分技术要求的铣床专用夹具，应熟悉对定操作步骤，注意等分对定装置的精度检测，检测时可借助专用检具或使用合格的已加工零件表面进行。分析数个转位和重复循环检测的数据，可判断夹具的分度对定装置的精度。

2.4.3 数控铣床组合夹具的使用方法与技巧

1. 组合夹具的特点和分类

1）组合夹具是在机床夹具元件通用化、标准化、系列化的基础上发展起来的新型夹具，是由预先制造好的标准化组合夹具元件，根据被加工工件的工序要求组装而成的，具有元件使用通用性和夹具功能专用性的双重性质。近年来，随着组合夹具设计组装技术的快速发展，组合夹具元件系统的不断完善，新型组合夹具的出现，以及组合夹具生产和管理模式的改变，组合夹具的结构、精度、刚度等质量性能和实际使用性能均达到了专用夹具的水平。

2）组合夹具的元件精度高、耐磨性好，并且实现了全互换，元件精度一般为 IT6～IT7 级。用组合夹具装夹加工的工件，位置精度一般可达 IT8～IT9 级；若精心调整，可以达到 IT7 级。因此，组合夹具也可理解为具有循环应用功能的高度标准化专用夹具。

3）目前使用的组合夹具有两种基本类型，即槽系组合夹具和孔系组合夹具。槽系组合夹具元件间靠键和槽（键槽、T 形槽）定位；孔系组合夹具则通过孔与销来实现元件间的定位，如图 2-25 所示。

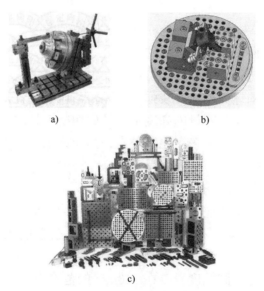

a)

b)

c)

图 2-25　组合夹具

a）槽系组合夹具　b）孔系组合夹具　c）组合夹具标准化元件

2. 组合夹具的特点

组合夹具是由能够重复使用的标准化元件组装而成的夹具，其特点体现在工作流程、元件系列和经济特性三个方面。

1）组合夹具把专用夹具的设计、制造、使用、报废的单向过程，变为组装、使用、拆散、清洗入库、再组装的循环过程。用几个小时的夹具组装周期，代替几个月的专用夹具设计、制造周期，从而大大缩短了生产周期，节省了工时和原材料，降低了生产成本。

2）减少了夹具库房面积，便于管理。组合夹具使用灵活，故特别适用于新产品试制和多品种小批量生产中，不仅应用于各种通用机床，而且在数控机床和柔性制造系统（或单元）中的应用也日益广泛。

3）组合夹具存在一次性投资大、刚度较差、外形尺寸及重量较大等不足之处。

3. 组合夹具的组装

将组合夹具元件按照一定的步骤和要求，装配成加工所需夹具的全过程，与专用工装的设计流程相比，工装设计的结果是制造用图样，组合夹具的设计结果是夹具实物。组合夹具的组装通常分为准备阶段、拟定组装方案、试装、连接并调整紧固元件、检验等几个步骤。

（1）组合夹具组装的要求

1）定位平键的厚度应保证元件间有效配合，结合面之间无间隙，能够起定位作用。

2）支承件与基础板连接时，不允许键与槽用螺栓头部相碰。

3）对支承结构高、刚度差的夹具，应采用支承角铁或连接板对主体进行局部加固。

4）滑动定向时，应在定向结构的一端安放限位装置。

5）翻转式结构和回转式结构选用的元件公差应一致。

6）组装角度夹具时，应根据不同材料及加工情况，采取相应的加固措施。

7）压紧结构的紧固螺栓处应安装弹簧，弹簧与压紧件应采用垫圈隔开。

8）各类结构中，螺栓、螺母的高度不应妨碍切削工具的回转与进给。

9）调整和检测尺寸时，应采用铜锤敲击，不允许采用元件和其他硬物敲击。

10）夹具质量超过 20kg 时应安装吊环。

（2）组合夹具的调整和检验

1）一般调整和检测精度应为产品工艺要求公差的 1/5～1/3。

2）工件尺寸精度为自由公差时，夹具基准尺寸公差应取 ±0.10mm，角度公差应取 ±5′。

3）平行度、垂直度、同轴度误差在 100mm 的范围内应不大于 ±0.03mm。

4）以调整和检验装配后夹具上的定位尺寸、工作尺寸为主，转换测量元件外轮廓尺寸为辅。

5）涉及角度时，以计算机测量出的尺寸或计算出的平面坐标尺寸为依据进行测量与检验。

6）检验夹具时，要遵循基准统一和基准重合原则，以最大限度地消除元件累积误差。

Chapter 3

项目 3　铣刀设计、改制和测量技术应用

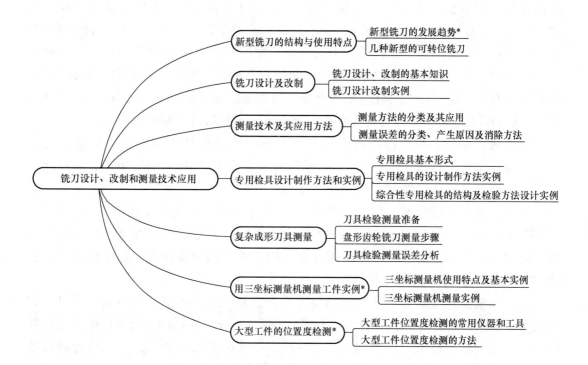

铣刀设计、改制和测量技术应用

- 新型铣刀的结构与使用特点
  - 新型铣刀的发展趋势*
  - 几种新型的可转位铣刀
- 铣刀设计及改制
  - 铣刀设计、改制的基本知识
  - 铣刀设计改制实例
- 测量技术及其应用方法
  - 测量方法的分类及其应用
  - 测量误差的分类、产生原因及消除方法
- 专用检具设计制作方法和实例
  - 专用检具基本形式
  - 专用检具的设计制作方法实例
  - 综合性专用检具的结构及检验方法设计实例
- 复杂成形刀具测量
  - 刀具检验测量准备
  - 盘形齿轮铣刀测量步骤
  - 刀具检验测量误差分析
- 用三坐标测量机测量工件实例*
  - 三坐标测量机使用特点及基本实例
  - 三坐标测量机测量实例
- 大型工件的位置度检测*
  - 大型工件位置度检测的常用仪器和工具
  - 大型工件位置度检测的方法

3.1　新型铣刀的结构与使用特点

3.1.1　新型铣刀的发展趋势 *

铣刀是一种多刃切削刀具，随着现代工业的发展，铣刀的品种更多，规格更加齐全。在各种标准铣刀的基础上，改进设计后的新型铣刀具有以下特点：

1.新型刀具材料及其应用特点

采用各种新型刀具材料，使得新型铣刀具有更高的强度、硬度和耐磨性。高速钢在原有的通用高速钢基础上，发展了高性能高速钢和粉末高速钢，以及高速钢刀具表面涂层和强化处理。硬质合金是当代最主要的刀具材料之一，在一些工业发达的国家中，硬质合金刀具已大大超过高速钢刀具。硬质合金的发展方向是涂层硬质合金、超细晶粒硬质合金和钛基硬质合金。超硬刀具材料在铣刀刀片的应用上也有了进一步的发展。

（1）粉末高速钢　粉末高速钢是用粉末冶金工艺制成的，由于碳化物颗粒小而均匀，可磨削性能优于通用高速钢，淬火变形小，为熔炼高速钢的 1/3～1/2，刀具使用寿命比熔炼高速钢长一倍左右，由于目前价格贵，适用于制造高性能精密铣刀，如汽轮机叶轮的轮槽铣刀、齿轮滚刀和立铣刀等。

（2）高速钢表面涂层和强化处理　采用物理气相沉积工艺（PVD），在经磨光过的高速钢刀具表面，涂一层或多层 TiN、TiCN、TiAlN、CrN 等高硬度耐磨层（厚度为 2～5μm），可以延长刀具寿命 1～3 倍，生产效率提高 30%～50%。TiN 涂层刀具适合于加工一般结构钢和铸铁，不适合加工黏性材料；TiCN 涂层刀具适用于加工高耐磨性和黏性材料，如不锈钢；TiAlN 涂层刀具适用于加工宇航材料，如钛合金；CrN 涂层刀具适用于加工铝合金及钛合金。采用耐磨涂层是高速钢刀具的发展方向，由于涂层温度低于 500℃，刀具变形小，因而可用于制造各种精密铣刀。

（3）涂层硬质合金　涂层硬质合金刀片的产生是近代硬质合金刀具最重要的进步。通过化学气相沉积（CVD），在硬质合金表面沉积一层厚约 5μm 的高硬度耐磨层，它把基体的高韧性和表层的高硬度结合在一起，可显著提高硬质合金刀片的切削性能，通常切削速度可提高 30% 左右，或在同等切削速度下延长刀具寿命 2～3 倍。根据涂层工艺不同，有单涂层和多涂层之分。采用多涂层可使涂层具有更高的结合强度，使刀片具有更好的切削性能。用于铣刀的硬质合金一般使用物理涂层（PVD），以保持刀片基体的强度。

（4）超细晶粒硬质合金　超细晶粒硬质合金是一种高硬度、高强度、刃口锋利的硬质合金，其晶粒尺寸小于 1μm，大部分小于 0.5μm。它适用于低速切削加工各种难加工材料，如不锈钢、耐热钢、冷硬铸铁、钛合金和铝合金等，特别适合制造各种小尺寸整体硬质合金铣刀，其几何参数可与高速钢刀具相近。

（5）碳、氮化钛基硬质合金　碳、氮化钛基硬质合金是以 TiC、TiN 为主要成分，再加入其他碳化物或氮化物，以镍、钼为黏结剂烧结而成的。其主要优点为硬度高、抗氧化性能好、摩擦因数小、切屑不易黏结、抗月牙洼磨损性能好、相对密度小，国外称之为"金属陶瓷"，适用于钢件的高速精加工和半精加工，目前已适用于铣削加工和整体铣刀的制造。

（6）陶瓷　陶瓷比硬质合金具有更高的硬度（91～95HRA）和耐热性，在 1200℃ 的温度下仍能切削，耐磨性和化学惰性好，摩擦因数小，抗黏结和抗扩散磨损能力强，因而能以更高的速度切削。陶瓷与硬质合金性能对比见表 3-1，陶瓷的分类及主要性能见表 3-2。为了弥补陶瓷材料抗弯强度低、性脆、抗冲击性能差的缺点，陶瓷刀片切削刃常刃磨出 20° 负倒棱，刀片的厚度和刀尖圆弧也比同一尺寸的硬质合金刀片略大些。

表 3-1 陶瓷与硬质合金性能对比

性能指标		刀具材料			
		冷压陶瓷	热压陶瓷	TiC 基硬质合金	硬质合金 P10（C-7）[1]
高温硬度（800℃时的 HRA 值）		87	89	80	78
高温抗弯强度（1100℃时）/MPa		393	538	738	689
高温抗氧化性能（1000℃时的质量增量 %）	2h	可不计	可不计	0.66	7.19
	5h	可不计	可不计	1.48	14.98
耐热冲击温度 ΔT/℃		175	230	360	450
亲合性（相对指数，1 为最好）		1	1	2	3

① C-7 为美国硬质合金牌号。

表 3-2 陶瓷的分类及主要性能

分类	主要品种	主要成分	相对密度	硬度 HRA	抗弯强度 /MPa	主要用途
氧化铝基陶瓷	纯氧化铝陶瓷（冷压）	Al_2O_3	4.0	94	500	结构钢及合金钢的粗加工、半精加工，也可用于铸铁的精加工和半精加工
	混合陶瓷（热压）	Al_2O_3+TiC	4.3	94.5	800	冷硬铸铁、淬硬钢、耐热合金的加工，以及中、高碳钢和合金钢的精加工、半精加工
	氧化铝基晶须陶瓷	$Al_2O_3+SiC_w$	3.7	94.5	1200	球墨铸铁及铁基和镍基耐热合金的加工
氮化硅基陶瓷	氮化硅陶瓷	Si_3N_4	3.2	93	1200	灰铸铁的粗加工及半精加工
	氮化硅陶瓷（Sialon）	$Si_3N_4+Al_2O_3+Y_2O_3$	3.5	92.5	1000	镍基及铁基耐热合金的粗加工及白口铸铁的加工

注：表中所列性能均为同一公司提供。各生产厂由于制品的化学成分和制造工艺等因素的不同，在性能指标方面有差异。

（7）超硬刀具材料　超硬刀具材料主要包括天然金刚石、聚晶金刚石和聚晶立方氮化硼三种。金刚石刀具主要用于加工高精度的非铁金属、耐磨材料和塑料，如铝合金、黄铜、预烧结的硬质合金和陶瓷、石墨、玻璃纤维、橡胶、塑料等。立方氮化硼主要用于加工淬硬钢、喷涂材料、冷硬铸铁和耐热合金等。金刚石刀具的耐磨性极好，刃口锋利，切削刃的钝圆半径可达 0.01μm 左右，刀具寿命长达数百小时。新开发的金刚石涂层刀具，其基体材料为硬质合金或氮化硅陶瓷，可用于形状复杂的铣刀上涂层，因此具有广阔的发展前途。使用聚晶立方氮化硼铣刀高精度铣削淬硬工具钢、冷硬铸铁、耐热合金等，可以代替磨削加工。

2. 新型刀具的特点

（1）新型高速钢尖齿铣刀的特点

1）带孔铣刀外径系列与相应内孔直径尺寸更为合理，既能保证选用较小直径的铣刀，又能保证铣刀心轴的强度和刚性。

　　2）铣刀齿数的确定更为合理，适用于粗、精加工不同需要，同时又能保证铣刀具有尽可能大的容屑空间。

　　3）铣刀的刀齿和齿背形状有多种形式，以适应各种规模生产的需要，能够保证足够的刀齿强度、足够的容屑空间，保证排屑顺畅，并具有必要合理的重磨次数。

　　4）带柄铣刀的柄部结构采用多种形式，可以与铣床直接连接安装，也可以通过铣刀夹头安装。除了弹簧夹头外，图 3-1 所示的铣刀尾端削平型装卡结构已得到广泛使用。这种铣刀装卡方式能提高装卡的可靠性，实现快速装卸。铣刀装入夹头内孔后，用螺钉紧固即可。图 3-1a 所示为只用一个螺钉紧固，用于直径为 6～20mm 的铣刀；图 3-1b 所示为采用两个螺钉紧固，适用于直径为 25～63mm 的铣刀，铣刀工作部分的直径可以扩大到 80mm。图 3-1c 所示为带锁紧销的双削平型装卡结构，适用于大规格重型铣刀，装卡后可以防止脱落。削平型直柄结构的定位与安装精度，取决于柄部和夹头孔的配合精度，因此制造精度较高。图 3-2 所示为螺尾直柄铣刀夹头，用于装卡直柄而带螺尾的立铣刀，装卡时轴向由顶尖定位，并可作轴向尺寸调整，尾部的螺纹帮助弹簧夹头传递动力，所以可以扩大使用直径范围。

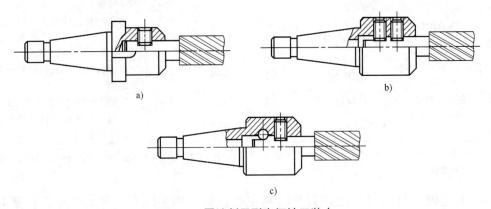

a)

b)

c)

图 3-1　尾端削平型直柄铣刀装夹

a）单一螺钉紧固　b）双螺钉紧固　c）带锁紧销的双削平型结构

　　5）铣刀的几何参数的设计细化，以适应各种材料切削对铣刀不同几何参数的要求，主要发展方向为提高铣刀的切削性能和使用寿命，开发增强切削刃的正前角刀具和大螺旋刀具。

　　（2）新型高速钢铲齿铣刀的特点　图 3-3 所示为粗加工铲齿波形刃铣刀，这是一种高效率粗加工铣刀，采用铲齿结构可保证重磨后切削刃形状和切削图形不变。波形刃铣刀铲制了按一定节距 t 排列的径向分屑槽，从而使每个

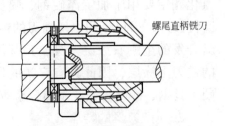

螺尾直柄铣刀

图 3-2　螺尾直柄铣刀装夹

刀齿的切削刃形状类似一条正弦波曲线。图 3-4 为一个右旋右切削铣刀刀齿的展开图。各刀齿的径向分屑槽节距为 t，相邻两个刀齿的分屑槽的轴向错开一个距离 a，$a = t/z$，z 为齿数。对于右旋右切削铣刀，各刀齿分屑槽按左螺旋方向排列。铣刀工作时得到的切削图形如图 3-5 所示。

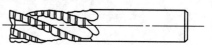

图 3-3　波形刃铣刀

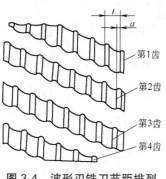

图 3-4　波形刃铣刀节距排列

图 3-5　波形刃铣刀的切削图形

a）弧顶形　b）平顶形

由切削图形可知，这种铣刀把原来由一条切削刃切除的宽切屑，分割成很多小块，大大减小了切削宽度，增加了切削厚度，使切削变形减少，铣削力和铣削功率下降，因此适用于在大的切削用量下工作，生产效率高。但波形刃铣刀加工出的表面粗糙度值较高，故只宜用于粗铣加工。平顶波形刃铣刀也可用于半精铣加工。

（3）新型硬质合金铣刀的特点

1）整体硬质合金铣刀具有结构尺寸小，采用涂层等特点，切削性能好，刀具寿命可比高速钢铣刀长数十倍，并且可以加工高硬度材料。图 3-6a、b、c、d 所示是几种整体硬质合金铣刀。随着数控机床的发展，可以加工的范围更加广。为了加工一些很精细的零件，出现了微小径铣刀，如图 3-6e、f 所示。微小直径铣刀的直径和被加工材料之间的切削三要素见表 3-3。使用时应注意以下要点：

① 使用高精度的机床和刀柄。

② 使用空气冷却或不易产生烟雾的切削液。

③ 机床与工件安装刚度较差的情况下，会产生振动和异常声音，此时应将表 3-3 中的转速与进给速度同比降低。

④ 在不干涉的条件下尽可能使刀具悬长最短。

2）采用焊接 - 机械夹固式结构，这种铣刀的硬质合金刀片是焊接在钢制小刀体上，然后将小刀体夹固在刀体上。图 3-7a 所示为体外刃磨式面铣刀结构，这种铣刀刀体和刀头都具有较高的精度，小刀头轴向尺寸可进行调整（见图 3-7b），以确保安装后具有规定的轴向和径向精度。

表 3-3　微小直径铣刀切削三要素

被加工材料	铸铁球墨铸铁		碳素钢（合金钢）750N/mm²		碳素钢（合金钢）30HRC		预硬钢（调质钢）40HRC		不锈钢	
直径/mm	转速/r/min	进给速度/（mm/min）	转速/r/min	进给速度/（mm/min）	转速/r/min	进给速度/（mm/min）	转速/r/min	进给速度/（mm/min）	转速/r/min	进给速度/（mm/min）
0.2	3200	115	3200	115	32000	115	32000	80	32000	40
0.3	3200	115	3200	115	32000	115	32000	80	32000	40
0.4	3200	125	3200	125	32000	125	32000	90	27500	50
0.5	3200	125	3200	125	29500	125	25000	90	22000	50
0.6	3200	125	3200	125	24500	125	21000	90	18500	50
0.7	3200	125	3200	125	24500	125	21000	90	18500	50
0.8	24500	125	24500	125	18500	125	15500	90	13500	50
0.9	24500	125	24500	125	18500	125	15500	90	13500	50

最大切深量

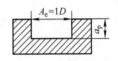

槽切削	
刀具直径	切深a_p
$D < \phi 1$	0.05D
$\phi 1 \leqslant D \leqslant \phi 3$	0.15D

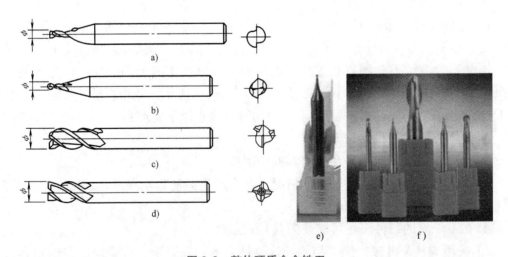

图 3-6　整体硬质合金铣刀

a）2 齿精铣立铣刀（$\phi 0.1 \sim \phi 0.95$mm）　b）2 齿球头铣刀（$\phi 0.1 \sim \phi 0.9$mm）

c）3 齿过中心刃立铣刀（$\phi 3 \sim \phi 20$mm）　d）4 齿长型立铣刀（$\phi 3 \sim \phi 20$mm）

e）$\phi 0.2$mm 直径铣刀　f）微小直径球头铣刀和整体球头铣刀

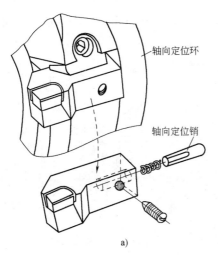

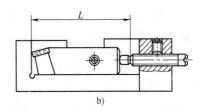

图 3-7　体外刃磨式面铣刀

a）铣刀结构　b）小刀头长度调整

3）硬质合金可转位铣刀是现代铣刀的发展方向，其主要特点为：完全避免了硬质合金刀片由于焊接和重磨造成的质量问题；大大缩短了换刀及调整用的停机时间；可采用涂层刀片及其他高性能材料，使生产效率和刀具寿命大大提高；可以便于各种形式刀片的设计和刀体、刀片槽形位设计，灵活确定刀具结构和几何参数，制造各种形式的铣刀，以适应各种材料和各种结构零件铣削的要求。

3.1.2　几种新型的可转位铣刀

（1）硬质合金可转位面铣刀　可转位面铣刀有两个系列。其中，刀片带后角的系列适用于钢件和铸铁件的连续铣削，切削轻快省力，消耗动力小，对工艺系统要求不高，一组刀片有四个切削刃。刀片无后角的系列，适用于钢件和铸铁件的断续切削，切削刃强度高，加工硬钢和材质不均匀的材料时不易崩刃。使用这类铣刀，对铣床主轴的精度要求不高，但要求机床有足够的动力，工艺系统刚度要好，一组刀片有 8 个切削刃，刀片利用率高。根据主偏角的大小，主要有 75° 和 90° 两种形式，根据背前角（主要影响所需的切削功率）和侧前角（主要影响切屑的变形和排出方向）的组合方式，通常可分为三种形式。双负前角型适用于粗铣和间断切削；双正前角型适用于加工铝合金、铜合金、塑料以及复合材料，以及钢的半精加工；负、正前角型具有前两种组合的优点，适用于加工各种碳钢、合金钢、工具钢、铸铁和不锈钢等，通用性比较强。

结构比较新的可转位面铣刀有以下几种：

1）硬质合金可转位模块式铣刀。如图 3-8 所示，模块式铣刀的基本特点为：在同一铣刀刀体上，可以安装多种形状小刀头模块，安装在小刀头上的刀片不仅几何参数不同，而且刀片的形状也不同，铣刀的主偏角有 90°、75°、60°、42° 等多种，铣刀的前角有双正、双负和负 - 正三种，铣刀的直径范围为 80 ~ 500mm，可满足不同铣削用途的需要，大大减少了铣刀的品种规格。

2）帽盖型密齿铣刀。如图 3-9 所示，这种铣刀的刀齿密度比其他铣刀高，例如直径为 500mm 的铣刀有刀齿 84 个，密齿铣刀主要用于加工发动机缸体、缸盖的平面，直径范围为 250 ~ 500mm。由于直径大于 250mm 后铣刀较重，因此在结构上分成支座和帽盖两部分。使用时，支座装在铣床主轴上，刀片装在帽盖上，帽盖以内孔和端面定位安装在支座上，中心处用螺钉紧固，并用端面键传递铣削力矩。铣刀的刀片可在机床外安装调整后，连同帽盖直接安装到支座上，便于检测刀片的装夹精度。

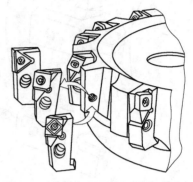

图 3-8　硬质合金可转位模块式铣刀

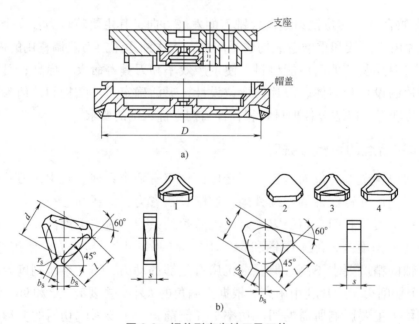

图 3-9　帽盖型密齿铣刀及刀片

a）铣刀　b）刀片

1—双面波形刃刀片　2—平刀片　3—双面圆弧刃刀片　4—端面大前角刀片

3）硬质合金可转位重型面铣刀。如图 3-10 所示，重型铣刀与通用型铣刀的结构有所不同，一般要求有大的容屑空间，排屑性能好，刀齿和刀体强度高，刚度好，能承受大的冲击载荷。铣刀刀片采用立装，小刀体的头部伸出，其台肩面紧靠在铣刀刀体的端面，尾端顶在定位环上，用楔块和螺钉夹紧。铣刀的直径有 315mm、400mm、500mm 和 630mm 四种，每齿进给量可高达 0.6 ~ 1mm。

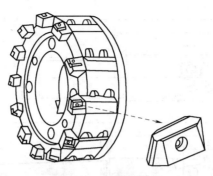

图 3-10　重型面铣刀

（2）硬质合金可转位三面刃铣刀（见图3-11） 这种铣刀采用三角形带后角刀片，靠楔块、螺钉夹紧在刀体上。刀片的定位精度由刀体和刀垫的制造精度保证。为了改善铣削条件，减小振动，刀齿按错齿排列。采用这种铣刀的生产效率比整体式铣刀可提高 5～10 倍。

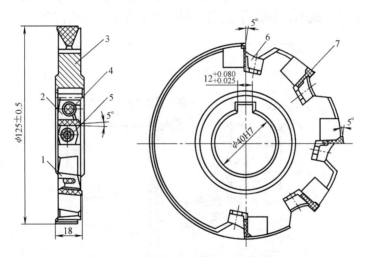

图 3-11　硬质合金可转位三面刃铣刀

1—左刀片座　2—右刀片座　3—刀体
4—内六角圆柱头螺钉　5—螺钉　6—楔块　7—刀片

（3）硬质合金可转位球头立铣刀（见图3-12） 这种铣刀适用于模具内腔及有过渡圆弧的外形面的粗加工、半精加工和精加工。球头铣刀可以安装不同材质的刀片，以适用于不同被加工材料。铣刀的刀片沿切向排列，可以承受较大的切削力，适用于粗加工和半精加工。刀片沿径向排列，被加工的圆弧或球面由精化刀片圆弧直接形成，故形状精度较高，适用于半精加工和精加工。该铣刀的刀体经过特殊的热处理，可使高精度的刀片槽有较高的使用寿命。

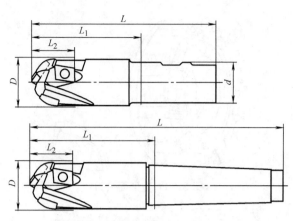

图 3-12　硬质合金可转位球头立铣刀

（4）硬质合金可转位螺旋齿可换头立铣刀（见图3-13） 与整体立铣刀不同的是，这种立铣刀采用模块式结构，可使一个立铣刀更换各不相同的可换头，成为四种不同的立铣刀：前端2个有效齿的立铣刀、前端4个有效齿的立铣刀、有端齿的孔槽立铣刀和球头立铣刀。可换头损坏后，更换方便，减少了停机时间，提高了生产效率，降低了刀具成本，增加了使用的灵活性，使铣刀具有广泛的应用范围。

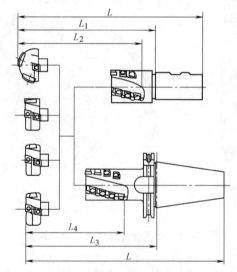

图 3-13　硬质合金可转位螺旋齿可换头立铣刀

（5）硬质合金可转位专用铣刀　硬质合金可转位专用铣刀类型很多，应用日益广泛。

1）硬质合金可转位曲轴内铣刀（见图3-14a）。曲轴内铣刀是铣削曲轴主轴颈、连杆轴颈、曲轴臂与轴颈台肩的刀具。其刀齿均匀相同地分布于刀盘内圆环面上，曲轴的铣削在圆环内进行。曲轴内铣刀的刀齿采用轮切式分布，切削效率高，是车削加工曲轴的数十倍。

2）硬质合金可转位组合铣刀（见图 3-14b）。为了提高生产效率，在一些多表面的加工中，可采用硬质合金可转位组合铣刀加工，可转位组合铣刀的原理与普通组合铣刀相同。

（6）超硬材料可转位铣刀　这类铣刀的刀体结构形式与硬质合金可转位铣刀相似，所使用的刀片略有不同。用于铣削的陶瓷和立方氮化硼刀片均为无孔刀片，后角为 0°。刀片形状主要有正方形和圆形两种。由于这两种刀具材料均为高硬度脆性材料，为了增强切削刃的强度，刃口必须进行强化处理，负倒棱的宽度为 0.2mm，倒棱角为 20°。铣刀背前角为 −5°，侧前角为 −7°，陶瓷铣刀的主偏角为 45° 或 75°，立方氮化硼的主偏角为 45°。聚晶金刚石铣刀刀片的形状主要有无孔正方形和正三角形两种，有的铣刀还装有刮光刀片。聚晶金刚石刀片只有一个刀尖，采用可转位刀片的形状，但实际上并不能转位使用。金刚石铣刀主要的几何参数为背前角 5°，侧前角 17°，主偏角 45° 或背前角 7° ~ 9°，侧前角 13°，主偏角 86°。

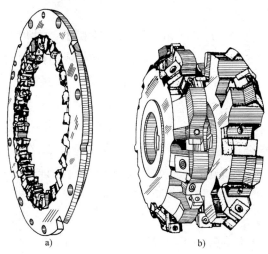

a)　　　　　　　　　　　b)

图 3-14　硬质合金可转位专用铣刀

a）曲轴内铣刀　b）组合铣刀

3.2　铣刀设计及改制

3.2.1　铣刀设计、改制的基本知识

1. 铣刀设计、改制的主要任务

刀具设计的主要任务是：

1）对于大批量生产的某些工件，根据规定的加工条件和要求，没有标准刀具可以选用或在小批量生产、单件生产标准刀具不能满足要求时，需要专门设计刀具。

2）为提高劳动生产率和加工质量，降低成本，改进现有刀具，设计新型的刀具。

2.刀具设计、改制的主要内容

（1）工作部分的设计改制

1）选择合理的铣削方式。刀具的切削方式（切削图形）是切削刃从工件毛坯上切去加工余量的形式和顺序。它直接影响切削刃的形状、加工效率、加工质量和刀具寿命。例如，铣削圆弧形槽，可以选用盘形凸圆弧成形铣刀进行周铣加工，也可以采用指形球头铣刀进行端铣加工，两种不同铣削方式的铣刀设计是不同的。

2）选择合适的刀具材料。刀具工作部分的材料对其切削性能有决定性的影响。刀具材料必须满足硬度高、耐磨性和耐热性好、强度和韧性足够，便于机械加工且价格便宜等基本要求。例如，铣削不锈钢工件，可以采用硬质合金涂层材料，以保证铣刀足够的硬度、耐磨性和耐热性、较长的使用寿命和较高的铣削精度。

3）选择适宜的几何参数。刀具的几何参数是刀具的核心，例如，铣削弹塑性材料，应选用较大的前角和后角，切削刃锋利，并具有较大的螺旋角。铣刀几何参数的确定可参考铣削原理有关数据。

4）设计正确的切削刃形状。例如，铣削汽轮机的叶片叶根及其转子叶根槽，必须设计符合配合精度的铲齿成形铣刀，确保叶片安装后的配合精度和摆动幅度等技术要求。对于用展成法加工的刀具，如齿轮滚刀，刀齿的形状应该是工件的共轭齿形。

5）保证足够大的排屑与容屑空间。刀具切削时，切下大量切屑，能否顺利容纳和排出切屑，是刀具能否正常工作的关键。如果切屑堵塞在刀槽内，刀具继续工作，势必挤断刀齿，划伤已加工表面。选择刀具齿数时应保证刀具有足够大的容屑空间，但又要保证刀齿的强度。刀齿容屑空间有三种形式：敞开式、半封闭式、封闭式。铣刀的切削过程基本属于半封闭和封闭式，一般需设置分屑槽。铣刀的齿数与铣刀的结构尺寸和粗、精加工性质有关。一般可根据下式估算

$$z = K\sqrt{D} \qquad\qquad （3-1）$$

式中　z——铣刀齿数；

　　　D——铣刀外径；

　　　K——系数，可按表3-4选取。

表 3-4　铣刀齿数系数 K 值的选择

铣 刀 类 型	K
直齿细齿铣刀	3 ~ 2
直齿粗齿铣刀	2 ~ 1.6
细齿螺旋齿铣刀（$\beta \leq 35°$）	1.6 ~ 1.2
粗齿螺旋齿铣刀（$\beta = 40° ~ 35°$）	1.2 ~ 0.6

6）选择重磨表面。刀具磨损后要进行重磨，尖齿铣刀刃磨后刀面，铲齿铣刀刃磨前刀面，体外刃磨的切刀需刃磨前、后刀面，以恢复其切削能力。选用可转位铣刀刀片，一般需重磨刀面。选用何种重磨方式主要考虑以下因素：

① 刀具的磨损特性。如尖齿铣刀以后刀面磨损为主，因此刃磨后刀面；铲齿铣刀因廓形需要，一般刃磨前刀面。

② 重磨后能否保证刀具截形（刃形）或者保持直径、长度、宽度尺寸不变。重磨表面的形状要简单，以便磨得准确和方便检验，磨除的材料尽可能少，以增加重磨次数，延长刀具寿命。

铲齿铣刀重磨的技术要求参见表 3-5，尖齿刀具重磨的技术要求参见有关技术手册。

表 3-5　铲齿铣刀的刃磨技术要求

铣刀名称及规格 /mm		刃磨部位	前角 γ。	刃磨要求			
				周刃的径向圆跳动公差 /mm		侧刃的斜向圆跳动公差 /mm	在切深范围内前刀面的非径向性公差 /mm
				一转	相邻齿		
凹、凸半圆铣刀	$R \leqslant 6$	前刀面	$5° \pm 1$	0.06	—	—	
	$R > 6 \sim 12$			0.08	—	—	
齿轮铣刀	$m = 0.3 \sim 0.5$	前刀面	$0°$	0.06	0.04	0.06	0.03
	$m > 0.5 \sim 1$						0.05
	$m > 1 \sim 2.5$						0.08
	$m > 2.5 \sim 6$			0.08	0.06	0.08	0.12
	$m > 6 \sim 10$			0.10	0.07	0.10	0.16
	$m > 10 \sim 16$						0.25

注：刀齿前刀面的表面粗糙度值应不大于 $Ra0.8\mu m$。

7）保证刀齿有足够的强度和刚度。刀具的刀齿受切削力作用后，会发生变形，并在刀齿内引起应力。如果设计的强度和刚度不够，刀齿将发生破损，或者产生变形而不能正常切削。如直径较小的立式铣刀，其长度不宜过长，刀齿的强度和刚度都应综合确定。又如陶瓷铣刀的刀片通常都采用负前角，并且刃磨出负倒棱。

8）设计合理的刀具结构。如确定铣刀是整体式或装配式，装配式刀具刀体设计应注意刀片装夹的精度和可靠性、刀片具有足够的强度和刚度。刀片槽设计应符合刀片规格，并与刀片配合形成刀具的几何角度。

（2）夹持部分的设计改制　夹持部分的设计改制主要是确定刀具夹持部分传递力与转矩的方式。铣刀刚性连接主要利用键、夹块等刚性零件传递力和转矩；摩擦连接主要利用立式铣刀的锥柄、直柄和圆柱形铣刀的两端面等传递力和转矩；组合连接是既有刚性连接又有摩擦连接的方式。采用新型的夹头装夹刀具，应注意参照标准刀具夹持部位的结构和精度要求。

3. 铣刀设计、改制的主要步骤

1）分析工件图样铣削加工部位的形状特征、精度要求。

2）在标准铣刀中选择与加工要求相近的刀具，大致确定铣刀的材料、结构参数和几何参数。

3）分析标准铣刀不适用的因素，利用标准铣刀改制的可能性和可行性。

4）确定改制方案或设计的方案。

5）按设计或改制的方案实施，具体内容和步骤可参见上述设计、改制的主内容。

6）制定铣刀改制、制造的简单工艺过程。

7）检验铣刀的制造质量，如尺寸、几何参数等。

8）确定铣刀切削试验方法和条件，进行试切削检验。

3.2.2 铣刀设计改制实例

1. 加工小导程平面螺旋面铣刀设计

（1）工件铣削加工部位分析　图 3-15 所示的推力轴承端面螺旋面，铣削加工的余量少，螺旋面的导程小，工件的材料为 QAl9-4 铝青铜，属于较易切削材料，加工精度比较高，需要保证螺旋面的升高率、螺旋面在端面的分布角，螺旋面的表面粗糙度要求也比较高。

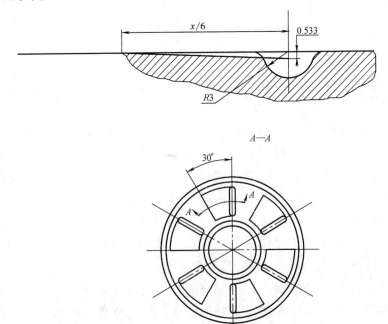

图 3-15　推力轴承零件简图

（2）加工平面螺旋面的铣削方式分析　均布的 6 个螺旋面与 6 条均布的径向圆底封闭直槽通过凸圆弧面连接，形成封闭的油楔，目的是通过压力油产生轴向推力。铣削方法与铣削端面凸轮类似，利用分度头配置交换齿轮，铣刀用周刃铣削，工件作导程为 6.4mm 的螺旋复合运动，铣削一段螺旋面后，工件按 6 等分分度，铣削另一个螺旋面。螺旋面径向宽度为 20mm，为保证螺旋面的表面质量，应考虑宽度一次铣出。

（3）选用标准铣刀改制方案　若使用标准铣刀，可以采用立式铣刀圆周刃进行铣削，螺旋面的宽度控制可以通过改制标准铣刀的切削部分的长度来达到。若选用较大直径的 T 形槽铣刀，适当修磨切削部分，控制轴向长度为螺旋面的径向宽度，也能进行螺旋面铣削加工，改制前后的铣刀如图 3-16 所示。若选用错齿 T 形铣刀，铣削的效果显然比单向螺旋的立铣刀更好，铣削平稳，不容易产生让刀现象。

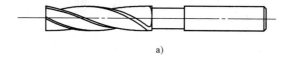

a)

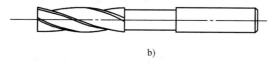

b)

图 3-16　改制前后的铣刀

a）改制前　b）改制后

（4）铣刀改制和试切削效果分析

1）立式铣刀改制方法是将颈部和夹持部分修磨成直柄，柄部直径较小，可以使用弹簧夹头安装铣刀。由于柄部直径变小，铣削过程中为了使工件与铣刀夹头之间有一定的距离，铣刀的刚度显得比较差，铣成的螺旋面出现径向内外有深有浅的现象，主要原因是铣刀刚度差而发生让刀；螺旋面表面出现斜线皱纹，主要原因是单向螺旋齿切削，还有铣刀振动、余量过少、切削不平稳等因素。因此，采用标准立式铣刀改制还不能达到铣削加工要求。

2）T 形铣刀改制方法是选择宽度为 22mm、直径为 49mm 的标准错齿 T 形铣刀，用工具磨床修磨颈部一侧的切削部分端面，控制长度尺寸与螺旋面径向宽度一致，为了防止修磨后端面无切削刃引起切削摩擦干涉，修磨改制时可以参考类似锯片铣刀两侧面偏角的形式，使端面靠近颈部的部位略低于切削部分外圆部位。试铣以后，发现工件螺旋面表面粗糙度值低，表面形状精度符合螺旋面要求，各项尺寸控制都比较好，但由于铣刀的直径比较大，当铣刀铣削至终止位置时（见图 3-17），铣刀直径超过了最大许可直径，将圆弧槽两端铣坏，破坏了工件上圆弧槽另一侧的端面，若另选直径较小的错齿 T 形铣刀，因铣刀宽度小于螺旋面径向宽度，无法达到一次铣成螺旋面要求，因此采用标准错齿 T 形铣刀改制还不能达到铣削加工要求。

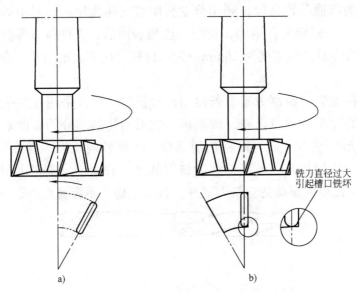

图 3-17　T 形铣刀改制后的试铣削效果分析

a）铣削起始位置　b）铣削终止位置

（5）拟订铣刀设计方案　参照标准错齿 T 形铣刀的结构形式，铣刀直径略小于最大许可直径，颈部长度以刀具柄部能避开工件外圆为宜，齿数选用与之直径相近的标准铣刀一致，保证铣刀具有足够的刚性和刀齿强度；铣刀的几何参数可参照相近规格铣刀的几何参数。

（6）具体设计步骤

1）根据工件材料 QAl9-4 铝青铜的切削性能，选用 W18Cr4V 高速钢作为刀具材料。

2）根据类同的标准铣刀几何参数，确定前角为 10°，后角为 15°，刃倾角为 10°，齿槽角为 15°，齿背后角为 30°，切削部分两端具有 1° 偏角，齿槽深度约为 3.5mm。

3）为了便于制造，确定铣刀为整体柄式结构，刀齿为尖齿折线齿背结构。切削部分直径为 20mm，长度为 20mm；颈部直径为 18mm，总长度为 110mm，铣刀齿数为 6 齿。

4）夹持部分采用莫氏 2 号锥柄，尾端带内螺纹结构。

5）绘制刀具制造简图（见图 3-18）。

6）制订简单制造工艺：坯件备料→车全部→粗磨锥柄和铣刀切削部分外圆→铣削齿槽→热处理淬火→精磨锥柄→磨削刀具前、后刀面→检验入库。

7）铣刀切削部分的检验可参见错齿三面刃铣刀检验有关内容。

2. 加工槽盘径向槽铣刀设计

（1）工件铣削加工部位分析　铣削图 3-19 所示槽盘的径向槽，根据槽形截面可见，槽的夹角为 90°，槽底圆弧直径为 0.8mm，槽的精度要求高，表面粗糙度要求也比较高，槽的数量多，为了达到径向槽与周向槽槽底的高精度连接要求（见图 3-19），铣刀的使用寿命必须能达到一次铣削所有径向槽的要求。

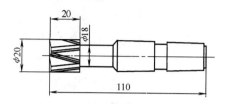

技术要求
1. 错齿专用铣刀刃倾角10′，形成槽形的主切削刃法向前角10′，法向后角15°。
2. 热处理55～60HRC。

图 3-18　螺旋面专用铣刀简图

（2）加工槽盘径向槽的铣削方式分析　如图 3-19 所示，槽盘外圆有高于槽面的斜坡台阶，因此无法使用盘形铣刀铣削，只能选用指形铣刀加工。槽的深度尺寸为 0.8mm，因此径向槽应一次铣成。

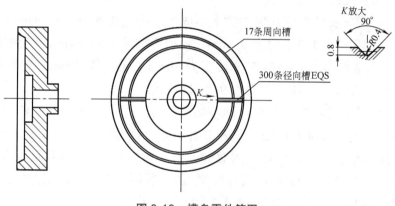

17条周向槽

300条径向槽EQS

K放大
90°
0.8
R0.4

图 3-19　槽盘零件简图

（3）选用标准铣刀改制方案分析

1）根据铣刀槽底圆弧的尺寸形状要求，可以选用指形球头铣刀改制后进行铣削加工。

2）根据槽侧斜面的夹角要求，可以选用满足槽口尺寸和槽侧斜度要求的键槽铣刀改制后进行加工。

3）难点是铣刀球头的半径只有 0.4mm，切削刃过中心的要求也比较高，既不能形成不过中心的负前角切削，又不能过中心太多，影响球头顶部的强度。

4）若采用高速钢材料整体标准铣刀改制，考虑到工件的材料是 12Cr18Ni9 不锈钢，属于较难切削材料，因此铣刀的使用寿命要达到一次铣削加工 300 条径向槽的要求是比较困难的。若选用硬质合金整体铣刀改制，直接采用直径为 0.8mm 的球头铣刀，无法满足槽侧斜面的加工要求，若选用直径较大的铣刀，同样存在修磨小直径球头切削刃困难的问题。

根据以上分析，此专用铣刀不宜采用标准铣刀改制。

（4）专用铣刀设计方案　选用硬质合金材料制作整体铣刀，指形铣刀的切削部分按槽形截面设计为圆锥与球面的相切连接，指形铣刀的夹持部分为直柄结构，由于采用数控铣床进行加工，因此柄部的形式应符合数控铣刀系列的规格和精度。考虑到铣刀的使用寿命和耐磨性，铣刀切削部分宜采用硬质合金涂层。刀齿数为 2 齿对称分布，刀齿结构为尖齿折线齿背，前刀面为平面，后刀面和负后刀面均为沿轮廓曲线收缩的直线成形面，素线的斜度受后角和负后角控制。

（5）具体设计步骤

1）根据工件的材料（12Cr18Ni9），以及加工部位尺寸小、刀具切削部分精度要求比较高的特点，选用超细晶粒硬质合金制作整体硬质合金指形铣刀。考虑到不锈钢属于黏性难切削材料，铣削加工条件比较差（仅在铣刀 1mm 左右的顶部切削），故采用 TiCN 物理涂层，提高铣刀的耐磨性，以适应黏性材料的切削，使铣刀的使用寿命能一次铣削完成 300 条径向槽。

2）根据同类球头铣刀的几何参数，形成槽形的主切削刃法向前角为 5°，法向后角为 10°，顶部切削刃过中心约为 0.1mm，不得影响球头的 0.4mm 半径的球面精度。

3）铣刀的结构参数：夹持部分长度为 50mm，直径为 8mm，切削部分长度为 3.5mm，直径为 4mm，主切削刃夹角 90° 对称轴线。

4）制造技术要求：夹持部分外圆与切削部分主切削刃（包括侧斜刃和顶部球面刃）廓形超精磨削，保证表面粗糙度 Ra0.4μm 以及同轴度公差为 0.02mm、球面刃与侧刃廓形的连接精度、两齿切削刃的对称度公差为 0.02mm。前刀面和后刀面超精磨削，以保证切削刃棱带 0.1mm 的线轮廓精度。顶部的球面切削刃过中心 0.1mm，两刃交错铣削成形的底部球面线轮廓误差在 0.05mm 以内。

5）绘制铣刀简图（见图 3-20），用文字说明技术要求。

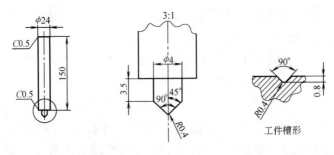

技术要求
成形铣刀两刃对称分布，形成槽形的主
切削刃法向前角5°，法向后角10°。

图 3-20　径向槽专用铣刀简图

6）制订简单制造工艺：备料→粗磨外形→精磨外形→粗磨前、后刀面→检验廓形→精磨前、后刀面→检验几何参数→物理涂层→成品检验。

7）铣刀试切削方法和条件。

① 选用铣削用量：切削速度 v_c = 10 ~ 12m/min ；进给速度 v_f = 60 ~ 70mm/min ；铣削深度一次达到 0.8mm。

② 选用冷却方式：采用内冷却方式，使铣削过程充分冷却，清洗切削区域，减少切削摩擦，以保证铣刀的使用寿命。

③ 选用乳化切削液。

④ 使用高精度数控弹簧夹头装夹铣刀。铣刀伸出夹头端面距离约为 15mm，以保持较高的刚度和高精度的回转精度。

⑤ 选用铣床的主轴轴向窜动和圆跳动误差在 0.01mm 以内，选用立铣头滑板移动的数控铣床，导轨移动精度在 0.01mm 以内。

3. 加工转轴刀片槽铣刀改制

（1）工件铣削加工部位分析　图 3-21 所示为转轴刀片槽的加工简图，由图样可见，转轴圆周上 4 排均布的圆柱一侧有轴向贯通的刀片槽，槽侧斜度不同；槽底宽度为 2.5mm，槽底与转轴轴线的距离为 31mm，槽底与垂直中心线的夹角为 18.5°；槽一侧与相邻两圆柱对称中心线（图 3-21 中的水平中心线）夹角为 18.5°，与轴线的距离为 83mm；槽两侧的夹角为 18.5°。根据图样分析，刀片槽实质上是两侧夹角为 18.5°，一侧与槽底垂直的单侧倾斜的梯形槽。

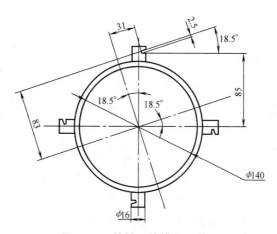

图 3-21　转轴刀片槽加工简图

（2）加工转轴刀片槽的铣削方式分析　根据工件的形体特征以及加工部位的尺寸、位置和形状，采用盘形铣刀加工比较方便。铣削加工方式如图 3-22 所示，铣刀轴线与工件轴线垂直，若采用立式铣床加工，工件横卧装夹在工作台上，盘形铣刀可同时铣削槽底和两侧面，也可以先铣削槽底和一侧，然后再铣削另一侧。

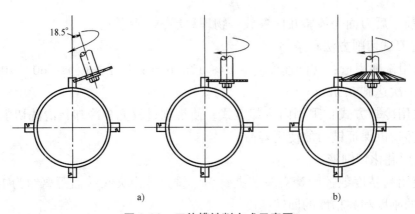

图 3-22　刀片槽铣削方式示意图

a）用锯片铣刀铣削　b）用改制的角度铣刀铣削

（3）选用标准铣刀改制方案分析　选用厚度为 2.5mm 的高速钢锯片铣刀可以分步加工刀片槽，但因锯片铣刀侧面没有切削刃，槽侧表面粗糙度要求难以保证。若需要达到加工精度和提高加工效率，可选用高速钢单角度铣刀改制后进行铣削。现选用外径为 80mm，齿数为 22，基本角度为 18° 的单角度铣刀改制，改制时按刀片槽截形，将锥面刃进行改制修磨，达到与端面刃切削平面夹角为 18.5° 廓形角度要求，使铣刀锥面刃与端面刃切削平面的夹角与刀片槽两侧夹角一致；将刀尖部分改制修磨，形成切削槽底的切削刃，宽度为 2.5mm，修磨成的槽底切削刃与锥面刃垂直。改制修磨前后的铣刀如图 3-23 所示。

（4）单角度铣刀改制修磨的技术要求和注意事项

1）单角度铣刀刃磨参见尖齿铣刀刃磨的技术要求，原锥面刃修磨完全参照角度铣刀修磨的技术要求。

2）刃磨槽底切削刃时，应先使用外圆磨床磨削与原锥面刃垂直的圆锥面，然后使用工具磨床修磨槽底切削刃的后角，后角值参照单角度铣刀周刃参数。

图 3-23　改制修磨前后的铣刀简图

a）改制修磨前　b）改制修磨后

3）铣刀改制修磨了槽底锥面切削刃后，若齿槽深度不够，可适当修磨前刀面。修磨的前刀面在铣削槽形的三条切削刃位置应成一平面，新前刀面可以比原前刀面略低一些。

4）原单角度铣刀有较大的刀尖圆角，考虑到槽形的形状精度，改制后的铣刀刀尖圆弧半径不得大于 0.15mm。

5）由于工件材料是不锈钢，因此改制修磨的前刀面和后刀面均应取较低的表面粗糙度值，以使铣削顺利，排屑流畅。

3.3 测量技术及其应用方法

3.3.1 测量方法的分类及其应用

测量方法有多种类型，包括直接测量、间接测量、绝对测量、相对测量、接触测量、非接触测量、综合测量、单项测量、主动测量、被动测量、静态测量、动态测量等多种测量方法，在应用测量技术中，应明确各类型测量方法的定义和应用范围。动态测量是指测量时，被测件不停地运动，测量头与被测对象有相对运动的方法，如用指示表和分度头配合测量圆盘凸轮的升高量就属于动态测量。综合测量是指被测件相关的各个参数合成一个综合参数来进行测量的测量方法，如用综合环规测量铣削成形的矩形花键，综合了对称度、等分度等参数，就属于综合测量。

3.3.2 测量误差的分类、产生原因及消除方法

测量误差分为系统误差和随机误差等，其分类、产生原因和消除方法见表3-6。

表 3-6　测量误差的分类、产生原因和消除方法

分类	说明	消除方法
系统误差	在重复性条件下，对同一被测量进行多次测量所得结果的平均值与被测量的真值之差	1）检查测量器具刻度的准确性，并消除刻度误差 2）检查并校正测量器具的工具误差 3）检查测量环境温度并加以调整
随机误差	测量结果与在重复性条件下，对同一被测量进行无限多次测量所得结果的平均值之差	1）检查并消除测量器具各部分间隙及变形 2）测量时测量力要合理 3）读数要正确

3.4 专用检具设计制作方法和实例

3.4.1 专用检具基本形式

批量生产时，常需要使用专用检具测量加工精度，铣削加工使用的专用检具有光滑极限量规、直线尺寸量规、位置量规和样板量规。

1.光滑极限量规

光滑极限量规的设计制作应符合泰勒原则，即符合极限尺寸判断原则。孔用、轴用光滑极限量规的基本结构型式与测量范围可参见有关标准手册。

2.直线尺寸量规

直线尺寸量规可用于工件长度、宽度、高度和深度等尺寸的检测。直线尺寸量规是根据塞规和卡规的原理设计制造的，一般做成板状，如图3-24所示。用图3-24a所示量规测量工件槽的深度时，先将量规测量基准面与工件测量基准面贴合，然后使量规和工件相对移动，因量规顶端台阶尺寸为工件槽的深度公差，若工件槽的深度在通端尺寸 H 和止端尺寸 Z 之间，则工件槽深度尺寸为合格。用图3-24b所示量

规测量工件槽深度尺寸时，若 T 端 G_1 处无缝隙，Z 端 G_2 处有缝隙，则工件槽深度尺寸为合格。长度尺寸量规有长度量规、宽度量规、高度和深度量规。板式高度量规和深度量规设计制作可参见表 3-7 中的典型结构。

3. 位置量规

检验工件图样上被测要素的尺寸公差和几何公差遵守相关原则（包容原则、最大实体原则）的平行度、垂直度、倾斜度、同轴度、对称度和位置度的量规，统称为位置量规。

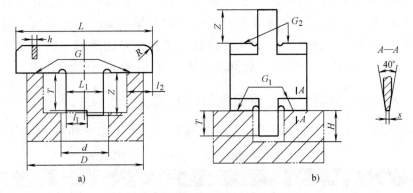

图 3-24　直线尺寸量规的测量原理

表 3-7　板式高度量规和深度量规的典型结构

序号	使用情况	结构尺寸	说明
1			1. G 为测量基准面 2. T 端的尺寸为工件的最小尺寸 3. Z 端的尺寸为工件的最大尺寸
2			1. G 为测量基准面，要求在同一平面上 2. T 端的尺寸为工件的最大尺寸 3. Z 端的尺寸为工件的最小尺寸
3			1. G 为测量基面 2. T 端为工件的最大尺寸 3. Z 端的尺寸为工件的最小尺寸

（续）

序号	使用情况	结构尺寸	说明
4			1. G 为测量基面，并且在同一平面上 2. T 端尺寸为工件的最小尺寸 3. Z 端尺寸为工件的最大尺寸
5			1. G_1 为 T 端测量基准面，并且在同一平面上；G_2 为 Z 端测量基准面并且在同一平面上 2. T 端尺寸为工件的最小尺寸 3. Z 端尺寸为工件的最大尺寸 4. 测量工件时，如 T 端 G_1 处无间隙，Z 端 G_2 处有间隙，则工件为合格

4. 样板量规

通常统称为样板，是用来检验工件内腔和外形轮廓用的一种量规。样板的种类较多，按被检验工件的对象分类，可分为角度样板、半径样板、阶梯样板、齿形样板、特形样板、划线样板和锉修样板等，如图 3-25 所示。

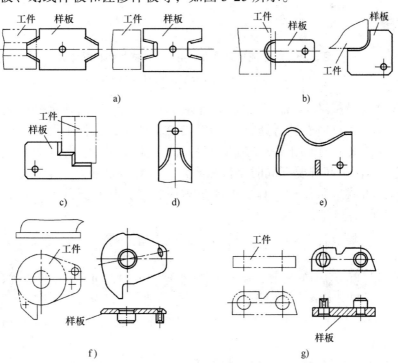

图 3-25 样板的分类和名称

a）角度样板　b）半径样板　c）阶梯样板　d）齿形样板　e）特形样板　f）划线样板　g）锉修样板

3.4.2 专用检具的设计制作方法实例

（1）成形刀具廓形样板设计制作示例　如图 3-26 所示，成形刀具的工作样板与校对样板常成对设计。样板材料选用 T10A 钢，厚度 2mm，工作表面粗糙度 $Ra0.2 \sim 0.1\mu m$，样板工作表面尺寸的标注基准须和刀具廓形尺寸上的标注基准一致，以免误差积累。由于计算出的样板廓形尺寸公差比较小，为便于制造，故取为 ±0.01mm。样板工作表面的廓形转角处采用钻直径为 $\phi1mm$ 工艺小孔方法，保证研磨后廓形密合要求，防止热处理应力集中。

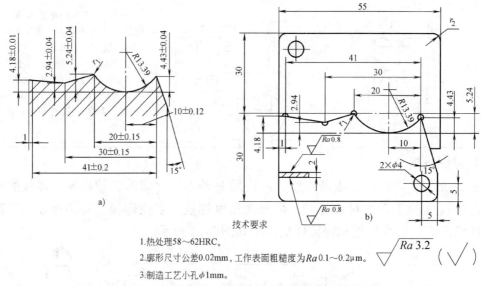

技术要求
1. 热处理58～62HRC。
2. 廓形尺寸公差0.02mm，工作表面粗糙度为 $Ra0.1\sim0.2\mu m$。
3. 制造工艺小孔$\phi1mm$。

图 3-26　检验成形刀具廓形用的工作样板和校对样板

a）刀具廓形　b）工作样板和校对样板（T10A）

（2）同轴度量规结构和检验方法设计示例（位置量规设计示例的制造公差确定可参考有关公式和数据表进行计算）　如图 3-27a 所示，工件上两孔对公共基准轴线有同轴度要求，该工件可用图 3-27b 所示的同轴度量规检验。该量规由两个测量部位 1 和 2 组成。本例中基准要素同时是被测要素，量规测量部位也是定位部位，因此应按同时检验的方式进行设计计算。用此量规检验时，其测量部位 1 和 2 应能同时自由通过两个实际被测孔。

（3）深度量规设计示例　设计检验发动机气缸盖燃烧室深度尺寸为 $20.8_{-0.8}^{~0}$ mm 的深度量规，具体步骤如下：

1）确定量规的结构型式和尺寸：由工件要求可知，可选用台阶式深度量规，其结构型式和台阶尺寸如图 3-28 所示。

2）根据深度量规结构，取测销直径为 $\phi8mm$，销孔直径为 $\phi8H7mm$，测销直径为 $\phi8g6mm$。

3）深度尺寸为 20.8mm，台阶尺寸为 0.8mm，查阅有关数据表，得出深度量规在制造时允许的平面度误差为 0.042mm，允许磨损至 0.065mm。

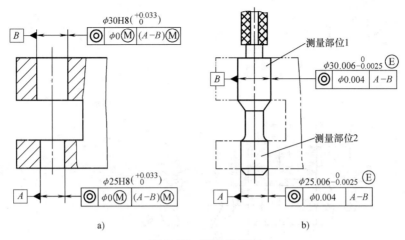

图 3-27　同轴度量规

a）工件图样标注　b）量规简图

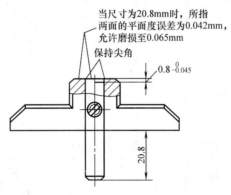

图 3-28　台阶式深度量规

3.4.3　综合性专用检具的结构及检验方法设计实例

批量铣削加工（见图 3-29）的带复杂角度面轴时，综合性专用检具的结构和检验方法设计步骤如下：

（1）专用检具结构和检验方法总体设想　根据工件加工部位的特点，各加工面与工件基准轴线和基准端面有尺寸要求，各段角度面均与左端六角棱柱侧面的中间基准面有角度位置要求。因此，检验时应按工件图样的标注分段进行检验。工件的装夹与加工时一顶一夹的方式类似，采用两顶尖装夹；用类似拨盘的辅具调整工件与测量定位盘的周向起始位置，并带动工件按分段设计的测量定位板定位后检验各段角度面的夹角位置；各段测量定位板采用可换方式进行定位，形式与专用分度夹具的分度对定装置类似，测量定位板用圆锥定位销孔定位后，应使某一段的某一角度面与底座测量基准面平行；各段角度面与轴线的尺寸用移动式直线尺寸量规测量，如图 3-30 所示；各段角度面的轴向位置、长度和宽度尺寸可采用直线尺寸各种形式的量规进行检验。

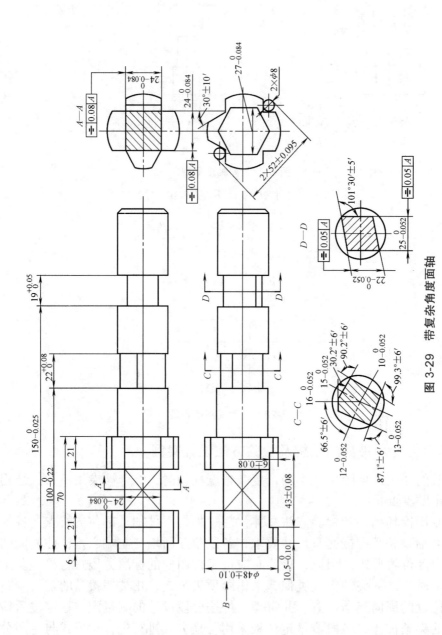

图 3-29 带复杂角度面轴

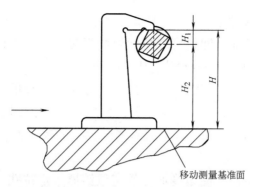

图 3-30　用移动式量规测量角度面尺寸

（2）测量辅具的设计方案　如图 3-31 所示，测量辅具结构类似于两顶尖测量装置，右端的测量分度定位机构与专用分度夹具类似，可换分度盘与转盘用螺钉联接。定位销、孔设置在分度测量座上，可用杠杆式手柄起销，插销定位用弹簧作用力完成。右顶尖与分度测量座以内外圆锥面配合定位，尾座顶尖可用手轮进行轴向调节，拨盘用以连接工件和分度盘。测量辅具的底座设置测量基准面，供移动式直线尺寸量规测量各段角度面至工件轴线的尺寸。辅具回转轴线至底座测量基准面的距离应尽可能小，以降低移动式量规的高度，提高移动式量规测量的精度。

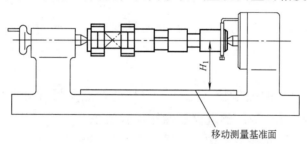

图 3-31　测量辅具结构示意

（3）移动式直线尺寸量规设计　移动式直线尺寸量规如图 3-32 所示，量规的工作面至其鞍座基准面的尺寸 H 等于测量辅具回转轴线至底座测量面的距离尺寸 H_1 与被测角度面至工件轴线的尺寸 H_2 之和，即 $H = H_1 + H_2$。

（4）测量方法设计　各段的测量方法基本相同，现以 C—C 剖面不等分五边形角度面测量为例，介绍测量步骤如下：

1）安装分度盘，定位销插入起始基准孔，工件右端装拨盘。

2）两顶尖安装工件，调整工件的圆周位置使四棱柱基准侧面与测量基准面大致平行，旋紧

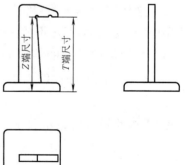

图 3-32　移动式直线尺寸量规

拨盘紧固联接工件的紧固螺钉。

3）通过拨盘与测量辅具回转盘联接螺钉的微量调节，借助指示表或四棱柱移动式量规，使四棱柱基准侧面与底座测量基准面平行。

4）用角度面1移动式量规测量五边形角度面1至轴线的尺寸，测量时用手按住量规鞍座，使鞍座底面与底座基准面贴合，然后用工作面测量角度面两侧，若通端自由通过，止端均未通过，则表明角度面1至轴线的尺寸及与四棱柱基准侧面的角度位置符合图样要求。

5）拔销并转动回转盘，使角度面2的定位销插入定位孔，按上述方法用角度面2移动式量规测量角度面2。

6）依次测量角度面3、4、5。

7）用双极限长度量规测量五边形角度面轴线位置尺寸，用双极限宽度量规测量五边形角度面的宽度尺寸。

3.5 复杂成形刀具测量

3.5.1 刀具检验测量准备

（1）熟悉金属切削刀具的种类、被测刀具的类别　本例被测刀具为盘形齿轮铣刀，属于齿轮加工刀具中的成形加工法刀具，主要用途为铣削齿轮、齿条，是齿形比较复杂的刀具。

（2）熟悉被测刀具的测量特点　齿轮刀具的特点是尺寸和几何精度高，几何公差小，测量参数（项目）多，测量仪器操作比较复杂。

（3）熟悉被测刀具的基本结构

1）盘形齿轮铣刀是齿轮加工中结构最简单的刀具，适用于精度比较低的齿轮铣削加工。

2）这种铣刀是按照"组"制造的，即为适应不同齿数铣削要求，每一种模数铣刀均由8个或15个刀号组成一个组。

3）盘形齿轮铣刀的结构如图3-33a所示，属于铲齿结构。盘形齿轮铣刀的前角为0°，为了保证刃磨后的齿形精度，铣刀齿形和齿顶面经铲齿加工，其齿顶铲削量为 K。

（4）齿轮铣刀的技术要求

1）铣刀表面不得有裂纹、崩刃、烧伤及其他影响使用的缺陷。

2）铣刀表面粗糙度：刀齿前刀面、内孔表面和端面不低于 $Ra0.8\mu m$ ；齿形铲背面不低于 $Ra1.6\mu m$。

3）铣刀内孔偏差按H7级规定，其内孔配合表面两端超出公差的长度总和小于配合表面长度的 25%；键槽两侧超出公差部分的总长不大于键宽的 1.5 倍。

4）铣刀用 W18Cr4V 或其他性能相当的高速钢制造。

5）用 W18Cr4V 高速钢制造的铣刀工作部分硬度为 63 ~ 66HBW。

6）铣刀制造公差　盘形齿轮铣刀制造公差见表 3-8 中的规定。

表 3-8　盘形齿轮铣刀制造公差　　　　　　（单位：mm）

序号	检查项目	模数					
		0.3 ~ 0.5	>0.5 ~ 1	>1 ~ 2.5	>2.5 ~ 6	>6 ~ 10	>10 ~ 16
1	在切深范围内前面的非径向性	0.03	0.05	0.08	0.12	0.16	0.25
2	圆周刃对内孔轴线的径向圆跳动： 相邻两齿 铣刀一转		0.04 0.06		0.06 0.08	0.07 0.10	
3	侧刃沿其法向的圆跳动		0.06		0.08	0.10	
4	两端面的平行度	0.01		0.015	0.02	0.025	0.030
5	铣刀两端面到同一直径上任意齿形点的距离差		0.20			0.25	0.30
6	齿形误差：渐开线部分 齿顶及圆角部分	0.05 0.08		0.06 0.10	0.08 0.12	0.10 0.16	0.12 0.16

3.5.2　盘形齿轮铣刀测量步骤

（1）前刀面非径向性测量　铣刀前刀面非径向性公差是限定前角偏离零度的一项精度指标，其定义是：在测量范围内（测量长度为 2.5 倍模数）容纳实际刀齿前刀面的两个平行于理论前刀面的平面间的距离。这项误差的大小是直接影响齿形误差的主要因素之一，用检查仪检测的方法如图 3-33b 所示，具体步骤如下：

1）将中心高校对规 6 放置在测砧 7 上，使测头与校对规工作面接触，将指示表指针调零。

2）使铣刀前刀面（接近顶刃处）与测头接触，并缓慢转动铣刀，使指示表指针复位于零。

3）移动径向滑板 2，移动长度 $l = 2.5m$（m 表示模数）。在径向滑板移动过程中，指示表示值最大变化范围即为被测齿的前刀面非径向性误差，该误差不应大于规定公差。

4）逐齿测量，误差值应基本一致。

该项误差也可在带有径向滑架的分度头或其他仪器上进行测量，测量结果的准确度主要取决于测头对准中心高的精度。

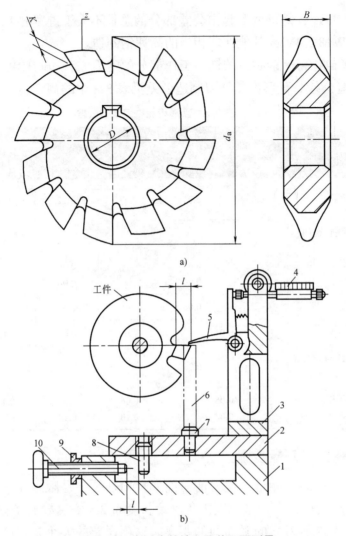

图 3-33　盘形齿轮铣刀及前刀面测量

a）盘形齿轮铣刀　b）前刀面测量示意
1—纵向滑板　2—径向滑板　3—测架　4—指示表　5—杠杆测头
6—中心高校对规　7—测砧　8—定位柱　9—紧固螺母　10—定位螺钉

（2）圆跳动测量　刀具切削刃的圆跳动误差过大不仅影响刀具寿命，而且还会使工件表面粗糙度值增大。铣刀的各项圆跳动误差应用带有凸台的心轴在偏摆仪上进行测量，也可用座胎装夹在立式偏摆仪上测量，如图 3-34 所示。具体测量步骤如下：

1）测量周刃圆跳动时，指示表测头应垂直铣刀轴线，铣刀应沿切削时的反方向旋转，铣刀转过一周，测头与各齿的顶刃接触，并记录各示值。此时相邻两示值的最大差值与一转中示值的最大差值均不得大于规定公差。

2）测量侧刃法向圆跳动时，指示表测头接触在齿侧中点，并垂直于被测点切线。铣刀转动一周，指示表示值的最大变化范围应不大于法向圆跳动公差。

（3）两端面到同一直径上任意齿形点的距离差测量　铣刀的这项误差，通常是与测量侧刃法向圆跳动同时进行的。测量时转动铣刀使某一刀齿侧刃与测头接触，记下示值。指示表固定不动，将铣刀翻转180°，使同一刀齿的另一侧刃再与指示表测头接触，并记下示值，指示表两次示值之差即为该项误差。

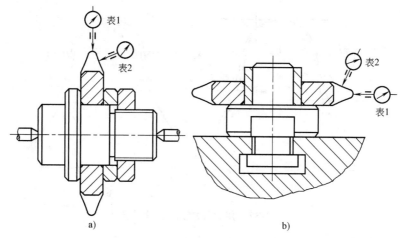

图 3-34　测量刀具切削刃圆跳动误差

a）用带凸台心轴装夹测量　b）用座胎装夹测量

（4）两端面平行度误差的测量　铣刀两端面是使用和测量的基准平面。按照平行度误差的定义，测量时应将铣刀放置在检验平板上，如图3-35所示。以某一端面为基准移动铣刀，即可用指示表测出两端面平行度误差。此项误差也可在测量铣刀厚度尺寸时，测量3～4点位置厚度尺寸，厚度尺寸的最大差值为平行度误差。

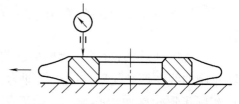

图 3-35　测量刀具两端面平行度误差

（5）铣刀齿形误差测量　铣刀齿形曲线分为两部分，如图3-36、图3-37所示，*AB*段为过渡部分，*BC*段为渐开线部分。过渡部分的精度要求稍低些，渐开线部分精度要求比较高。铣刀齿形误差的测量方法有两种：一种在投影仪上用齿廓曲线比较法测量，另一种在万能工具显微镜上用坐标法测量。

1）在投影仪上用齿廓曲线比较测量的方法与步骤

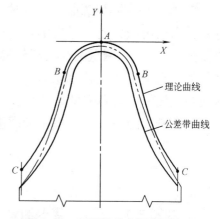

图 3-36　用双线放大图测量齿形

① 绘制标准齿廓曲线放大图。放大图的放大倍数视齿形公差的大小和仪器的屏幕大小确定，一般不小于 10 倍。放大图分为双线放大图（或称公差带放大图，如图 3-36 所示）和单线放大图（见图 3-37）两种。双线放大图的外面一条曲线为理论齿廓曲线，里面一条曲线是公差带曲线，两条曲线间的法向距离等于公差值乘以放大倍数。

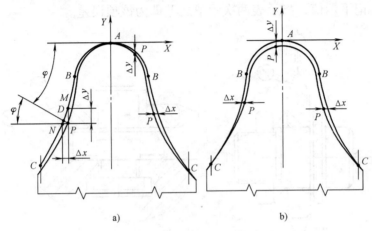

图 3-37　用单线放大图测量齿形

a）齿廓较窄　b）齿廓较宽

② 安装与放大图放大倍数相同的物镜。

③ 将铣刀装夹在心轴上，将心轴放置在投影仪的两顶尖之间进行聚焦，使心轴的素线成像清晰，并使放大图的 X 轴线与心轴外圆的素线影像重合。慢慢转动铣刀，使齿形影像清晰。

④ 将齿形轮廓影像与标准齿廓曲线比较。采用双线放大图测量时，要求齿形实际轮廓曲线在两条轮廓曲线之间即为合格（见图 3-36）；采用单线放大图测量时，要求实际齿形轮廓曲线必须在理论齿廓曲线里面，且两者之间最大缝隙量（法向）不应大于公差 T。

⑤ 当发现实际齿廓曲线较窄时，可使其顶刃与理论齿廓的顶刃处的 X 轴线相切，并移动纵向滑板，使实际齿廓处于理论齿廓中间（见图 3-37a），记下纵向及垂直方向读数 x_0、y_0。在测量渐开线部分齿形误差时，通常移动纵向滑板，使偏离理论齿廓最远的一点 P 与理论齿廓重合，记下纵向读数 x_1，用 $x_1 - x_2 = \Delta x$ 作为渐开线部分齿形误差（代替法向间隙量）。同理，测量过渡部分齿形误差时移动垂直滑板，使偏离理论齿廓最远的一点 P 与理论齿廓重合，记下垂直读数 y_1，以 $y_1 - y_0 = \Delta y$ 作为过渡部分齿廓误差。

⑥ 当发现实际齿廓较宽时，可使其最宽的部位与理论齿廓比较（见图 3-37b），然后按上述操作方法测量。

⑦ 如图 3-37a 所示，需要测量法向间隙时，以左侧齿形为例，在移动纵向滑板

使点 P 与点 N 重合测出 Δx 后，移动纵向滑板退回到 x_0 位置，然后移动垂直滑板，使点 P 与点 M 重合，记下读数 y_1，$y_1 - y_0 = \Delta y$。假设过点 P 向齿轮基圆作切线，该切线与 X 轴的夹角为 φ，且与理论齿廓曲线交于点 D，则线段 PD 的值为点 P 的法向齿形误差。法向齿形误差 Δf 可按下式近似计算

$$\tan\varphi \approx \frac{\Delta x}{\Delta y}$$

$$\Delta f = PD \approx \Delta x \cos\varphi$$

2）在万能工具显微镜上用坐标法测量齿形误差时，可从渐开线部分起点开始，在有效高度（2.5m）内测量数点即可。具体的操作方法和步骤如下：

① 通过心轴将被测铣刀装夹在仪器的两顶尖之间，对铣刀齿顶（最凸点）进行压线瞄准，记下横向读数 y_0。

② 在齿高中部 y_m 处测出齿厚 s，找出 $s/2$ 处的纵向读数 x_m，通过 x_m 点建立 y 轴坐标（见图3-38）。

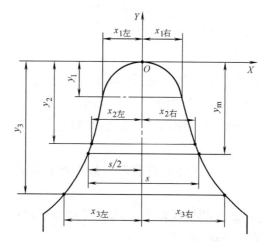

图3-38 用坐标法测量铣刀齿形

③ 在距离齿顶为理论高度 y_1 的各处，分别测出左右两侧齿形实际坐标值 $x_{1左}$、$x_{1右}$。

④ 数据处理：令 $x_1 - x_{1左} = \Delta x_{1左}$，$x_1 - x_{1右} = \Delta x_{1右}$，$\Delta x_{1左}$、$\Delta x_{1右}$ 便是左右两侧各测量处初算时的齿形误差。若这两组数值均能满足下式

$$0 \leqslant \Delta x_{1左} \leqslant T$$

$$0 \leqslant \Delta x_{1右} \leqslant T$$

则铣刀齿形合格。若发现不能满足上式要求，不应轻易判断齿形不合格，因上述确定齿厚位置时 y 轴的值是根据标准齿形确定的，与实际齿形的齿厚位置有一定的偏差。此时可应用下述方法（即利用齿顶间隙移动齿厚 y 轴坐标位置的方法）再另行数据处理，即在 $x_{1左}$、$x_{1右}$ 两组数据中，选出各自最大值和最小值 $\Delta x_{左\max}$、$\Delta x_{左\min}$、

$\Delta x_{右\,max}$、$\Delta x_{右\,min}$，若这四个数值能同时满足下列各式

$$\Delta x_{左\,max} - \Delta x_{左\,min} \leqslant T$$

$$\Delta x_{右\,max} - \Delta x_{右\,min} \leqslant T$$

$$\Delta x_{左\,max} + \Delta x_{右\,max} \leqslant 2T$$

$$\Delta x_{左\,min} + \Delta x_{右\,min} \geqslant 0$$

则该铣刀齿形合格。

3.5.3　刀具检验测量误差分析

（1）用比较法造成的测量的误差原因

1）前刀面非径向性测量时，中心高校对规的自身尺寸精度误差造成测量误差。

2）在投影仪上，用绘制的双线齿廓曲线或单线齿廓曲线与实际齿廓投影曲线进行比较测量时，由于绘制的标准曲线的误差，会造成比较测量误差。

3）在万能工具显微镜上用坐标法测量齿形误差时，由于标准齿形与实际齿形的坐标位置误差，会造成齿形测量误差。

（2）测量操作引起的误差原因

1）用万能工具显微镜测量时的调焦操作有误差，致使影像不清晰，调整铣刀齿廓位置时没有使齿廓影像达到最佳清晰度，引起测量误差。

2）在工具显微镜上测量时，用压线法瞄准时有误差，致使横向读数 y_0 有误差，从而引起齿形测量误差。

3）由于测量操作不熟练，在寻找齿廓偏差最大点 P 位置时有偏差，引起齿形测量计算误差。

（3）测量仪器精度误差　测量仪器和工具有误差会不同程度地影响测量精度。

1）如测微表的示值变动误差。

2）又如安装被测刀具的心轴精度误差。

3）仪器滑台移动精度误差。

4）仪器调焦和倍率调整精度误差等。

3.6　用三坐标测量机测量工件实例 *

3.6.1　三坐标测量机使用特点及基本实例

1. 三坐标测量机使用特点

三坐标测量机是一种高效、新型、现代大型的精密仪器，使用时应注意以下特点：

（1）具备三坐标测量技术的基础知识　三坐标测量机综合应用了电子技术、计算机技术、精密测量技术和激光干涉技术等先进技术，主要包括测量系统、控制系统、坐标显示系统和数据输出系统等，因此操作使用需要具备一定的专业技术基础知识。

（2）掌握测量功能的应用方法　三坐标测量机不仅可以进行零件和部件的尺寸、形状及相互位置的检测，例如箱体、导轨、蜗轮和叶片、缸体、凸轮、齿轮、空间曲面测量，还可以用于划线、定中心孔、光刻集成电路等，能对连续曲面进行扫描及制备数控机床的加工程序，能与柔性制造系统连接，故被称为现代"测量中心"。因此，使用三坐标测量机进行测量应灵活应用其测量功能。

（3）熟悉测量机的组成系统　如图 3-39 所示，三坐标测量机由主机、测头和电气系统三大部分组成，主机包括框架结构、标尺系统、导轨、驱动装置、平衡装置和转台附件；电气系统包括电气控制系统、计算机硬件部分、测量及软件和打印与绘图装置等。因此，使用三坐标测量机需要对设备的基本组成比较熟悉，具备基本技能才能进行测量操作。

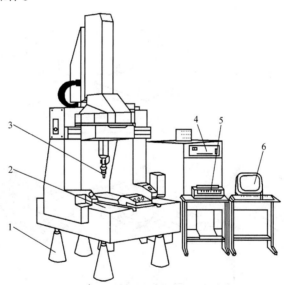

图 3-39　三坐标测量机结构模型

1—支架　2—工作台　3—测头　4—控制柜　5—打印机　6—数据处理计算机

（4）了解各种测量机的结构特点　如图 3-40 所示，三坐标测量机的结构形式可分为移动桥式、固定桥式、龙门式、悬臂式、水平臂式、立柱式、卧镗式和仪器台式等，使用时应注意所使用仪器的结构特点和适用范围。如移动桥式（见图 3-40a）是目前三坐标测量机中应用最广泛的一种结构形式，其结构简单、紧凑、刚度好，具有较开阔的空间。工件安装在固定的工作台上，承载能力比较强，工件质量对测量机的动态性能没有影响，中小型三坐标测量机多采用这种形式。

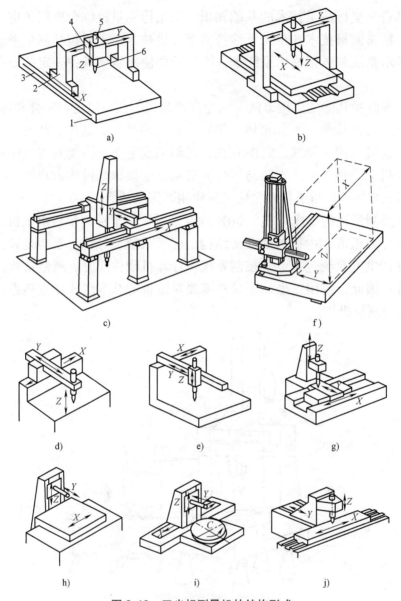

图 3-40　三坐标测量机的结构形式

a）移动桥式　b）固定桥式　c）龙门式　d）悬臂形式一　e）悬臂形式二
f）水平臂式　g）立柱式　h）立柱固定卧镗式　i）立柱移动式卧镗式　j）仪器台式
1—工作台　2—桥框　3—标尺　4—滑架　5—主轴　6—测头

　　（5）掌握三坐标测量的基本原理　三坐标测量机的基本原理是：首先将各种几何元素的测量转化为这些元素上一些点集坐标位置的测量，在测得这些点的坐标位置后再由软件按一定的运算规则算出这些几何元素的尺寸、形状、相对位置等。三坐标测量机主要通过测头（传感器）接触或不接触工件表面获得测量信息，由计算机进行数据采集，通过运算，并与预先存储的理论数据相比较，然后输出测量结果。

（6）了解测量系统的测量精度　标尺系统也称为测量系统，是三坐标测量机直接影响精度、性能和成本的重要组成部分，使用时应了解所使用仪器的测量系统类型，以便合理使用。测量系统分为机械式测量系统、光学测量系统和电气测量系统。机械式测量系统包括精密丝杠加微分鼓轮式系统、精密齿条及齿轮式测量系统和滚轮直尺式测量系统，其测量精度分别取决于丝杠、齿轮副和摩擦副的精度。光学测量系统包括光学读数刻度尺式测量系统、光电显微镜和金属刻尺式测量系统、光栅测量系统、光学编码测量系统和激光干涉测量系统。其中，激光干涉测量系统是现有测量系统中精度最高的一种。电气测量系统包括感应同步器式测量系统和磁栅测量系统。

（7）熟悉各类测头的使用特点　三坐标测量机是用测头来拾取信号的，三坐标测量机的功能、工作效率及测量精度与测头密切相关。测头按结构分为机械式、光学式和电气式等。机械式主要用于手动测量；光学式多用于非接触测量；电气式多用于接触式的自动测量。为满足三坐标测量机的自动化要求，新型测头主要采用电学与光学原理进行信号转换。

（8）掌握软件使用和数据处理方法　通常操作人员使用的软件是菜单式软件，使用时可通过菜单的方式选择软件系统预先设定的各种不同测量任务。三坐标测量机有点位、自定中心和扫描等多种探测模式，测量机通过探测测量到的只是一系列离散测量点的空间坐标位值，必须依据一定的数学模型对这些离散坐标点集进行数据处理，提取出代表该要素的几何特征量，才能得到所需的测量结果。由几何关系可知，两点确定一条直线；三点确定一个圆或平面；四点可以确定一个球或椭圆；五点可以确定一个圆柱；六点可以确定一个圆锥。实际测量时，为了减少误差的影响，通常应多测一些点，确定或选用不同的评定原则，目前国家标准和国际标准中推荐使用最小区域法、最小二乘法、最大内切圆法和最小外接圆法等，实际应用中采用最多的是最小二乘法。

2. 三坐标测量机使用的基本方法和实例

（1）制订检验测量方案　为了保证三坐标测量机的测量精度，并使测量占用机器的时间最少，必须合理制订检验测量方案。检验测量方案的内容如下：

1）工件装夹方案和工具。

2）建立工件坐标系的基本元素。

3）探针与探针组合方案。

4）测量点的数目与分布，探测次序和路径。

5）数学计算方法：包括以基本几何形状元素作为替代元素，对实际工件形状进行描述；以替代元素为基础，计算工件的参数误差；确定计算结果的可靠性。

（2）基本测量实例

1）平行平面之间的距离测量。例如，测量用双头铣床铣削加工后的柴油机机体两端面的尺寸，测量前必须确定以图样规定的基准面为测量基准面，定义一端面上数个点到与基准端面贴合在一起的辅助表面之间的垂直距离，并取最大和最小值作为两端面距离的实际尺寸。实际测量中，将工件基准端面与测量平台测量面贴合，然后在基准面上测3个或3个以上的点，以这些点为基准建立基准平面，在另一端面上测得3个以上的点，然后得到两平面之间距离的最大值和最小值，即为工件两端面之间的实际尺寸范围。

2）两点之间距离的测量。在图3-41所示工件中，测量CD两点之间的距离。因为几何上的点是难以用实物形式直接体现的，图中C点是直线CD与面的交点，D点是直线CD与面的交点。这样实际测量步骤应是：在平面上分别测3个或3个以上的点，用三点确定一个平面的方法或最小二乘法算出这两个平面的方程，求出这两个平面的交线CD的方程。然后在平面上各测3个或3个以上的点，分别求出这两个平面的方程。再根据直线与平面的交点，算出C点和D点的坐标。最后根据这两点的坐标算出它们之间的距离。

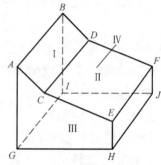

图3-41　两点间距离的测量

3）曲面测量。曲面的形状方程可以是已知的，也可能是未知的，甚至难以用数学式表达，这类曲面称为自由曲面。三坐标测量机常是自由曲面测量的最佳选择。自由曲面的测量通常是在一个一个截面上进行的。在每一个截面上曲面与其的交线为一曲线。为了测得曲线的形状，可以采用点位测量和扫描测量，扫描的方式与仿形加工的仿形方式类似。测得各个截面的曲线上离散点坐标，然后在反向工程中根据模型或样件测得的数据，通过建模获得曲面的数学方程，形成可以控制加工的CAD和CAM文件。测量时若采用接触式触头测量曲面，应注意进行测端半径补偿。图3-42所示为自由曲面测量与数据处理流程。

3.6.2　三坐标测量机测量实例

用F604型三坐标测量机测量图3-43所示的零件曲面轮廓度误差的具体步骤如下：

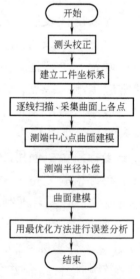

图3-42　自由曲面测量与数据处理流程

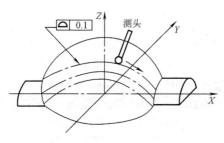

图 3-43　三坐标测量机测量曲面轮廓度误差示意图

（1）熟悉使用测量机的性能　F604 型三坐标测量机是使用计算机采集、处理测量数据的新型高精度自动测量仪器。具有三个互相垂直的运动导轨，分别装有光栅作为测量基准，并有高精度测头，可测空间各点的坐标位置。任何复杂的几何表面和几何形状，只要测量机的测头能够瞄准（或感受）到的地方，均可测得它们的坐标值，然后借助计算机经数学运算可求得待测的几何尺寸和相互位置尺寸，并由打印机或绘图仪清晰直观地显示出测量结果。

（2）确定测量检验方案　用三坐标测量机测量轮廓度误差时，应先按图样要求建立与理论基准一致的工件坐标系，以便实测数据与理论数据进行比较，然后用测头连续跟踪扫描被测表面，计算机按给定节距采样，记录表面轮廓坐标数据。由于记录的是测头中心轨迹，计算机需补偿一个测头半径值，才能得到实际表面轮廓坐标数据。最后与计算机内事先存入的设计数据比较，便得到轮廓度误差值。

（3）测量步骤

1）按图 3-43 所示安装工件和测头。

2）接通电源、气源，打开计算机、打印机和绘图仪。

3）建立工件坐标系和指定测量条件。

4）数据采样。

5）数据处理，常用的计算机数据处理指令有：

PRG 41：定节距指定——给定所要求的数据格式和范围。

PRG 42：打印处理后的数据。

6）公差比较，常用的公差比较指令有：

PRG 30：从各盘上调入设计数据文件。

PRG 31：将实测数据与设计数据相比，得出轮廓度误差值。

7）轮廓绘图，常用的轮廓绘图指令有：

PRG 50：指定作图形式——实体图（或展开图）。

PRG 51：指定作图原点。

PRG 53：指定作图放大倍率。

PRG 61：绘图。

PRG 60：画辅助线。

8）编制程序，具体程序指令说明见表3-9。

表 3-9　程序指令说明

程序	内容说明
PRG 1200	输入所用测头直径，以便在补偿测量数据时用
PRG 2000	指定 XY 平面为测量平面
PRG 10	平面校正：用三点确定基准面，如再加一点需输入指定测头半径补偿方向
PRG 11	原点指定：通过测两点，取其中点为坐标原点
PRG 12	X轴校正：通过测两点，使 X 轴通过其中点
PRG 2200	指定 ZX 平面为测量平面
PRG 22	给定采样节距（0.04～30mm），采用连续扫描形式，让测头在轮廓表面上缓慢移动，计算机自动采集数据
PRG 20	指定测量形状类型：三维型
PRG 21	测头半径补偿方向指定

3.7　大型工件的位置度检测 *

3.7.1　大型工件位置度检测的常用仪器和工具

（1）常用光学仪器

1）光学准直仪：包括望远镜、准直光管、光靶和定心器等。测量精度一般为0.02mm。

2）光学直角仪：主要是光学棱镜，使光轴转折90°。

3）光学平直仪（又称自准直仪）：包括带光源的望远镜和反射镜。测量精度一般为 1mm 长度内 0.01mm。

（2）一般量具和工具

1）标准量具：框式水平仪、指示表、直尺、直角尺等。

2）测量工具：等高垫块、测量平板、检测专用回转台、检验心轴、测杆、测量桥等。

3）专用量规和样板等检具。

3.7.2　大型工件位置度检测的方法

（1）大型工件两平面间的垂直度检测

1）用光学仪器测量：如图 3-44 所示，先调整望远镜、光靶和准直光管，使光轴与 A 面平行，然后得出光靶在 B 面上数个位置读数的最大差。

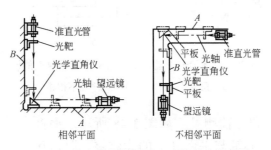

图 3-44　用光学仪器测量平面间垂直度误差

2）用水平仪测量：如图 3-45 所示，将水平仪与测量面贴合，然后读出水平仪在 A、B 两平面上数个位置读数的最大差。

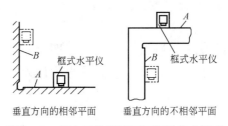

图 3-45　用水平仪测量平面间垂直度误差

3）用指示表测量：如图 3-46 所示，将指示表、直角尺和直尺按图示位置放置，垂直度误差为指示表在给定长度内读数的最大差。

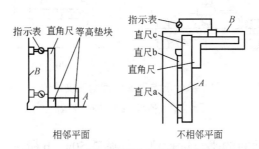

图 3-46　用指示表测量平面间垂直度误差

（2）大型工件孔轴线与平面间的垂直度检测

1）用指示表和心轴测量：孔与平面相邻时的测量如图 3-47a 所示，垂直度误差为指示表测得的相对 180° 位置读数差的最大值。孔与平面不相邻时的测量如图 3-47b 所示，将直角尺、直尺、心轴和指示表按图示位置放置，移动指示表，测得的垂直度误差为指示表在给定长度上的读数差。

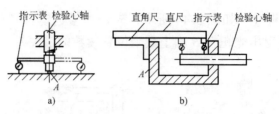

图 3-47　用指示表测量孔轴线与平面间垂直度的误差

a）孔与平面相邻　b）孔与平面不相邻

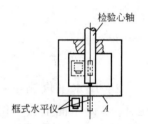

图 3-48　用水平仪测量孔轴线与平面间垂直度误差

2）用框式水平仪和心轴测量：如图 3-48 所示，垂直度误差为框式水平仪在心轴与平面 A 上的读数差，取相互垂直两位置上测得数据的最大值。

（3）大型工件孔与孔轴线之间的垂直度检测

1）开启式垂直度位置检测：如图 3-49a 所示，在两被测孔内插入检测心轴，用指示表检测，垂直度误差为指示表相对 180° 位置的读数差。

2）封闭式垂直度位置检测：当工件上孔位于四周封闭、两轴线在垂直面内时，如图 3-49b 所示，两心轴上水平仪的读数差为垂直度误差。心轴的长度最好取为 $L \approx 1.732l$。

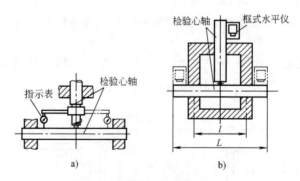

图 3-49　孔与孔轴线间垂直度检测

a）开启式检测　b）封闭式检测

（4）大型工件表面间的平行度检测　如图 3-50a、b 所示，用等高垫块放置指示表，移动等高垫块进行测量，在给定长度上的读数差为平行度误差。

（5）大型工件两孔轴线的同轴度检测

1）用心轴和指示表检测：如图 3-51a 所示，先用短测杆在心轴 a 处每隔 90° 记录指示表读数，相对 180° 位置的读数差表示该轴剖面内，两轴线在 a 处的偏移。再换用长测杆，在心轴 b 处测出与 a 处相应轴剖面内两轴线的偏移，然后换算出两轴线的同轴度。

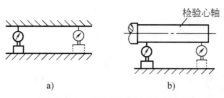

图 3-50　表面间平行度检测

a）平面对平面　b）轴对平面

2）用光学准直仪检测：如图 3-51b 所示，用定心器和光靶调整光学准直仪的光轴与基准孔轴线重合，然后在被测孔全长范围内移动定心器和光靶，测得的读数最大值即为同轴度。

3）用光学平直仪检测：如图 3-51c 所示，用双足测量桥调整光学平直仪，使光轴与公共轴线一致（或平行），然后换用单足测量桥，分别测出两孔轴线的倾角 θ_1、θ_2，即可换算出两孔轴线的同轴度。

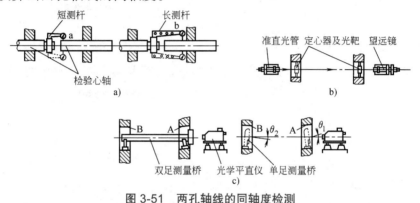

图 3-51　两孔轴线的同轴度检测

a）用指示表检测　b）用准直仪检测　c）用平直仪检测

（6）大型工件两相交轴线的位置度检测　如图 3-52 所示，在回转工作台上放置直尺，用指示表测量，使其与检验心轴平行，其距离为 $\Delta1$，然后将工作台回转 180°，至直尺仍与检验心轴平行，测得其距离为 $\Delta2$，工作台轴线与心轴轴线的位置度为 $\Delta = \left| \dfrac{\Delta2 - \Delta1}{2} \right|$。

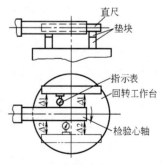

图 3-52　相交轴线的位置度检测

Chapter 4

项目4 铣床维护调整、故障诊断及排除方法

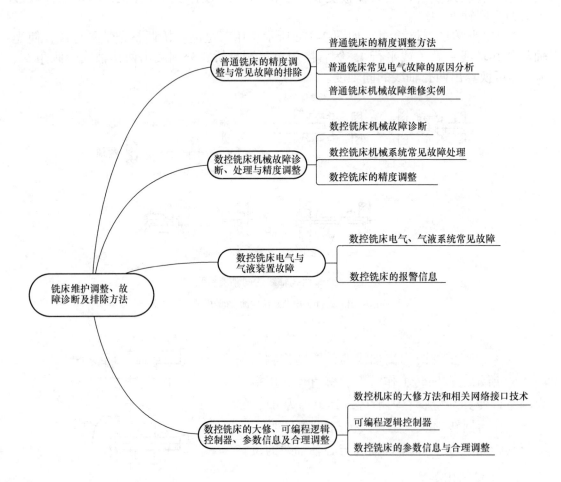

普通铣床的精度调整方法

普通铣床的精度调整与常见故障的排除 ── 普通铣床常见电气故障的原因分析

普通铣床机械故障维修实例

数控铣床机械故障诊断

数控铣床机械故障诊断、处理与精度调整 ── 数控铣床机械系统常见故障处理

数控铣床的精度调整

铣床维护调整、故障诊断及排除方法

数控铣床电气、气液系统常见故障

数控铣床电气与气液装置故障 ──

数控铣床的报警信息

数控机床的大修方法和相关网络接口技术

数控铣床的大修、可编程逻辑控制器、参数信息及合理调整 ── 可编程逻辑控制器

数控铣床的参数信息与合理调整

4.1 普通铣床的精度调整与常见故障的排除

4.1.1 普通铣床的精度调整方法

1.铣床主轴轴承间隙的调整方法

铣床主轴轴承间隙太大，会产生轴向窜动和径向圆跳动，铣削时容易产生振动、铣刀偏让（俗称让刀）和加工精度难以控制等问题；若间隙过小，则又会使主轴发热咬死。主轴前轴承用得较多的有圆锥滚子轴承和圆柱滚子轴承，其间隙的调整方法也有所不同。

（1）圆锥滚子轴承间隙的调整方法　主轴前轴承采用圆锥滚子轴承的结构，如图 4-1 所示。X62W 等型号的铣床主轴采用这种结构，其前轴承的精度为 P5 级，中轴承的精度为 P6X 级。调整间隙时，先将床身顶部的悬梁移开，拆去悬梁下面的盖板。松开锁紧螺钉 2，就可拧动调整螺母 1，以改变轴承内圈 3 和 4 之间的距离，也就改变了轴承内圈与滚子和外圈之间的间隙。这种结构，轴向和径向的间隙同时调整。

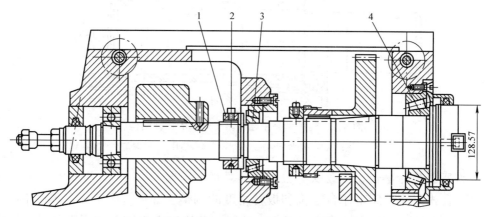

图 4-1　前轴承采用圆锥滚子轴承的主轴结构

1—调整螺母　2—锁紧螺钉　3、4—轴承内圈

轴承的松紧取决于铣床的工作性质。一般以 200N 的力推和拉主轴，顶在主轴端面和颈部的指示表示值在 0.015mm 的范围内变动。在 1500r/min 的转速下运转 1h，轴承温度不超过 60℃，则说明轴承间隙合适。调整合适后，拧紧锁紧螺钉，并把盖板和悬梁复原。

（2）圆柱滚子轴承间隙的调整方法　主轴前轴承采用圆柱滚子轴承的结构，如图 4-2 所示。X52K 等型号的铣床主轴采用这种结构，其前轴承的精度是 P5 级精度，上中部的两个角接触球轴承的精度是 P5（P6x）级。调整时，先把立铣头上前面的盖

项目
4

板或卧铣悬梁下的盖板拆下，松开主轴上的锁紧螺钉2，旋松螺母1，再拆下主轴头部的端盖5，取下垫片4。垫片由两个半圆环构成，以便装卸。调整垫片的厚度，即可调整主轴轴承的间隙。由于轴颈和轴承内孔的锥度是 1∶12，若要减少 0.03mm 的径向间隙，则须把垫片厚度磨去 0.36mm 装入原位，用较大的力拧紧螺母1，使轴承内圈胀开，直到把垫片压紧为止。然后拧紧锁紧螺钉，并装好端盖及盖板等。

主轴的轴向间隙是靠两个角接触球轴承来调节的。在两个轴承内圈的距离不变时，只要减薄垫圈3的厚度，就能调整主轴的轴向间隙。垫圈的减薄量与减少间隙的量基本相等。调整时，应与调整径向间隙同时进行。调整后，须作轴承松紧的测定。调整主轴轴承间隙应在机修人员配合下进行。

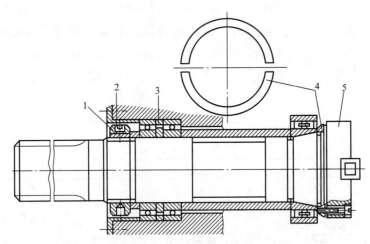

图 4-2　前轴承采用圆柱滚子轴承的主轴结构

1—螺母　2—锁紧螺钉　3—垫圈　4—垫片　5—端盖

2.铣床工作台零位、立铣头零位和扳转角度的调整

（1）卧式万能铣床工作台零位和扳转角度的调整　如果铣床工作台零位不准，则工作台纵向进给方向与主轴轴线不垂直。此时，若用三面刃铣刀铣削直角槽，铣出的槽形将上宽下窄，且两侧面呈凹弧状，影响形状和尺寸精度；如果用面铣刀铣削平面，铣出的是凹形面；用锯片铣刀铣削较深的窄槽和切断时，容易把锯片铣刀扭碎。因此，在用上述铣刀加工前，必须对工作台零位进行调整。当铣削加工精度较高的工件时，更应注意精确调整工作台零位。如图 4-3a 所示，常用的调整方法如下：

1）在工作台上固定一块长度大于 300mm 的光洁平整的平行垫块，用指示表找正面向主轴一侧的垫块表面与工作台纵向进给方向平行。若中间 T 形槽与纵向进给的平行度很好，则可在 T 形槽中嵌入定位键来代替平行垫块。

2）将装有角形表杆的指示表固定在主轴上，扳动主轴，使指示表的测头与平行垫块两端接触，指示表的示值差在 300mm 长度上应不大于 0.03mm。

若工作台需要准确扳转一定的角度 α，通常使用正弦规进行调整找正，具体操作时，可在面向主轴一侧，与工作台纵向进给方向平行的垫块上叠放标准量块和长度为 $L = 100mm$ 的正弦规，量块的尺寸 h 通过式（4-1）计算确定，然后使用指示表找正，正弦规面向主轴一侧的基准测量面与主轴轴线垂直。

$$h = L\sin\alpha \tag{4-1}$$

式中 L——正弦规的规格（mm）；

$\quad\quad h$——标准量块的厚度（mm）；

$\quad\quad \alpha$——工作台或立铣头扳转角度（°）。

（2）立式铣床回转式立铣头零位和扳转角度的调整 若立铣头零位不准，则主轴轴线与工作台面不垂直。如果用面铣刀端铣平面，纵向进给时会铣出一个凹面，横向进给时会铣出一个斜面；如果垂向进给镗孔，会镗出椭圆孔，用主轴套筒进给会镗出一个与工作台面轴线倾斜的圆孔。

立铣头的零位一般位置精度由定位销保证，不需要校核和调整，但必须按要求插好定位销。若因定位销磨损等原因，造成零位不准而需要调整，可将装有角形表杆的指示表固定在主轴上，使指示表的测头与工作台面接触，扳动主轴在纵向方向回转180°，如图 4-3b 所示，指示表示值差在 300mm 长度上一般不应大于 0.03mm。

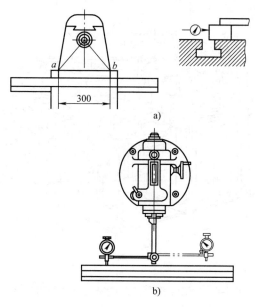

图 4-3 工作台和立铣头零位调整

a）工作台零位调整方法 b）立铣头零位调整方法

若立铣头需要准确扳转一定的角度 α，通常使用正弦规进行调整找正，具体操作时，在工作台面上叠放标准量块和长度为 L（mm）的正弦规，量块的尺寸 h 通过式（4-1）计算确定，正弦规的侧面应与主轴轴线和工作台纵向进给方向平行，然后使用指示表找正正弦规面向主轴一侧的基准测量面与主轴轴线垂直。

4.1.2 普通铣床常见电气故障的原因分析

铣床常见电气故障的原因分析，应掌握识读机床电路图的方法，识读时应分清电源电路、主电路和辅助电路三个部分。电源电路包括电源线、电源开关等；主电路包括主熔断器、接触器的主触头、热继电器的热元件以及电动机等；辅助电路包括主令电器的触头、接触器线圈和辅助触头、继电器线圈和触头、指示灯和照明灯等。

1. X62W 型卧式万能铣床的结构和电气系统特点

（1）机床结构特点　如图 4-4 所示，X62W 型铣床的特点如下：

1）主运动：X62W 型万能铣床的主运动是主轴上铣刀的旋转。主轴由主电动机（M1）拖动，其旋转方向由转换开关（SA3）选择。此外，主轴还有变速瞬动（SQ1），停车制动（SB、YC1）和换刀夹紧（SA1、YC）等功能。

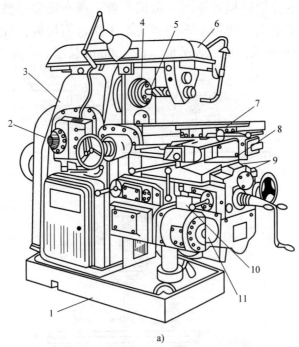

a)

图 4-4　X62W 型卧式万能铣床电气控制电路

a）机床外形

1—机座　2—主轴调速蘑菇形手盘　3—床身　4—主轴　5—刀杆　6—横梁
7—工作台　8—回转盘　9—横溜板　10—升降台　11—进给调整蘑菇形手盘

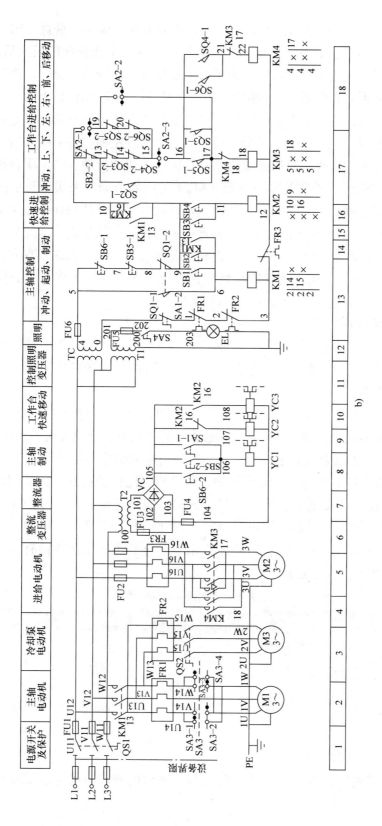

图 4-4 X62W 型卧式万能铣床电气控制电路（续）

b）电气原理图

2）辅助运动：工件的进给和快速调整移动，可沿纵向、横向、垂直方向三个坐标轴中的任意一个行进。纵向由工作台向左或右给出，横向由床鞍向前或向后给出，垂直方向由升降台向上或向下移动给出。为了便于操作者在不同位置操作，机床的按钮和控制手柄大都采用复式配置。纵向进给采用三位置机、电联动控制手柄，共配置两个，一个在床鞍中部，另一个在床鞍左侧。横向及垂直进给采用五位置机电联动控制手柄，也是复式配置，一个在前，一个在后，都在升降台左侧。各手柄扳向非停止位置时，即分别啮合纵、横或垂直进给离合器，并根据手柄的扳动方向，压合相应的行程开关（SQ3～SQ6），以改变进给电动机（M2）的旋转方向，来实现与手柄指向一致的进给或快速调整移动。由进给转为快速调整移动，只需按住快速按钮（SB3或SB4），便按手柄指向的方向由进给转为快速移动，放开按钮便恢复进给。此外，进给电动机还有变换进给量瞬动（SQ2），主轴停止时的进给制动（SB、YC3）等功能。

在工作台上配置回转工作台及其传动装置，可使工件绕回转工作台中心作回转进给。回转工作台的控制电路由转换开关SA2接入。

（2）控制电路的连锁特点

1）主轴起动后，才能有进给运动，主轴停止，进给随之停止。但对快速调整移动，不论主轴起动与否，均可进行。进给量的变换，可在主轴运转中进行，但各进给手柄应置于停止位置。

2）纵向、横向、垂直方向三个方面的进给是互锁的，但同一时间内，只允许一个方面、单一方向的进给或快速移动。回转工作台在回转进给时，其他方向不允许进给。

3）更换铣刀时，不仅要夹紧主轴制动，而且任何电动机均不能开动。

4）进给及移动在各个方向上的限程保护，是由相应位置的挡铁，拨动相应的控制手柄再回到停止位置而实现的。如果控制手柄的指向与进给及移动方向相反，挡铁就触及不到控制手柄，将引起严重机损事故。因此，当发现进给、移动方向与手柄指向相反时，应及时调换进给电动机的接线相序。与上述运动及连锁有关的转换开关、行程开关及其工作状态见表4-1。

表4-1　工作台升降及横向操纵手柄位置

手柄位置	工作台运动方向	离合器接通的丝杠	行程开关动作	接触器动作	电动机运转
向上	向上进给或快速向上	垂直丝杠	SQ4	KM4	M2 反转
向下	向下进给或快速向下	垂直丝杠	SQ3	KM3	M2 正转
中间	升降或横向进给停止	—	—	—	—
向前	向前进给或快速向前	横向丝杠	SQ3	KM3	M2 正转
向后	向后进给或快速向后	横向丝杠	SQ4	KM4	M2 反转

2. 常见电气故障维修实例

X62W型卧式万能铣床的常见故障比较典型，类似的铣床可参见故障维修实例的有关内容。

（1）电气故障维修实例一

项目	内　容
故障现象	主轴转动，工作台各个方向都不能进给
故障原因分析	铣床工作台的进给运动，是通过进给电动机 M2 正、反转并配合机械传动来实现的。若主轴转动而各个方向都不能进给，通常故障的原因是：进给电动机不能起动，故障可能在各方向进给的共用通道和进给电动机上
故障排除维修方法（电工操作）	1. 故障检查判断：合上左电控箱上机床电源开关 QS1，将操纵手柄扳至工作台上升（或下降、横向）位置，这时按下快速按钮 SB3（或 SB4）。若工作台有快速移动，则说明接触器 KM1 的常开辅助触点（13-10）接触不良；若工作台无快速移动，则观察右电控箱内接触器 KM3（或 KM4）是否动作 　　若 KM3（或 KM4）不吸合，用手按一下热继电器 FR3，复位或短接其常闭触头（3 号和 12 号两点），再按下按钮 SB3：若 KM3（或 KM4）仍不吸合，再短接右电控箱的接线端子上的 15 号和 16 号两点，按 SB3，若接触器 KM3（或 KM4）吸合，则说明回转工作台转换开关 SA2-3 触点（15-16）未接触好 　　若 KM3（或 KM4）吸合，则表明进给电动机 M2 定子绕组及其电路有断路，或进给主电路电源断相、机床断电，可用万用表检查 　　2. 故障维修方法：接触器故障，可更换接触器或修复触头；转换开关有故障，可更换转换开关或修复触头；电动机故障，更换电动机；进给主电路电源断相等故障，逐级检查后修复或更换故障元器件、修复接线松动等故障

（2）电气故障维修实例二

项目	内　容
故障现象	工作台能向左、向右进给，不能向前、向后、向上、向下作进给运动
故障原因分析	工作台左右、前后、上下进给，是共由一台电动机 M2 拖动的。工作台能向左、向右进给，说明进给控制电路中属于纵、横、垂直三方面共用部分没有问题，故障部位应在横向、垂直进给专用的部分控制电路中。如图 4-4 所示，只有 10-19-20-15 这一段是横向、升降运动的专用电路，显然故障就在这段控制电路之中
故障排除维修方法（电工操作）	1. 故障检查判断：开动主轴，再将十字操作手柄扳至工作台向上（或向前、向后、向下）的位置，用万用表交流电压 250V 档，测右电控箱 SA2-1（10-19）两点：若有电压指示，则说明触头（10-19）接触不好；若无电压指示，测接线端子板上 19 号和 15 号两点：若有电压指示，则故障在鞍座上顶面居中的行程开关 SQ5-2 和 SQ6-2 上。打开这两个行程开关盖板，分别依次短接 19-15 点、19-20 点、20-15 点，若短接时接触器 KM3 吸合，则被短接两点之间为故障点 　　如果只有横向、升降运动，没有纵向（左、右）运动，则说明故障在控制电路 10-13-14-15 之间，检查方法与上述类似 　　2. 故障维修方法：属于行程位置开关故障的通常采用清洁或更换的方法维修；属于线路或接线点故障的，采用更换导线和修复接线点的方法进行维修；维修中注意共用电路与局部控制电路的关系

项目4

（3）电气故障维修实例三

项目	内 容
故障现象	改变工作台进给量时无瞬动
故障原因分析	工作台在进给运行时，若需要改变进给量，只要将升降台的蘑菇形手柄往外拉，选好进给量，再把蘑菇形手柄用力向外拉到底，然后向里一推，就完成变速。电气控制电路十分简单，机床要求变换进给量时，各进给手柄都要置于停止位
故障排除维修方法 （电工操作）	1. 故障检查判断：由控制电路分析可知，变换工作台进给量无瞬动，其故障可能是冲动开关 SQ2-1 的 13-17 常开触点接触不良或线头脱落。检查时，将机床断电，打开蘑菇形手柄左侧小盖板，用万用表电阻挡，检查 SQ2-1 是否接触不良、检查线头是否脱落或者 SQ2-1 位置是否发生移动等 2. 故障维修方法：清洗或更换冲动开关；调整冲动开关的位置；线头脱落的予以修复

（4）电气故障维修实例四

项目	内 容
故障现象	主轴无法停机或停机后无制动
故障原因分析	X62W 型铣床主轴是采用电磁离合器制动的，故障的原因与部位可能是： 1. 不能停机，可能是控制电路中停机按钮短路或主轴接触器主触头熔焊、卡死 2. 停机却无制动，可能是电磁离合器（YC1）电路在停机时未接通或其电源不正常
故障排除维修方法 （电工操作）	1. 故障检查判断：将机床断电，检查主轴接触器 KM1 主触头是否有卡住及焊点熔化现象。同时，打开按钮盖板，检查停止按钮是否卡死，或线头是否脱落造成短路。进行以上检查后，若没有发现故障点，再检查制动离合器（YC1）电路。合上机床电源开关 QS1，用万用表直流电压 100V 挡，检测整流器（VC）的输出电压：若电压远低于 24V，则整流器元件有故障，若无电压，则可能是熔断器 FU3 熔断 2. 故障维修方法：修复接触器的触头或更换接触器；更换制动离合器电路中的整流器、熔断器

4.1.3 普通铣床机械故障维修实例

1. 立式升降台铣床主运动系统的常见故障维修实例

现以 X5040 型立式升降台铣床为例，升降台铣床主运动系统常见故障维修可参见以下实例：

（1）机械故障维修实例一

项目	内 容
故障现象	用镗刀镗孔时，孔呈椭圆形
故障原因分析	1. 铣床主轴轴线与工作台面不垂直 2. 铣床主轴轴线与床身立柱导轨不平行 3. 铣床主轴回转轴线有径向圆跳动
故障排除维修方法	1. 校正铣床主轴轴线与工作台面的垂直度。具体方法是把指示表座架吸附在主轴端面上，转动主轴，调整升降台，使指示表测头与工作台面接触，观察指示表的读数，根据指示表读数的差值，通过调整立铣头角度和升降台与立柱导轨之间的镶条，可排除故障。若仍不能达到精度要求，则需通过二级保养或大修来恢复其几何精度 2. 先用上述方法校正铣床主轴轴线与工作台面的垂直度，然后在工作台面上放一测量圆柱，起动升降台进行上下移动，检测读数，再根据数值调整升降台与主轴轴线的平行度，若不能符合平行度要求，则需通过二级保养或大修来恢复其几何精度 3. 检查立铣头主轴回转精度和径向圆跳动误差是否超出 0.01mm。若检测超差，则可通过调整主轴轴承上端的螺母来恢复精度。对主轴前端轴承精度超差或轴承发热烧坏或磨损严重时，则应更换新轴承

（2）机械故障维修实例二

项目	内 容
故障现象	被加工表面在接刀处不平
故障原因分析	1. 铣床主轴轴线与床身导轨不平行 2. 铣床主轴有轴向窜动，造成铣刀受力后主轴向上窜动 3. 立铣头回转盘刻度零位未对准 4. 刀具磨损或刀具本身振摆太大
故障排除维修方法	1. 调整工作台横向移动、上工作台纵向移动及升降台各滑动导轨的配合精度，使位移精度得到相应的提高。若调整无效时，需通过二级保养或大修来恢复其几何精度 2. 调整主轴轴承的轴向间隙，使主轴无轴向窜动（识差 <0.01mm） 3. 检查立铣头回转盘的刻度是否对准零位 4. 重新刃磨刀具或更换新铣刀

（3）机械故障维修实例三

项目	内 容
故障现象	被加工工件表面粗糙度值大
故障原因分析	1. 铣床主轴轴承因磨损严重或发热引起轴承精度超差 2. 铣床主轴有轴向窜动和径向圆跳动 3. 刀具磨损或加工工艺参数不合理
故障排除维修方法	1. 更换主轴轴承，并做好主轴润滑 2. 调整主轴的轴向和径向精度，使之均在 0.01mm 以内 3. 合理选用刀具、铣削用量，经常刃磨刀具，避免产生积屑瘤

（4）机械故障维修实例四

项目	内 容
故障现象	工件表面产生周期性或非周期性波纹
故障原因分析	1. 铣床主轴轴向间隙引起窜动，当受到切削力后铣床主轴运转不平稳 2. 由于润滑不畅，引起机床导轨研伤，使工作台产生爬行 3. 由于工艺系统原因引起振动
故障排除维修方法	1. 适当调整铣床主轴的轴向间隙，使其保持在 0.01mm 以内，并注意主轴各部位的润滑 2. 修刮已研伤的导轨，检修润滑油道，保持润滑油畅通 3. 减少铣刀盘的不平衡量。改变铣床主轴转速和进给速度。调整工作台导轨镶条，增加工作台和各滑动表面之间的刚度

（5）机械故障维修实例五

项目	内 容
故障现象	立铣头主轴有轴向窜动
故障原因分析	1. 主轴前端的圆柱滚子轴承长期使用后磨损，产生轴向间隙 2. 主轴的正反转动，引起主轴前端用以调整轴承间隙的锁紧螺母松动 3. 角接触球轴承损坏，产生间隙而引起窜动 4. 立铣头壳体前端控制主轴的法兰盘螺钉松动、断裂，引起主轴轴向窜动
故障排除维修方法	1. 更换圆柱滚子轴承，并注意检查轴承的精度 2. 重新调整和锁紧控制主轴轴承的锁紧螺母，使主轴的轴向窜动量保持在 0.01mm 以内，并检查锁紧螺母上的止退爪形垫圈是否损坏 3. 更换损坏的角接触球轴承 4. 重新旋紧立铣头壳体上法兰盘螺钉，更换已断裂的螺钉

（6）机械故障维修实例六

项目	内 容
故障现象	立铣头空运转时，声音异常并伴有噪声
故障原因分析	1. 立铣头变速箱或主传动系统润滑不良或无润滑油 2. 立铣头主轴与主传动系统齿轮啮合不良，或间隙过小引起顶齿 3. 立铣头主轴轴承或变速箱中轴承磨损或损坏，造成声音异常或出现噪声
故障排除维修方法	1. 检修并调整主传动系统，包括变速箱内各传动齿轮，各滑移齿轮，必须有充分的润滑。经常检查油池内油液是否清洁充足，注意保持滤油装置的清洁 2. 仔细调整立铣头主轴与主传动锥齿轮的啮合间隙，并检查各自的锁紧螺母有无松动，止退爪形垫圈有无损坏，发现异常及时修复 3. 认真分析、仔细检查立铣头主轴空转时的异常噪声，如果是立铣头主轴发出的共振声或蜂鸣声，则应重新调整主轴轴承的间隙；如果是变速箱内传动轴发出的噪声，则应检查和清洗各传动轴的轴承，若发现损坏，则应更换新轴承

（7）机械故障维修实例七

项目	内 容
故障现象	立铣头主轴变速失灵或动作缓慢
故障原因分析	1. 变速箱内变速滑移齿轮损坏，或是与其啮合的传动齿轮同时损坏，造成变速时某一齿轮轴空转，而使变速失灵 2. 滑移组合齿轮上连接销断裂，造成组合齿轮在滑移过程中互相脱开，而引起主轴变速失灵 3. 拨动滑移齿轮的拨叉断裂，造成拨叉前部有动作而拨动齿轮无动作 4. 滑移齿轮与啮合齿轮在啮合时端面长期撞击而导致毛刺严重，造成变速时齿轮不易啮合 5. 主轴变速盘的变速机构中的滑块脱落或断裂，引起拨叉无动作而变速失灵
故障排除维修方法	1. 拆下变速齿轮箱，检查并更换已损坏的变速齿轮或传动齿轮，同时检查传动轴是否弯曲，如损坏应更换 2. 重新安装组合齿轮，并注意各连接尺寸的配合 3. 更换已断裂的拨叉。若无条件更换拨叉，则可通过焊接方法进行修复，但须注意焊接变形和尺寸链的控制 4. 修去各啮合齿轮端面的毛刺，检查调整啮合齿轮间距 5. 更换变速盘中变速机构的滑块或松动严重的销轴

2. 立式升降台铣床进给运动系统的常见故障维修实例

现以 X5040 型立式升降台铣床为例，升降台铣床进给运动系统常见故障的排除方法可参见以下实例：

（1）进给系统故障维修实例一

项目	内容
故障现象	进给变速箱变速手柄定位不准或变速失灵
故障原因分析	1. 变速手柄轴上十八档变速轮的定位弹簧疲劳失效或断裂 2. 定位销与定位轮中经常使用的几档因磨损而使间隙增大 3. 变速箱中圆柱曲线滑槽与拨叉滑块的间隙过大 4. 变速手柄轴与定位轮的销子断裂 5. 变速手柄轴与变速箱中圆柱曲线滑轮的连接平键与键槽磨损而使间隙增大，或平键、定位销断裂，造成无变速
故障排除维修方法	1. 更换变速轮疲劳失效或断裂的定位弹簧 2. 更换变速定位轮与定位销，但切不可采用补焊方法来修补磨损齿轮。因为该定位轮的齿有等分要求，并有相当高的硬度，而补焊方法会破坏齿的等分精度且使硬度下降，更容易磨损 3. 拆下变速箱，修复圆柱曲线滑槽与拨叉滑块的配合间隙，或更换滑块。若其磨损严重，则应更换圆柱曲线轮 4. 更换定位轮与变速轴的连接锥销，并对锥孔进行复铰 5. 更换平键。若变速手柄轴上键槽磨损严重，则应修复或更换新轴

（2）进给系统故障维修实例二

项目	内容
故障现象	机床只有工作进给而无快速运动
故障原因分析	1. 控制箱上进给操纵手柄顶端拨动快速运行机构连杆的调整螺钉松动，造成拨动快速运行机构的距离不对 2. 进给箱上拨动快速机构的拨叉断裂，或拨叉与连杆的销钉松动、脱落，引起连杆空行程，造成快速机构无动作 3. 进给箱中快速机构有故障，例如离合器的钢珠磨损、离合器斜面磨损等 4. 控制箱中快速曲柄连杆内的滚轮轴断裂，使得拨动拨叉时凸轮行程距离不对，造成只有进给而无快速运动
故障排除维修方法	1. 重新调整拨动快速机构的调整螺钉，并注意操纵手柄的轻重，然后将调整螺钉锁紧 2. 更换断裂的拨叉，或重新修配脱落的销钉 3. 更换快速机构中磨损的零件，检修时注意其安全离合器的作用 4. 修配曲柄连杆中的滚轮轴，注意其配合间隙

（3）进给系统故障维修实例三

项目	内 容
故障现象	上工作台纵向快速运动停止时，工作台仍运动一段距离
故障原因分析	1. 上工作台导轨与横向工作台导轨长期使用后间隙增大，导轨中镶条已失去作用 2. 工作台纵向镶条调整过松 3. 进给变速箱快慢速转换离合器磨损或变速箱缺润滑油卡死
故障排除维修方法	1. 重新修刮上工作台与横向工作台导轨，调整配合间隙，或采用修补方法将镶条加厚，重新配刮镶条并调整好与导轨之间的间隙 2. 适当调整工作台纵向镶条与导轨的间隙 3. 更换离合器或修复润滑系统

（4）进给系统故障维修实例四

项目	内 容
故障现象	机床工作进给只有单方向动作
故障原因分析	该故障一般属于电气故障，主要是由于纵向、横向及垂直方向中任意方向有一电器限位开关故障而引起，或调整距离时不小心将限位开关压住而产生
故障排除维修方法	仔细检查纵向、横向及垂直方向三个方向中限位开关是否被人为压住。如果仍有问题，应请电工检修

（5）进给系统故障维修实例五

项目	内 容
故障现象	工作台纵向进给反空程量大，因有间隙而刻度不准
故障原因分析	1. 工作台丝杠与螺母长期使用后磨损，造成轴向间隙增大 2. 纵向丝杠两端轴承的间隙过大，造成丝杠轴向间隙大
故障排除维修方法	1. 对于 X5040 型铣床而言，需要更换丝杠螺母来消除轴向间隙，从而可排除工作台进给反空程量过大的故障，或者将丝杠修磨研磨重配螺母来解决 2. 调整纵向丝杠两端轴承的间隙，注意控制丝杠轴向间隙在 0.01～0.03mm，从而可排除刻度不准的故障

（6）进给系统故障维修实例六

项目	内 容
故障现象	机床进给方位选择手柄位置不准，造成进给时出现其他方向带动现象
故障原因分析	1. 由于方位选择手柄与手柄轴长期使用后产生间隙，配合松动，键槽和平键相对磨损 2. 控制箱内曲线滑槽轮定位弹簧疲劳失效或滚珠定位不到位 3. 控制方向离合器连杆的调整螺母与滑套松动，引起方位手柄与连杆的动作不匹配 4. 离合器本身磨损或有毛刺，造成动作不灵活，有梗阻现象
故障排除维修方法	1. 修复手柄与轴的间隙配合，更换已磨损的平键 2. 更换疲劳失效的弹簧及滚珠，检查曲线滑槽内的滚轮是否脱落，与滑槽的配合是否合适 3. 调整离合器连杆的调整螺母与滑套的正确位置以及移动距离。方法是先将上工作台卸下，直接依照方位手柄位置来调整螺母与滑套的位置。但须注意各方向离合器相互之间的距离必须保持适当 4. 更换磨损的离合器。若有毛刺，则应去除，保证动作灵活，消除梗阻现象

（7）进给系统故障维修实例七

项　目	内　　容
故障现象	工作台横向手摇沉重，甚至失灵
故障原因分析	1. 由于润滑不良，造成横向丝杠螺母副干摩擦，甚至咬死 2. 横向丝杠顶部推力轴承因断油而损坏，或是轴肩与孔因铁屑堵住而咬死 3. 横向工作台镶条与床身座导轨调整不当，或镶条大端螺钉失落，造成大端挤死 4. 横向工作台与床身平导轨因无油润滑而严重咬死 5. 横向工作台防护罩损坏，造成铁屑将横向丝杠堵住，丝杠无法转动 6. 横向丝杠螺母副长期使用后，造成螺母内螺纹剃光，行程丝杠空转
故障排除维修方法	1. 疏通油杯及油路，增加润滑，减少丝杠螺母副的摩擦 2. 更换磨损的轴承，修复轴肩与孔因干摩擦而产生的故障 3. 调整横向工作台与床身座导轨镶条的间隙，对于失落的螺钉则应配齐，并重新修刮镶条与导轨的接触面 4. 修刮横向工作台与床身座平导轨。对于严重咬死问题，则应通过二级保养进行修复 5. 配齐防护罩，注意对机床导轨、丝杠的清洁和保养 6. 对于齿形好的丝杠，可重配螺母，但须将丝杠精车，以保证螺距的正确，或更换新的横向丝杠螺母

4.2　数控铣床机械故障诊断、处理与精度调整

4.2.1　数控铣床机械故障诊断

1. 数控铣床机械故障分类

（1）按故障引发的因素分类

1）磨损性故障是指设备各相对运动接触部位磨损后，影响机床精度的机械故障。

2）操作故障是指不符合机床操作规程的操作所引发的机械传动故障。

3）缺陷性故障是指设计或制造不符合技术要求所引发的故障。

（2）按故障性质分类

1）短时停机故障是短期内局部精度走失，稍加修理调试就能恢复的故障，如塞铁或部件松动等，不需要更换零件。

2）长时停机故障是某些部件损坏、精度走失、局部功能丧失等，需要更换零件或修理才能恢复的故障。

（3）按故障发生后的影响程度分类

1）危害性故障是对人身、生产和环境造成危险或危害的故障。

2）安全性故障是不会对人身、生产和环境造成危害的故障。

2. 常见机械故障发生部位

（1）主轴部件故障　主轴内锥精度走失、轴承损坏、传动齿轮磨损、拉刀杆碟形弹簧碎裂等。

（2）自动换刀装置故障　主要是刀库运动故障、定位误差过大、机械手夹持刀柄不稳定和机械手运动误差过大等。这些故障最后大多数都造成换刀动作卡住，使整机停止工作。

（3）进给传动链故障　定位精度下降，反向间隙过大，机械爬行，轴承噪声过大。

（4）行程开关压合故障　压合行程开关的机械装置可靠性及行程开关本身品质特性，都会影响整机的故障排除工作。

（5）附件的可靠性　包括切削液装置、排屑装置、导轨防护罩、切削液防护罩、主轴冷却恒温油箱和液压油箱等附件的品质特性。

3. 数控铣床机械故障诊断

（1）直观法

1）看：检查有无熔丝烧断、器件烧坏以及断路等问题，观察机械部分传动轴是否弯曲、晃动，观察切削液、润滑油是否变质等。

2）听：听数控机床因故障而产生的各种异常声响，因铁心松动、锈蚀等引起的铁片振动声；因磁回路间隙过大等引起的继电器、接触器的异常响声；机械的摩擦声、振动声和撞击声等。

3）问：了解机床故障发生的经过，弄清故障是突发的还是渐发的。故障前后工件的精度和表面粗糙度是否有变化等。

4）触：手指灵敏的触感能可靠地判断各种异常的温度，也能感觉到轻微的振动。肉眼看不清的伤痕和波纹，用手指去触摸可以很容易地感觉出来，还可判断主轴和手轮的松紧是否合适。

5）嗅：由于摩擦或电气元件绝缘破损短路，而产生的烟味、焦煳味用嗅觉法能较好地判断故障。

（2）故障分析法

1）动态分析：动态性能是指机床运转之后振动、噪声、热变形与磨损等性能的总称。机床的动态分析主要是研究抵抗振动的能力，包括抗振性和切削稳定性，提高机床的床身刚度，改善机床的整机动态性能。

2）噪声分析法：振源零部件为运动部件，不易设置传感器，可考虑采用噪声声谱分析法，噪声测量具有信息丰富、测试方便和非接触的特点，但对环境因素要求较高。

（3）资料分析法

1）通过查阅数控铣床机械部分图样，搞清楚其中各个元件的作用，查找原因，判断故障所在的方法。

2）有条件的情况下查阅进口机床的原版外文资料，以免翻译不准造成误导。

4.2.2　数控铣床机械系统常见故障处理

1. 数控铣床主轴故障

数控铣床的主轴结构如图 4-5 所示。主轴部件的主要故障有主轴噪声及发热、润滑油泄漏、刀具夹紧机构故障等。

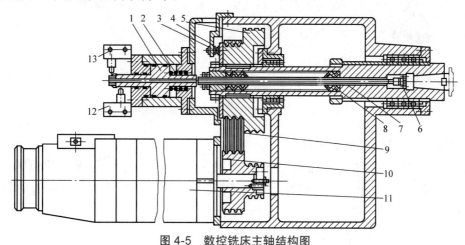

图 4-5　数控铣床主轴结构图

1—活塞　2—回复弹簧　3—测速准停编码器　4—永久磁铁　5、10—带轮
6—拉抓　7—拉杆　8—碟形弹簧　9—同步带　11—伺服电动机　12、13—限位开关

（1）主轴发热　数控铣床使用中出现主轴故障，主轴箱上端发热，并伴有很响的噪声。经检查，发现支承轴承由于长期受传动带作用力已损坏，并且有污物在里面。清洗轴承后发现轴承滚道有烧伤变色及磨损痕迹。维修方法为更换轴承，把损坏的轴承更换后，故障消失。

（2）主轴漏油　数控铣床的主轴在运转时，发生滴油泄漏。经检查，发现主轴油封损坏，更换油封后，故障消失。

（3）主轴刀具夹紧机构故障　数控铣床的主轴刀具卸刀机构失灵，刀具不能夹紧。经检查发现波形弹簧压得不够紧，顺时针旋转压紧螺母，使其最大工作载荷达到要求后，故障消除。

（4）主轴变速齿轮啮合错位故障　数控铣床的主轴齿轮啮合失灵，检查后发现齿轮错位，啮合位置与正确位置出现角度偏差，致使原啮合的齿脱不开，却又与需啮合的齿轮发生干涉，因而造成啮合错位的故障。调整角度位置后，故障消失。

（5）主轴不能转动　产生原因有多种，主要有以下几点：

1）主轴与电动机连接传动带过松，此时应调整传动带的松紧度。

2）传动带使用太久而失效断裂，此时应更换传动带。

3）主轴中的拉杆未拉紧夹持刀具的拉钉，主轴拉刀杆处于打刀位置，活塞回复弹簧卡死或断裂，根据不同原因调整位置或更换零件。

数控铣床主轴机械结构如图 4-6 所示。

项目
4

a)　　　　　　　　b)

图 4-6　数控铣床主轴机械结构

a）多角度数控铣床主轴机械结构　b）数控铣床主轴

2. 数控铣床滚珠丝杠副故障

数控铣床中的滚珠丝杠副是进给传动的主要部件，可将伺服电动机的旋转运动转变为直线运动，用较小的转矩可以获得很大的推力。滚珠丝杠副的基本结构如图 4-7 所示。

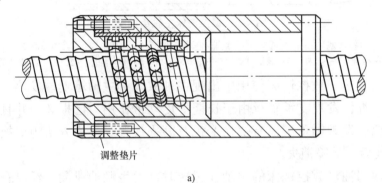

调整垫片

a)

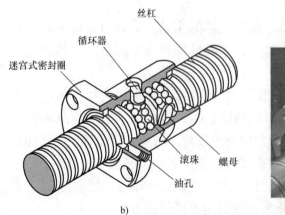

丝杠

循环器

迷宫式密封圈

滚珠　螺母

油孔

b)

c)

图 4-7　滚珠丝杠副的基本结构

a）滚珠丝杠副平面图　b）滚珠丝杠副示意图　c）滚珠丝杠副实物图

滚珠丝杠副分内循环和外循环两种，如图 4-8 所示。

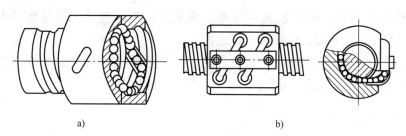

a)   b)

图4-8　滚珠丝杠副循环方式

a）内循环方式　b）外循环方式

（1）滚珠丝杠副的噪声故障

1）丝杠支承轴承可能破损。排除方法为更换破损轴承。

2）丝杠支承轴承的间隙情况不良。排除方法为调整轴承间隙。

3）滚珠丝杠副滚珠破损。排除方法为更换新滚珠，若条件允许可以更换滚珠丝杠副。

4）丝杠润滑不良。排除方法为改善润滑条件，使润滑油油量充足。

5）电动机与丝杠联轴器松动。排除方法为拧紧联轴器锁紧螺钉。

（2）滚珠丝杠空载负载大

1）丝杠与导轨不平行。排除方法为调整丝杠支座位置，使丝杠与导轨平行。

2）螺母轴线与导轨不平行。排除方法为调整螺母座的位置，使螺母轴线与导轨平行。

3）丝杠弯曲变形。排除方法为校正丝杠。

4）轴向预加载荷太大。排除方法为调整轴向间隙和预加载荷。

3. 数控铣床导轨故障

（1）导轨研伤故障

1）长期加工短工件或承受过分集中的负荷，使导轨局部磨损严重。排除方法为注意合理分布短工件的安装位置，避免负荷过分集中。

2）机床长期使用，地基与床身水平度有变化，使导轨局部单位面积负荷过大。排除方法为定期进行床身导轨的水平度调整或修复导轨精度。

3）导轨材质不佳。目前常用的导轨主要有两种：一种是贴塑硬轨，另一种是滚珠直线导轨。排除方法为更换贴塑，重新铲刮改善摩擦情况。

4）导轨润滑不良。排除方法为调整导轨润滑油量，保证润滑油压力。

5）维护不良，导轨里落入污物。排除方法为加强机床保养，保护好导轨防护装置。

（2）导轨故障使零件接刀处不平

1）导轨直线度超差。解决办法为调整或修刮导轨，使其直线度误差在0.015mm/500mm以内。

2）机床水平度差，使导轨发生弯曲。解决办法为调整机床安装水平度，保证平行度，垂直度误差在 0.02mm/1000mm 之内。

3）导轨与工作台塞铁松动或塞铁弯度太大。解决办法为调整塞铁间隙或使塞铁弯度在自然状态下小于 0.05mm/ 全长。

4.2.3 数控铣床的精度调整

数控机床精度分为几何精度、定位精度、工作精度。

1. 几何精度

（1）部件自身精度

1）床身水平：将精密水平仪置于工作台上，在 X 向、Y 向分别测量，调整垫铁达到要求。

2）工作台面平面度：用平尺、等高量块指示器检测。

3）主轴。

① 主轴径向圆跳动：主轴锥孔插入测量心轴用指示表在近端和远端测量，体现主轴旋转轴线的状况。

② 主轴轴向圆跳动：主轴锥孔插入专用心轴（钢球）用指示表测量，体现主轴轴承轴向精度。

4）X、Y、Z 导轨直线度：用精密水平仪或光学仪器检测，精度超差会影响零件的形状精度。

（2）部件间相互位置精度

1）X、Y、Z 三个轴移动方向相互垂直度：用直角尺和指示表测量。

2）主轴旋转轴线和三个移动轴的关系：在主轴锥孔插入测量心轴测量。

① 主轴和 Z 轴平行度：用指示表检测平行度。

② 主轴和 X 轴垂直度：立式铣床用平尺和指示表，卧式铣床用直角尺和指示表检测。

③ 主轴和 Y 轴垂直度：用平尺和指示表检测。

3）主轴旋转轴线和工作台面关系：立式铣床为垂直度，卧式铣床为平行度，用测量心轴、指示表、平尺、等高块进行检测。

以上部件间相互位置精度都会影响零件加工的位置精度。

2. 定位精度

定位精度是普通机床没有的检验项目，一般精度标准上规定了三项：直线运动定位精度、重复定位精度、直线运动失动量。

（1）直线运动定位精度　直线运动定位精度的检验一般在空载条件下进行。按国际标准化组织（ISO）规定和国家标准规定，对数控机床的直线运动定位精度的检验应该以激光检测为准，测量方法如图 4-9 所示。如果没有激光检测的条件，可以用标准长度刻度尺进行比较测量，测量方法如图 4-10 所示。

按机床规格选择 20mm、50mm 或 100mm 的间距，用数据输入法作正向和反向快速移动定位，测出实际值和指令值的偏差。为了反映多次定位中的全部误差，国际标准化组织规定每一个定位点进行 5 次数据测量，计算出均方根值和平均误差 ±3σ。定位精度是一条由各定位点平均值连贯起来由平均误差 ±3σ 构成的定位点离散误差带，如图 4-11 所示。

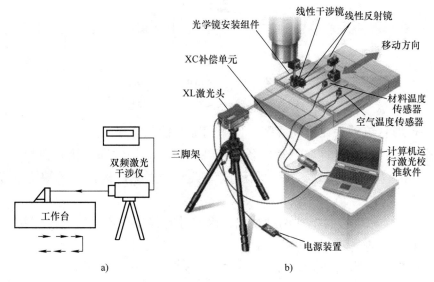

图 4-9　直线定位精度激光检测

a）激光测量示意图　b）各部件在机床上的位置

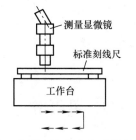

图 4-10　直线定位精度标准尺比较检测

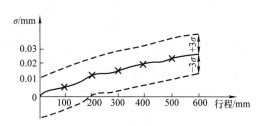

图 4-11　定位点离散误差带

（2）重复定位精度　重复定位精度是反映坐标轴运动稳定性的基本指标，检验所使用的检测仪器与检验直线定位精度所用的仪器相同。检验方法是在靠近被测坐标轴行程的中点及两端选择任意两个位置，每个位置用数据输入方式进行快速定位，在相同的条件下重复 7 次，测得停止位置的实际值与指令值的差值并计算标准偏差，取最大标准偏差的 1/2，加上正负符号即为该点的重复定位精度。取每个轴的 3 个位置中最大的标准偏差的 1/2，加上正负符号后就是该坐标轴的重复定位精度。

（3）几种不正常定位曲线（见图4-12）

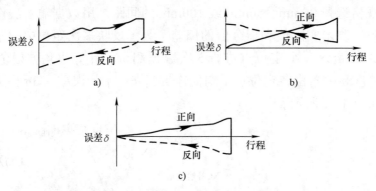

图 4-12 几种不正常的定位曲线

a）平行形 b）交叉形 c）喇叭形

1）平行形：该轴存在反向间隙，使用间隙补偿功能来纠正。

2）交叉形：滚珠丝杠在行程内各段间隙、过盈不一致和导轨副在行程内各段负载（松紧）不一致，一头松，一头紧形成喇叭形。消除机构存在的缺陷或使用丝杠螺距误差补偿。

3）喇叭形：该轴存在上述两种缺陷，因间隙补偿使用不当所致，重新进行补偿。

（4）直线运动失动量 坐标轴直线运动失动量又称直线运动反向差。失动量的检验方法是在所检测的坐标轴的行程内，预先正向或反向移动一段距离后停止，并且以停止位置作为基准，再在同一方向给坐标轴一个移动指令值，使之移动一段距离，然后向反方向移动相同的距离，检测停止位置与基准位置之差，如图4-13所示。

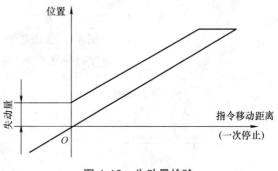

图 4-13 失动量检验

在靠近行程的中点及两端的3个位置上分别进行多次测定，求出各个位置上的平均值，以所得平均值中最大的值为失动量的检验值。坐标轴的直线运动失动量是进给轴传动链上驱动元件的反向死区，以及机械传动副的反向间隙和弹性变形等误差的综合反映。该误差越大，那么定位精度和重复定位精度就越差。如果失动量在全行程范围内均匀，可以通过数控系统的反向间隙补偿功能给予修正，但是补偿值越大，说明影响该坐标轴定位误差的因素越多。

3. 工作精度

工作精度是机床的综合精度，受机床几何精度、刚度、温度等影响，不同类型的机床检验的方法不同。下面介绍加工中心切削精度检验项目。试件材料为HT200，刀具材料为硬质合金和高速钢。

（1）镗孔精度　检验圆度和圆柱度，圆度公差为0.01mm，圆柱度公差为0.01mm/100mm。孔圆度与主轴径向圆跳动和刚度及X、Y、Z轴刚度（含间隙）有关。

（2）面铣刀铣平面精度　检验平面度和接刀阶梯差，平面度公差为0.01mm，接刀阶梯差公差为0.01mm。平面度与X、Y轴直线度有关，阶梯差与Z轴和X、Y轴垂直度有关。

（3）镗四个正方形分布的孔　检验孔距精度，X、Y轴方向公差为0.02mm，对角线方向公差为0.03mm，孔径公差为0.01mm，与X、Y轴定位精度有关。

（4）立铣刀侧刃精铣正方形四周　检验直线度、平行度、垂直度和两组相对面尺寸差，直线度公差为0.01mm/300mm，平行度和垂直度公差为0.02mm/300mm，厚度公差为0.03mm。与X、Y轴直线度或垂直度有关，与X轴或Y轴定位精度有关。

（5）用立铣刀X、Y轴联动铣倾斜30°的正方体四周　检验直线度、平行度和垂直度误差，直线度公差为0.015mm/300mm，平行度和垂直度公差为0.03mm/300mm。与X、Y轴插补精度、直线度、垂直度、定位精度、刚度以及丝杠、导轨间隙和摩擦有关，并与伺服系统跟随精度有关。

（6）用立铣刀侧刃X、Y轴插补铣圆　检验圆度，公差为0.02mm。与X、Y轴插补精度（过象限）、直线度、垂直度、定位精度、刚度变化以及丝杠、导轨间隙和摩擦有关，也与伺服系统跟随精度有关。插补铣圆会出现图4-14所示问题。

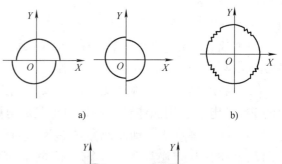

a)　　　　　　　b)

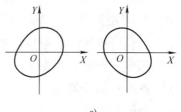

c)

图4-14　插补铣圆出现的问题

a）两半圆错位　b）锯齿形条纹　c）斜椭圆

1）两半圆错位：一个轴存在由机械传动间隙、不稳定的弹性变形和摩擦阻尼不稳定而产生的反向失动量。可通过调整、改进机械环节，适当改变数控系统的失动量补偿值解决。

2）锯齿形条纹：两联动轴进给速度不均匀或机械负载不均匀、低速爬行、防护板摩擦不均匀、位置反馈元件传动不均匀等。可通过调整改进机械环节，调整系统的速度控制回路和位置回路解决。

3）斜椭圆：机械结构、装配质量、负载情况不同，造成实际系统增益不一致。可通过适当调整速度反馈增益、位置回路增益、系统增益参数来解决。

4.3　数控铣床电气与气液装置故障

4.3.1　数控铣床电气、气液系统常见故障

1. 常见电气故障检查与分析

（1）常规检查

1）外观检查：系统发生故障后，首先进行外观检查。运用自己的感官感受判断明显的故障，有针对性地检查有怀疑部分的元器件是否有短路、脱落、破损及断裂等问题。

2）电缆、连接线检查：用一些简单的维修工具检查各连接线、电缆是否正常。

3）易损部位的元器件检查：元器件易损部位应按规定定期检查。如直流伺服电动机电枢电刷及换向器的磨损及污物，会造成转速下降等问题。

4）电源电压检查：电源电压正常是机床控制系统正常工作的必要条件，电源电压不正常，一般会造成故障停机，有时还会造成控制系统动作紊乱。

（2）故障现象分析　故障分析是寻找故障的特征。组织机械、电气技术人员及操作者会诊，捕捉出现故障时机床的异常现象，经过分析可能找到故障规律和线索。

（3）面板指示灯显示与模块 LED 显示分析法　数控机床控制系统多配有面板显示器、指示灯。面板显示器可把大部分被监控的故障识别结果以报警的方式给出。对于各个具体的故障，系统有固定的报警号和文字显示给予提示。

（4）系统分析法　查找系统存在故障的部位时，可对控制系统框图中的各方框单独考虑。根据每一方框的功能，将方框划分为一个个独立的单元，便于维修人员排除故障。

（5）静态测量法　静态测量法主要是用万用表测量元器件的在线电阻及晶体管上的 PN 结电压；用晶体管测试仪检查集成电路块等元件是否有故障。

（6）动态测量法　动态测量法是通过直观检查和静态测量后，根据电路原理图给印制电路板加上必要的交（直）流电压、同步电压和输入信号，然后用万用表、示波器等对印制电路板的输出电压、电流及波形等全面诊断并排除故障。

2. 数控铣床电气系统常见故障

（1）数控系统不能接通电源

1）数控系统的电源输入单元一般都有电源指示灯（多数为绿色发光二极管），如果此灯不亮，可先检查电源变压器是否有交流电源输入。如果交流电源已输入，应检查输入单元的熔断器是否熔断。

2）若输入单元的报警灯亮（一般为红色发光二极管），应检查各直流工作电压（+5V、+24V 等）电路的负载是否有短路现象。

3）数控系统电源开关（ON、OFF 按钮）中的 OFF 按钮接触不良，造成电源输入无法自保持，使得松开 ON 按钮后电源即被切断。

4）机床操作面板的数控系统电源开关失灵，以及电源输入单元不良等，也会使系统不能接通电源。

（2）电源接通后 CRT 显示器无显示

1）与 CRT 显示器有关的电缆连接不良，应重新检查、连接。

2）检查 CRT 显示器单元输入电压是否正常。但检查前要了解 CRT 显示器所用的电源。一般 23mm 单色 CRT 显示器多数接 +24V 直流电源，而 35mm 彩色 CRT 显示器接 200V 交流电源。

3）CRT 显示器由显示单元、调节器单元等部分组成，其中任一部分不良都会造成 CRT 显示器无图像等故障。

4）用示波器检查视频信号输入，若无信号，则故障在 CRT 显示器接口印制电路板或主控制电路板。

5）主控制、印制电路板发生报警指示，也可影响 CRT 显示，此时故障的起因多数不是 CRT 本身，可按报警信息分析处理。

（3）手摇脉冲发生器不能工作　排除机床锁住等误操作，转动手摇脉冲发生器时，CRT 画面的位置显示无变化，此时进行如下检查。

1）可通过核查参数是否发生变化来确认手摇脉冲发生器功能。

2）通过诊断机能检查机床锁住信号是否已被输入。

3）通过诊断功能来确认手摇脉冲发生器的方式信号是否已输入。

4）检查主板是否有报警灯亮。如果以上均正常，则可能是手摇脉冲发生器或手摇脉冲发生器接口板有故障。

（4）变频器常见故障　为了保证驱动器安全、可靠地运行，在主轴伺服系统出现故障和异常等情况时，设置了较多的保护功能。可以通过驱动器出现故障时保护功能的情况，故障原因如下：

1）伺服驱动器的输出线路以及主轴内部等出现对地短路时，可以通过快速熔断器切断电源，对驱动器进行保护。

2）驱动器、负载超过额定值时，安装在内部的热开关或主回路的热继电器将动作，对驱动器、负载进行保护。

3）主轴的速度由于某种原因，偏离了指令速度且达到一定的误差后，将产生报警，并进行保护。

4）测速发动机出现信号断线或短路时，驱动器将产生报警并被保护。

5）测出的主轴转速超过额定值的 115% 时，驱动器将发出报警并被保护。

6）主回路发生短路时，驱动器可以通过相应的快速熔断器进行短路保护。

7）三相输入电源相序不正确或断相状态时，驱动器将发出报警。

（5）进给伺服系统常见故障　当进给伺服系统出现故障时，通常都会报警，但还有一些情况是进给运动不正常，但无任何报警信息。

1）数控加工中心 Y 轴产生爬行，图 4-15 为诊断流程图。

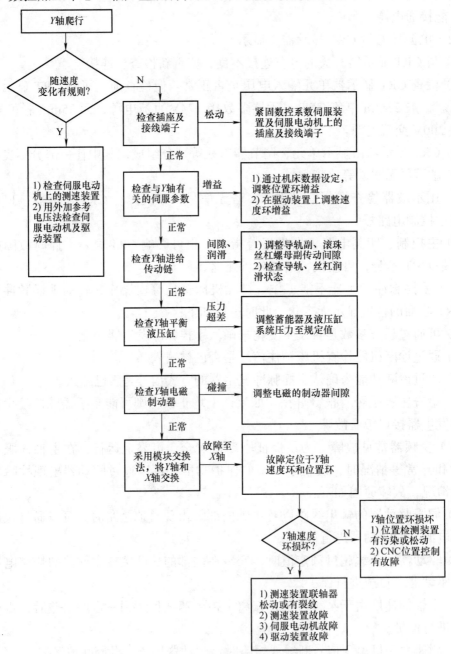

图 4-15 Y 轴故障诊断流程图

2）伺服电动机不转，检查数控系统是否有速度控制信号输出。检查使能信号是否接通，通过 CRT 观察 I/O 状态，分析机床 PLC 梯形图（或流程图），以确定进给轴起动条件，如润滑、冷却等是否满足。对带电磁制动的伺服电动机，应检查电磁制动是否释放，进给驱动单元、伺服电动机等是否存在故障。

3．数控铣床气动、液压装置应用与诊断

（1）气动装置在数控铣床上的应用　气动装置用在数控铣床上来完成频繁起动的辅助工作，如机床防护门的自动开关、自动吹屑清理定位基准面等。最主要是用在加工中心自动换刀系统中。

1）换刀过程中实现定位、松刀、拔刀、向锥孔吹气和插刀等动作。其气动换刀系统如图4-16所示。

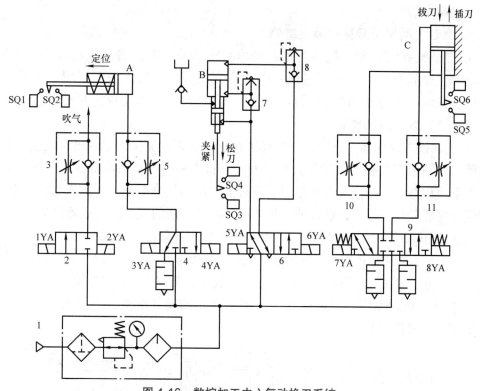

图4-16　数控加工中心气动换刀系统

1—气源三联件　2—二位二通换向阀　3、5、10、11—单向节流阀　4—二位三通换向阀
6—二位五通换向阀　7、8—快速排气阀　9—三位五通换向阀

① 要换刀时，首先由系统发出指令，使主轴停止转动，同时4YA得电，压缩空气经气源三联件1、二位三通换向阀4、单向节流阀5中的节流阀进入缸A的右腔，使A的活塞左移，这个过程可以实现主轴的准停。

② 活塞杆压下SQ1时，6YA通电，压缩空气经二位五通换向阀6、快速排气阀8进入增压缸B的上腔，使活塞伸出，这个过程为主轴的松刀过程。

③ 当活塞杆下降碰到SQ3时8YA通电，压缩空气经三位五通换向阀9、单向节流阀11中的单向阀进入缸C的上腔，活塞及活塞杆下移实现拔刀过程。

④ 由回转刀库交换刀具，同时使得1YA通电，压缩空气经二位二通换向阀2、单向节流阀3向主轴锥孔吹气。

⑤ 一段时间以后 1YA 断电、2YA 通电，停止吹气，这个过程由定时器来实现。当停止吹气时 8YA 断电、7YA 通电，压缩空气经三位五通换向阀 9、单向节流阀 10 中的节流阀进入缸 C 的下腔，活塞及活塞杆上移，实现插刀的动作。

⑥ 当碰到 SQ6 时使 6YA 断电、5YA 通电，压缩空气经二位三通换向阀 6 进入增压缸 B 的下腔，使活塞及活塞杆退回，主轴通过特定的机械连接机构使刀具夹紧。

⑦ 当碰到 SQ4 时使 4YA 断电、3YA 通电，缸 A 的活塞复位，回到初始状态，此时一次换刀结束。

2）换刀气动系统常见故障及维修

① 主轴锥孔吹气时，把含有铁锈的水分子吹出，并附着在主轴锥孔和刀柄上，使刀柄和主轴接触不良。原因是压缩空气含有水分，解决方法：使用空气干燥机或在主轴锥孔吹气的路上进行两次水分过滤，设置自动放水装置，并对气路中相关零件进行防锈处理，故障排除。

② 主轴松刀动作缓慢，原因是气动系统压力太低或流量不足、机床主轴拉刀系统有故障、主轴松刀气缸有故障等。解决方法：首先检查气动系统的压力，再将机床操作转为手动状态，手动控制主轴松刀，发现系统压力下降明显，气缸活塞杆缓慢伸出，判定气缸内部漏气。打开气缸发现密封环破损，更换新的气缸后，故障排除。

（2）液压系统在数控铣床上的应用和常见故障排除

1）液压系统在数控铣床上的应用。液压系统具有传动功率大、效率高、运行安全可靠的优点。例如，某加工中心的液压系统工作原理如图 4-17 所示，在该加工中心中主要用于链式刀库的刀链驱动、上下移动主轴箱的配重、刀具的安装和主轴高低速的转换等辅助动作。

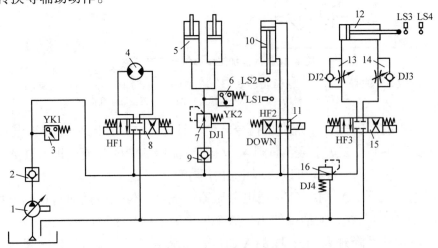

图 4-17　加工中心的液压系统工作原理图

1—液压泵　2、9—单向阀　3、6—压力开关　4—液压马达　5—配重液压缸　7、16—减压阀
8、11、15—换向阀　10—松刀缸　12—变速液压缸
13、14—单向节流阀　LS1、LS2、LS3、LS4—行程开关

① 换刀时，由双向液压马达 4 拖动刀链使所选刀位移动到机械手抓刀位置。液压马达的转向控制由双电控三位电磁阀 HF1 完成，具体转向由 CNC 进行运算后，发信给 PLC 控制 HF1，用 HF1 不同的得电方式对液压马达 4 进行不同转向的控制。刀链不需驱动时，HF1 失电，处于中位截止状态，液压马达 4 停止。刀链到位信号由感应开关发出。

② 为消除主轴箱自重对 Z 轴伺服电动机驱动 Z 向移动的精度和控制的影响，机床采用两个液压缸进行平衡。主轴箱向上移动时，高压油通过单向阀 9 和直动型减压阀 7 向平衡缸下腔供油，产生向上的平衡力；当主轴箱向下移动时，液压缸下腔高压油通过减压阀 7 进行适当减压。压力开关 YK2 用于检测平衡支路的工作状态。

③ 为了能够可靠地夹紧与快速更换刀具，采用液压缸使刀柄与主轴脱开。机床在不换刀时，单电控两位四通电磁换向阀 HF2 失电，控制高压油进入松刀缸 10 下腔，松刀缸 10 的活塞始终处于上位状态，感应开关（行程开关）LS2 检测松刀缸上位信号；当主轴需要换刀时，通过手动或自动操作使单电控两位四通电磁阀 HF2 得电换位，松刀缸 10 上腔通入高压油，活塞下移，使主轴抓刀爪松开刀柄拉钉，刀柄脱离主轴，松刀缸 10 运动到位后感应开关 LS1 发出到位信号并提供给 PLC 使用，协调刀库、机械手等机构完成换刀操作。

④ 液压系统中采用双电控三位四通电磁阀 HF3 控制液压油的流向，变速液压缸 12 通过推动拨叉控制变速箱交换齿轮的位置，来实现主轴高低速的自动转换。高速、低速齿轮位置信号分别由开关 LS3、LS4 向 PLC 发送。当机床停机时或控制系统出现故障时，液压系统通过双电控三位四通电磁阀 HF3 使变速齿轮处于原工作位置，避免高速运转的主轴传动系统产生硬件冲击损坏。单向节流阀 DJ2、DJ3 用以控制液压缸的速度，避免齿轮换位时的冲击振动。减压阀 16 用于调节变速液压缸 12 的工作压力。

2）液压系统的故障原因与维修

① 液压泵不供油或流量不足。如果是压力调节弹簧过松，可将压力调节螺钉顺时针转动使弹簧压缩，起动液压泵，调整压力。如果是吸油口堵塞，可清除堵塞物解决。如果是叶片在转子槽内卡死，可拆开液压泵进行修理。

② 液压泵发热、油温过高。液压泵工作压力超载，可调至额定工作压力解决。吸油管和系统回油管距离太近，可调整油管，使工作后的油不直接进入液压泵。摩擦引起机械损失泄漏，可检查或更换零件及密封圈。

③ 系统及工作压力低，运动部件爬行。如果是泄漏导致的故障，可检查漏油部件，修理或更换泄漏的管、接头或阀体解决。

④ 导轨润滑不良。分油器堵塞，可更换分油管解决。油管破裂或渗漏，可修理或更换油管解决。油路堵塞，可清除污物，使油路畅通。

⑤ 滚珠丝杠润滑不良。如果是分油管不分油，可检查分油器。如果是油管堵塞，

可清除污物，使油路畅通。

⑥ 液压泵有异常噪声或压力不足。如果是液压泵转速过高或液压泵装反，可按规定方向安装转子解决。如果是液压泵与电动机连接的同轴度差，可把同轴度控制在 0.05mm 内。如果是泵与其他机械共振，可更换缓冲胶垫解决。

4. 系统常见故障

（1）FANUC 系统故障诊断　FANUC 各系统的基本设计思路相同，因此故障诊断的方法十分相近，根据不同的故障情况，该系统的常见故障诊断方法如下：

1）电源不能接通的故障。

① 电源指示灯不亮，可能的原因如下：

a. CNC 电源没有接入，应根据机床生产厂家的电气原理图，检查机床中与 CNC 电源输入有关的电路。

b. 若有电源，应检查电源输入熔丝是否熔断。

c. 以上都正常的话，应检查输入单元的辅助电源控制回路的熔丝是否熔断，辅助电源控制回路是否存在故障。

② 电源指示灯亮，报警指示灯不亮，而系统不能上电，可能的原因如下：

a. 电气柜门"互锁"触点闭合。

b. 外部电源切断 E-OFF 闭合。

c. MDI/CRT 单元上的电源切断，OFF 按钮触点闭合。

d. MDI/CRT 单元上的电源接通，ON 按钮触点短时闭合。

e. 输入单元元器件损坏。

③ 电源指示灯与报警指示灯同时亮。报警指示灯亮，表明系统的控制电源回路或外部存在报警，可能的原因如下：

a. 电源模块的 +24V/±15V/+5V 电源故障。

b. CP1 -5/6 的连接错误。

2）不能进行手动操作时，可以按图 4-18 所示的步骤进行检查。不同系列的系统，各检测信号及参数的地址有所不同，具体可参照该图进行检查。

（2）SIEMENS 数控系统的故障诊断

1）硬件故障的诊断

① 电源模块的故障诊断可取下电源模块，检查各电子元器件的外观，检查电源输入熔丝是否熔断，在此基础上再根据原理图逐一检查各元器件。

② 显示系统的故障一般为显示驱动线路的不良引起的，维修时应重点针对显示驱动线路进行检查。视频板故障时一般有以下现象：屏幕无任何显示；系统无法启动；当按住系统面板上的诊断键接通系统电源启动时，面板上方的 4 个指示灯闪烁；屏幕图像不完整；显示器有光栅，但屏幕无图像。

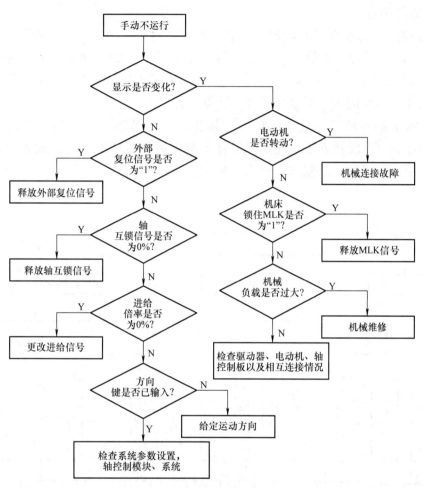

图 4-18　不能进行手动操作的故障诊断步骤

③ CPU 板的故障有如下现象：屏幕无任何显示，系统无法启动，CPU 板上的报警指示红灯亮；系统不能通过自检，屏幕上有图像显示，但不能进入 CNC 正常画面；屏幕有图像显示，能进入 CNC 画面，但不响应键盘的任何按键；不能进行通信。当 CPU 板发生故障时，维修很困难，一般情况下只能更换新的 CPU 备件板。

④ 接口板故障时，一般有如下现象出现：系统死机，无法启动；接口板上的系统软件与 CPU 板上的系统软件不匹配，导致系统死机或报警；PLC 输入 / 输出无效；电子手轮无法正常工作。当接口板发生故障时，维修很困难，一般情况下只能更换新的接口板。

⑤ 存储器板发生故障时，若通过更换软件仍然不能排除故障，则应换上备用的存储器板。

⑥ 位置控制板发生故障时，一般应先检查测量系统的接口电路，包括编码器输

入信号的接口电路、位置给定输出的 D/A 转换器回路等。在现场不能修理时，应换上一块新的备用板。

2）软件故障的维修：SIEMENS 系统的软件设计较复杂，功能也较强，通常都要用编程器、计算机进行安装与调试。包括 PLC 程序在内的大量数据都是存储在电池供电的 RAM 之中，这些数据一旦丢失，必须对机床进行重新调整，甚至需要重新编制 PLC 程序，因此应重视对系统软件及数据的保护。

数控机床是一种典型复杂的机电一体化产品，各部件都有自身的特点，可以采用不同的维护手段和方法，达到从整体上维护数控机床的目的。故障诊断流程如图 4-19 所示，可供数控维修和操作人员参考。

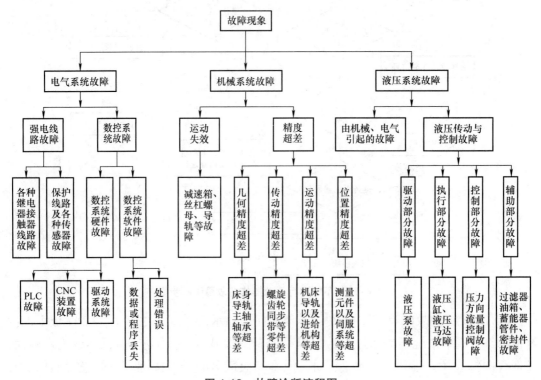

图 4-19　故障诊断流程图

5. 数控机床操作者规程

1）数控机床操作人员必须掌握相应机床的专业知识，且必须按安全操作规程操作机床。

2）操作人员在上岗操作前还应由技术人员按所用机床进行专题操作培训。熟悉说明书及机床结构、性能、特点，掌握操作盘上的仪表、开关、按钮，严禁盲目操作和误操作。

3）机床发生故障时，操作人员应该注意保留现场，并向维修人员如实说明出现故障前后的情况，以利于维修人员进行分析、诊断故障原因，及时排除故障，减少停机时间。

4）发生故障后，操作人员应记录故障现象、故障部位及机床控制系统有无异常。

5）发生精度超差或轮廓误差过大时，操作人员应记录被加工工件号，并保留不合格工件。

6）若系统有报警显示，操作人员应记录系统报警显示情况与报警号。

7）操作人员还要记录故障发生时的环境情况，便于维修人员查明故障原因。

4.3.2　数控铣床的报警信息

数控铣床的报警信息此处以 FANUC 系统报警信息为例。

1. 程序报警 (P/S 报警) 信息

000　修改后须断电才能生效的参数，参数修改完整后应该断电。

001　TH 报警，外设输入的程序格式错误。

002　TV 报警，外设输入的程序格式错误。

003　输入的数据超过了最大允许输入的值。参考编程部分的有关内容。

004　程序段的第一个字符不是地址，而是一个数字或 "-"。

005　一个地址后面跟着的不是数字，而是另外一个地址或程序段结束符。

006　符号 "-" 使用错误（"-" 出现在一个不允许有负值的地址后面，或连续出现了两个 "-"）。

007　小数点，"." 使用错误。

009　一个字符出现在不能够使用该字符的位置。

010　指令了一个不能用的 G 代码。

011　一个切削进给没有被给出进给率。

014　程序中出现了同步进给指令（本机床没有该功能）。

015　企图使四个轴同时运动。

020　圆弧插补中，起始点和终点到圆心的距离的差大于 876 号参数指定的数值。

021　圆弧插补中，指定了不在圆弧插补平面内的轴的运动。

029　H 指定的偏置号中的刀补补偿值太大。

030　使用刀具长度补偿或半径补偿时，H 指定的刀具补偿号中的刀具补偿值太大。

033　编程了一个刀具半径补偿中不能出现的交点。

034　圆弧插补出现在刀具半径补偿的起始或取消的程序段。

037　企图在刀具半径补偿下使用 G17、G18 或 G19 改变平画选择。

038　在半径补偿模态下，圆弧的起点或终点和圆心重合，因此将产生过切削的情况。

041　刀具半径补偿时将产生过切削的情况。

043　指令了一个无效的 T 代码。

044　固定循环模态下使用 G27、C28 或 G30 指令。

046　G30 指令中 P 地址被赋予了一个无效的值（对于本机床只能是 2）。

051　自动切角或自动圆角程序段后出现了不可能实现的运动。

052　自动切角或自动圆角程序段后的程序段不是 G01 指令。

053　自动切角或自动圆角程序段中，符号"."后面的地址不是 C 或 R。

055　自动切角或自动圆角程序段中，运动距离小于 C 或 R 的值。

060　在顺序号搜索时，指令的顺序号没有找到。

070　程序存储器满。

071　被搜索的地址没有找到，或程序搜索时，没有找到指定的程序号。

072　程序存储器中程序的数量满。

073　输入新程序时企图使用已经存在的程序号。

074　程序号不是 1 至 9999 之间的整数。

076　子程序调用指令 M98 中没有地址 P。

077　子程序嵌套超过三重。

078　M98 或 M99 中指令的程序号或顺序号不存在。

085　由外部输入程序时，输入的格式或波特率不正确。

086　使用读带机 / 穿孔机接口进行程序输入时，外设的准备信号被关断。

087　使用读带机 / 穿孔机接口进行程序输入时，虽然指定了读入停止，但读过了 10 个字符后，输入不能停止。

090　由于距离参考点太近或速度太低而不能正常执行恢复参考点的操作。

091　自动运转暂停时（有剩余移动量或执行辅助功能时）进行了手动返回参考点。

092　G27 指令中，指令位置到达后发现不是参考点。

100　PWE =1，提示参数修改完毕后将 PWE 置零，并按 RESET 键。

101　在编辑或输入程序过程中，NC 刷新存储器内容时电源被关断。当该报警出现时，应将 PWE 置 1，关断电源，再次打开电源时按住 DELETE 键以清除存储器中的内容。

131　PMC 报警信息超过 5 条。

179　597 号参数设置的可控轴数超出了最大值。

224　第一次返回参考点前企图执行可编程的轴运动指令。

2. 伺服报警信息

400　伺服放大器或电动机过载。

401　速度控制器准备好信号（VRDY）被关断。

404　VRDY 信号没有被关断，但位置控制器准备好信号（PRDY）被关断。正常情况下，VRDY 和 PRDY 信号应同时存在。

405　位置控制系统错误，由于 NC 或伺服系统的问题使返回参考点的操作失败。重新进行返回参考点的操作。

410　X 轴停止时，位置误差超出设定值。

411　X 轴运动时，位置误差超出设定值。

413　X 轴误差寄存器中的数据超出极限值，或 D/A 转换器接收的速度指令超出极限值（可能是参数设置的错误）。

414　X 轴数字伺服系统错误，检查 720 号诊断参数并参考伺服系统手册。

415　X 轴指令速度超出 511875 检测单位 /s，检查参数 CMR。

416　X 轴编码器故障。

417　X 轴电动机参数错误，检查 8120、8122、8123、8124 号参数。

420　Y 轴停止时，位置误差超出设定值。

421　Y 轴运动时，位置误差超出设定值。

423　Y 轴误差寄存器中的数据超出极限值，或 D/A 转换器接受的速度指令超出极限值（可能是参数设置的错误）。

424　Y 轴数字伺服系统错误，检查 721 号诊断参数并参考伺服系统手册。

425　Y 轴指令速度超出 511875 检测单位 /s，检查参数 CMR。

426　Y 轴编码器故障。

427　Y 轴电动机参数错误，检查 8220、8222、8223、8224 号参数。

430　Z 轴停止时，位置误差超出设定值。

431　Z 轴运动时，位置误差超出设定值。

433　Z 轴误差寄存器中的数据超出极限值，或 D/A 转换器接受的速度指令超出极限值（可能是参数设置的错误）。

434　Z 轴数字伺服系统错误，检查 722 号诊断参数并参考伺服系统手册。

435　Z 轴指令速度超出 511875 检测单位 /s，检查参数 CMR。

436　Z 轴编码器故障。

437　Z 轴电动机参数错误，检查 8320、8322、8323、8324 号参数。

3. 超程报警信息

510　X 轴正向软极限超程。

511　X 轴负向软极限超程。

520　Y 轴正向软极限超程。

521　Y轴负向软极限超程。

530　Z轴正向软极限超程。

531　Z轴负向软极限超程。

4. 过热报警及系统报警信息

700　NC 主印制电路板过热报警。

704　主轴过热报警。

4.4　数控铣床的大修、可编程逻辑控制器、参数信息及合理调整

4.4.1　数控机床的大修方法和相关网络接口技术

1. 数控机床的三种修理方法

根据数控机床中的各种零件到达磨损极限的情况各不相同，通常将修理划分为三种，即小修、中修和大修。

（1）小修　主要内容是更换易损零件，排除故障，调整精度，可能发生局部不太复杂的拆卸工作，在现场就地进行，以保证数控机床正常运转。

（2）中修　主要内容不涉及基准零件的修理，主要修复或更换已磨损或已到期的零件，校正坐标，恢复精度及各项技术性能，只需局部解体，并且仍然在现场就地进行。

（3）大修　大修主要是根据数控机床的基准零件已到磨损极限，电子元器件的性能已严重下降，而且大多数易损零件也已用到规定时间，数控机床的性能已全面下降而确定。大修时需将数控机床全部解体，一般需将数控机床拆离基础，在专用场所进行。大修包括修理基准件，修复或更换所有磨损或已到期的零件，校正坐标，恢复精度及各项技术性能，重新喷油漆。此外，结合大修可进行必要的改装。

1）大修质量标准的原则。

① 以出厂标准为基础。

② 对有些磨损严重、已难以修复到出厂精度标准的机床设备，如由于某种原因需大修时，可按出厂标准适当降低精度，但仍应满足修后加工产品和工艺要求。

③ 大修后的设备性能和精度应满足产品工艺要求，并有足够的精度储备。

④ 达到环境保护法和劳动安全法的规定要求。

2）设备大修质量标准和内容：目前我国尚无统一的修理质量等级评定方案，各企业可根据情况制定方案。表4-2是某机械厂设备大修方案，仅供参考。

表 4-2　韩国 DAEWOO DMH-500 卧式加工中心大修方案示例

项目	具体内容
机床主要问题	1. 系统、电气、线路问题 （1）机床 FANUC 系统版本较老（或已停产）、油污多故障频繁，需要清洁和维护 （2）机床电气元件及线路已老化严重，容易引起电气短路，需要更换不良线路及重新排布（包括但不限于轴卡模块和伺服电动机的动力线和反馈线） （3）电气柜在夏天温度湿度很高，容易引起系统报警，需要加装电气柜空调 2. 主要机械问题 （1）X/Y/Z 轴导轨磨损严重，需要高频淬火后研磨导轨 （2）X/Y/Z 轴贴塑磨损，需要更换 （3）工作台面多年使用精度不良，需要研磨 （4）导轨润滑系统老化不良，需要更换（包括分油排和管路） （5）轴移动有异响，更换滚珠丝杠及更换丝杠两端轴承 （6）液压电磁阀要清洗，不良的要更换 （7）外部管线老化，需要更换（油管和冷却水管） （8）机床钣金多处变形、缺损、掉漆，需要更换和整机外观整体喷漆
大修内容及要求	1. X/Y/Z 轴高频淬火并对导轨进行研磨 2. 铲刮 X/Y/Z 轴贴塑 3. 更换 X/Y/Z 轴丝杠滚珠及轴承 4. 主轴更换轴承、锥孔研磨及主轴调校 5. 维修 B 轴，调整更换密封圈 6. 维修刀库及换刀机构 7. 更换液压泵及液压油管 8. 清洗电磁阀及油箱 9. 更换气路元件气管 10. 更换润滑油路油泵及分配器 11. 更换交换工作台操作单元 12. 清洁伺服系统硬件 13. 加装电气柜空调 14. 检查电气箱线路及元器件 15. 检查外部电缆 16. 更换照明灯 17. 整机钣金、水箱防漏 18. 更换水泵及水管 19. 整机钣金整形、喷漆 20. 机床总装调试
验收标准	使用方验收内容包括静态几何精度和循圆测量，进行零件试加工 1. 调整机床几何精度及安装（按精度检测表验收） X/Y/Z 轴激光定位精度检测（定位精度保证在 ±0.005mm 内） 2. 做循圆测量并试切零件（按精度表检测加工精度） 3. 总验收及标准 （1）静态几何精度是否合格 （2）定位精度是否合格 （3）试切件是否合格 （4）自动换刀是否合格（100 次连续） （5）交换工作台是否合格（50 次连续） （6）连续工作 12h 无故障 （7）无漏油漏水

注：此大修标准按照使用方提出要求制定，完成后按使用标准进行验收后达到标准精度。

2. 网络接口技术

数控机床的通信技术是以计算机网络技术为基础的，是计算机网络物理层的具体体现。

数控机床和计算机连接有两种方法：

1）数控机床没有网络接口，只能使用自带的 COM 接口连上插接线与计算机的 COM 接口连接。

2）数控机床带有网络接口，那么就可以使用网线连接到交换机或者路由器，而计算机也连接了交换机或者路由器，那么数控机床和计算机就可以进行连接。

RS-232 通信电缆如图 4-20 所示。

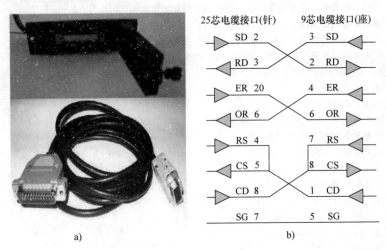

图 4-20　RS-232 通信电缆连接图

a）RS-232 通信电缆　b）25 芯和 9 芯电缆接口连接图

为了对没有网络接口的老式数控机床实现网络化管理，采用 STC15L2K40S2 高速单片机和 ENC28J60 以太网控制器设计出了一款高性价比的数控机床网络接口模块。该模块利用数控机床的 RS-232 串口扩展到以太网网络，在 ENC28J60 上实现了 UIP 协议栈，可以实现自动分配 IP 地址和屏蔽数控机床具体通信细节，使用方便、操作简单，投入使用获得了较好的效果。

4.4.2　可编程逻辑控制器（PLC）

1. 数控机床 PLC 形式

数控机床用 PLC 可分为两类：一类是专为实现数控机床顺序控制而设计制造的内装型 PLC；另一类是那些输入 / 输出接口技术规范、输入 / 输出点数、程序存储容量及运算和控制功能等均能满足数控机床控制要求的独立型 PLC。

（1）内装型 PLC　PLC 从属于 CNC 装置，PLC 与 NC 间的信号传送在 CNC 装置内部即可实现。PLC 与 MT（机床侧）则通过 CNC 输入 / 输出接口电路实现信号传送，如图 4-21 所示。

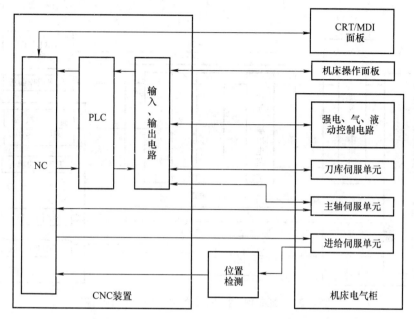

图 4-21　有内装型 PLC 的 CNC 机床系统框图

（2）内装型 PLC 特点

1）内装型 PLC 实际上是 CNC 装置带有 PLC 功能，一般作为一种基本的功能提供给用户。

2）内装型 PLC 的性能指标根据所从属的 CNC 系统的规格、性能、适用机床的类型等确定。该系统硬件和软件整体结构十分紧凑，PLC 所具有的功能针对性强，技术指标较合理、实用，适用于单台数控机床及加工中心等场合。

3）在系统的结构上，内装型 PLC 可与 CNC 共用 CPU，也可单独使用一个 CPU，PLC 控制部分及部分 I/O 电路所用电源，由 CNC 装置提供，不另备电源。

（3）独立型 PLC　又称通用型 PLC。独立型 PLC 不从属于 CNC 装置，具有完备的硬件和软件功能，能够独立完成规定的控制任务。采用独立型 PLC 的数控机床系统框图如图 4-22 所示。

（4）独立型 PLC 特点

1）独立型 PLC 的基本功能结构与前所述的内装型 PLC 完全相同。

2）数控机床应用的独立型 PLC，一般采用中型或大型 PLC，I/O 点数一般在200 点以上，所以多采用积木式模块化结构，具有安装方便，功能易于扩展和变换等优点。

3）独立型 PLC 的输入／输出点数可以通过输入／输出模块的增减灵活配置。有的独立型 PLC 还可通过多个远程终端连接器，构成有大量输入／输出点的网络，以

项目
4

实现大范围的集中控制。

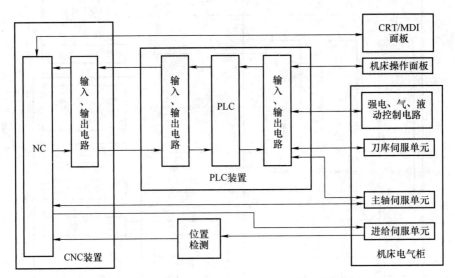

图 4-22　具有独立型 PLC 的数控机床系统框图

2. PLC 基本工作方式

PLC 的基本工作方式是顺序执行用户程序，每一时刻执行一条指令，由于相对于外部电气信号有足够的执行速度，从宏观上看是实时响应的。对用户程序的执行一般有循环扫描和定时扫描两种。扫描过程分三个阶段：输入采样阶段、程序执行阶段、输出刷新阶段，如图 4-23 所示。

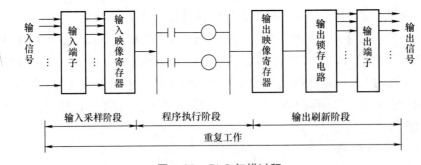

图 4-23　PLC 扫描过程

PLC 执行完上述的三个阶段称为一个扫描周期，扫描周期因 PLC 的机型和程序中采用各类指令的组成比例而异，一般执行 1000 条指令时间为 1～20ms。

4.4.3　数控铣床的参数信息与合理调整

1. 数控铣床参数的概念和修改

数控铣床的参数是指完成数控系统与机床结构和机床各种功能的匹配数值。

（1）参数分类

1）保密参数：系统厂家没有公开内容的参数。

2）一般参数：机床配置及功能参数，轴数、轴性质、穿行接口定义和编程功能等。

3）PLC 参数：计时器参数、计数器参数、保持继电器参数等。

参数恢复时，先恢复系统参数，之后重新启动系统再恢复 PLC 参数。

（2）参数显示步骤

1）按功能键 SYSTEM。

2）选择参数软件。

3）使用翻页键或光标键。

4）使用检索：输入参数号码，按检索键。

（3）参数修改

1）选择 MDI 方式或急停。

2）打开参数写保护。

① 按功能键 OFFSET/SETTING 键。

② 按软键 SETTING 键。

③ 修改第一项的写保护（改为 1）。

3）按 SYSTEM 参数，找到期望修改的参数号。

4）修改完毕将写保护设为 0。

2．修改参数解决机床报警故障的示例

（1）示例一　一台 FANUC 0M 数控系统加工中心，主轴在换刀过程中，在主轴与换刀臂接触的一瞬间，发生接触碰撞异响故障。分析故障原因是因为主轴定位不准，造成主轴头与换刀臂吻合不好，无疑会引起机械撞击声，两处均有明显的撞伤痕迹。经查，换刀臂与主轴头均无机械松动，且换刀臂定位动作准确，故采用修改 N6577 参数值解决，即将原数据 1525 改为 1524 后，故障排除。

（2）示例二　一台 FANUC 0MC 立式数控系统加工中心，由于绝对位置编码电池失效，导致 X、Y、Z 轴丢失参考点，必须重新设置参考点。

1）将 PWE "0" 改为 "1"，更改参数 NO.76.1 = 1，NO.22 改为 00000000，此时 CRT 显示 "300" 报警，即 X、Y、Z 轴必须手动返回参考点。

2）关机再开机，利用手轮将 X、Y 轴移至参考点位置，改变参数 NO.22 为 00000011，则表示 X、Y 轴已建立了参考点。

3）将 Z 轴移至参考点附近，在主轴上安装一刀柄，然后手动操纵机械手臂，使其完全夹紧刀柄。此时将参数 NO.22 改为 00000111，即 Z 轴建立参考点。将 NO.76.1 设为 "00"，PWE 改为 0。

4）关机再开机，用 "G28 X0，Y0，Z0" 核对机械参考点。

（3）示例三　机床风扇报警，若无法调换备件，可以修改一下参数8901，将风扇报警取消，暂时先开机加工，有备件时再更换（FANUC 18 OR FANUC 16 OR FANUC 0I SYSTEM）。

3. 机床常用参数信息

（1）显示和编辑参数信息

3102/3 CHI 汉字显示

3104/3 PPD 自动设坐标系时相对坐标系清零

3104/4 DRL 相对位置显示是否包括刀长补偿量

3104/5 DRC 相对位置显示是否包括刀径补偿量

3104/6 DRC 绝对位置显示是否包括刀长补偿量

3104/7 DAC 绝对位置显示是否包括刀径补偿量

3105/0 DPF 显示实际进给速度

3105/3 DPS 显示实际主轴速度和 T 代码

3106/4 OPH 显示操作履历

3106/5 SOV 显示主轴倍率值

3106/7 OHS 操作履历采样

3107/4 SOR 程序目录按程序序号显示

3107/5 DMN 显示 G 代码菜单

3109/1 DWT 几何 / 磨损补偿显示 G/W

3111/0 SVS 显示伺服设定画面

3111/1 SPS 显示主轴调整画面

3111/5 OPM 显示操作监控画面

3111/6 OPS 操作监控画面显示主轴和电动机的速度

3111/7 NPA 报警时转到报警画面

3112/0 SGD 波形诊断显示生效（程序图形显示无效）

3112/5 OPH 操作履历记录生效

3122 操作履历画面上的时间间隔

3203/7 MCL MDI 方式编辑的程序是否能保留

3290/0 WOF 用 MDI 键输入刀偏量

3290/2 MCV 用 MDI 键输入宏程序变量

3290/3 WZO 用 MDI 键输入工件零点偏移量

3290/4 IWZ 用 MDI 键输入工件零点偏移量（自动方式）

3290/7 KEY 程序和数据的保护键

（2）编程参数信息

3202/0 NE8 O8000—8999 程序的保护

3202/4 NE9 O9000—9999 程序的保护

3401/0 DPI 小数点的含义

3401/4 MAB MDI 方式 G90/G91 的切换

3401/5 ABS MDI 方式用该参数切换 G90/G91

（3）螺距误差补偿参数信息

3620 各轴参考点的补偿号

3621 负方向的最小补偿点号

3622 正方向的最大补偿点号

3623 螺补量比率

3624 螺补间隔

（4）刀具补偿参数信息

3109/1 DWT G，W 分开

3290/0 WOF MDI 设磨损值

3290/1 GOF MDI 设几何值

5001/0 TCL 刀长补偿 A，B，C

5001/1 TLB 刀长补偿轴

5001/2 OFH 补偿号地址 D，H

5001/5 TPH G45-G48 的补偿号地址 D，H

5002/0 LD1 刀补值为刀号的哪位数

5002/1 LGN 几何补偿的补偿号

5002/5 LGC 几何补偿的删除

5002/7 WNP 刀尖半径补偿号的指定

5003/6 LVC/LVK 复位时删除刀偏量

5003/7 TGC 复位时删除几何补偿量（#5003/6=1）

5004/1 ORC 刀偏值半径 / 直径指定

5005/2 PRC 直接输入刀补值用 PRC 信号

5006/0 OIM 公 / 英制单位转换时自动转换刀补值

5014 最大的磨损补偿增量值

（5）主轴参数信息

3701/1 ISI 使用串行主轴

3701/4 SS2 用第二串行主轴

3705/0 ESF S 和 SF 的输出

3705/1 GST SOR 信号用于换档 / 定向

3705/2 SGB 换档方法 A，B

3705/4 EVS S 和 SF 的输出

3706/4 GTT 主轴速度档数（T/M 型）

3706/6，7 CWM/TCW M03/M04 的极性

3708/0 SAR 检查主轴速度到达信号

3708/1 SAT 螺纹切削开始检查 SAR

3730 主轴模拟输出的增益调整

3731 主轴模拟输出时电压偏移的补偿

3732 定向 / 换档的主轴速度

3735 主轴电动机的允许最低速度

3736 主轴电动机的允许最高速度

3740 检查 SAR 的延时时间

3741 第一档主轴最高速度

3742 第二档主轴最高速度

3743 第三档主轴最高速度

3744 第四档主轴最高速度

3751 第一至第二档的切换速度

3752 第二至第三档的切换速度

3771 G96 的最低主轴速度

3772 最高主轴速度

4019/7 主轴电动机初始化

光栅生效 NO.1815.1=1 FSSB 开放相应接口。

（6）进给轴控制相关参数信息

1423 手动速度

1424 手动快进

1420 G00 快速

1620 加减速时间

1320 软件限位

（7）回零相关参数信息

1620 快进减速时间 300ms

1420 快进速度 10m/min

1425 回零慢速

1428 接近挡铁的速度

1850 零点偏置

（8）SP 调整参数信息

3701.1=1 屏蔽主轴

4020 电动机最大转速

3741 主轴低档转速（最高转速）

3742 主轴高档转速（最高转速）

4019.7=1 自动设定 SP 参数（即主轴引导）

4133 主电动机代码

3111.6=1 显示主轴速度

3111.5=1 显示负载监视器

4001.4 主轴定位电压极性（定位时主轴转向）

3705.1=1 SOR 用于换档

3732=50 换档速度

4076=33 定位速度

4002.1=1 外接编码器生效

4077 定位脉冲数（主轴偏置）

3117.0=1 显示主轴负载表

Chapter 5

项目 5 难切削材料和复杂特形工件铣削加工

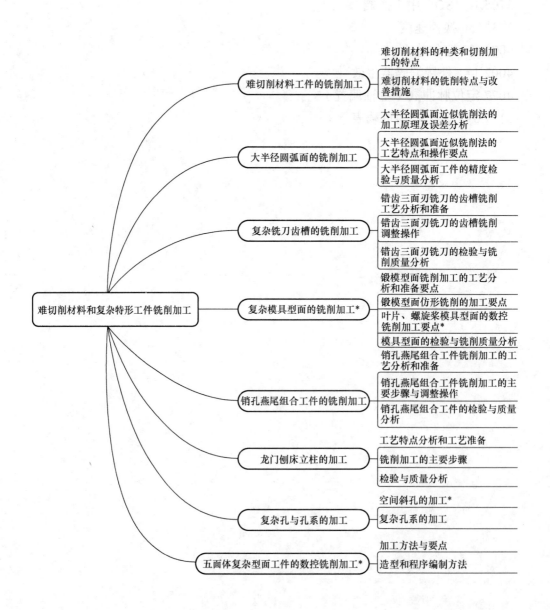

难切削材料和复杂特形工件铣削加工

- 难切削材料工件的铣削加工
  - 难切削材料的种类和切削加工的特点
  - 难切削材料的铣削特点与改善措施

- 大半径圆弧面的铣削加工
  - 大半径圆弧面近似铣削法的加工原理及误差分析
  - 大半径圆弧面近似铣削法的工艺特点和操作要点
  - 大半径圆弧面工件的精度检验与质量分析

- 复杂铣刀齿槽的铣削加工
  - 错齿三面刃铣刀的齿槽铣削工艺分析和准备
  - 错齿三面刃铣刀的齿槽铣削调整操作
  - 错齿三面刃铣刀的检验与铣削质量分析

- 复杂模具型面的铣削加工*
  - 锻模型面铣削加工的工艺分析和准备要点
  - 锻模型面仿形铣削的加工要点
  - 叶片、螺旋桨模具型面的数控铣削加工要点*
  - 模具型面的检验与铣削质量分析

- 销孔燕尾组合工件的铣削加工
  - 销孔燕尾组合工件铣削加工的工艺分析和准备
  - 销孔燕尾组合工件铣削加工的主要步骤与调整操作
  - 销孔燕尾组合工件的检验与质量分析

- 龙门刨床立柱的加工
  - 工艺特点分析和工艺准备
  - 铣削加工的主要步骤
  - 检验与质量分析

- 复杂孔与孔系的加工
  - 空间斜孔的加工*
  - 复杂孔系的加工

- 五面体复杂型面工件的数控铣削加工*
  - 加工方法与要点
  - 造型和程序编制方法

5.1　难切削材料工件的铣削加工

5.1.1　难切削材料的种类和切削加工的特点

1. 难切削材料的分类

（1）难切削金属材料　随着现代工业的飞速发展，应用于机械零件和各类模具的金属材料有了许多新品种，还有许多国外的新品种金属材料。这些金属材料往往具有强度高、抗氧化能力强、耐高温等特点。通常这些材料中含有各种合金元素，使切削加工十分困难，也因此被称为难切削材料。

与一般材料相比较，难切削金属材料的切削加工性能差主要反映在以下几个方面：

1）刀具寿命低，使得刀具在较短的时间内进入急剧磨损区，失去原有的切削能力。

2）切屑的形成和排出比较困难，切屑的形状、大小不规则，颜色与一般金属材料不同，排屑的方向不稳定。

3）切削力与单位切削功率大，与一般材料余量相等的切削层，材料的变形抗力增大，切削时刀具与机床的振动大，切削速度受到较大限制。

4）加工表面的质量差，表面粗糙度值增大，即使在较小的切削余量情况下，也较难达到所要求的表面粗糙度要求。

工件材料的切削加工性能还可以与 45 钢的切削加工性能相比较，以相对切削加工性系数表示。在实际生产中，衡量切削性能难易程度时，可与一般的金属材料切削性能相比较，只要上述几方面中有一项较明显，便应在切削时按难切削材料进行分析，采取相应的措施。

常用的难切削材料有高锰钢、淬火钢、高强度钢、不锈钢、钛合金以及纯金属（如纯铜）等。

（2）难切削复合材料和高分子材料　现代工业还应用一些新型的工程材料，如碳纤维、高分子材料等。

1）碳 / 碳复合材料的基体和增强体是碳或石墨，最显著的特点是耐高温、低密度。这种材料保持了碳和石墨耐高温、抗热振、导热性能好、弹性模量高、化学惰性与强度随温度升高而增强等优点，克服了碳和石墨韧性差、对裂纹敏感、性能易变等缺点，大大提高了韧性和强度，降低了热胀系数。增强碳可以是不同类型的碳（或石墨）纤维或织物，在碳 / 碳复合材料中起到骨架和增强剂的作用，基体碳起到黏结作用。这种材料的工程应用日趋成熟，是航天、航空工业中关键部位零件最理想的耐烧灼、防热材料。

2）高分子材料按照材料应用功能分类，分为通用高分子材料、特种高分子材料和功能高分子材料三大类。通用高分子材料指能够大规模工业化生产，已普遍应用于建筑、交通运输、农业、电气电子工业等国民经济主要领域和人们日常生活的高分子材料。这其中又分为塑料、橡胶、纤维、黏结剂、涂料等不同类型。

① 橡胶是一类线型柔性高分子聚合物，在外力作用下可产生较大形变，除去外力后能迅速恢复原状，有天然橡胶和合成橡胶两种。

② 纤维分为天然纤维和化学纤维。纤维的次价力大、形变能力小、模量高，一般为结晶聚合物。

③ 塑料的分子间次价力、模量和形变量等介于橡胶和纤维之间。通常按合成树脂的特性分为热固性塑料和热塑性塑料；按用途又分为通用塑料和工程塑料。

高分子材料和另外不同组成、不同形状、不同性质的物质复合黏结而成的多相材料称为高分子复合材料，其最大优点是博各种材料之长，如高强度、质轻、耐温、耐腐蚀、绝热、绝缘等性质，根据应用目的，选取高分子材料和其他具有特殊性质的材料，制成满足需要的复合材料。高分子复合材料分为两大类：高分子结构复合材料和高分子功能复合材料。这种复合材料的比强度和比模量比金属还高，是国防、尖端技术方面不可缺少的材料。

高分子材料通常采用成形加工。在成形过程中，聚合物有可能受温度、压强、应力及作用时间等变化的影响，导致高分子降解、交联以及其他化学反应，使聚合物的聚集态结构和化学结构发生变化。因此，加工过程不仅决定高分子材料制品的外观形状和质量，而且对材料超分子结构和织态结构甚至链结构有重要影响。

碳复合材料和高分子材料一般采用成形加工方法，必须进行切削加工的部位，通常采用数控机床进行加工。

2. 影响难切削材料切削加工性能的主要因素

影响难切削材料切削加工性能的主要因素包括：强度和硬度、塑性和韧性、传热系数、加工硬化现象等物理力学性能。

（1）硬度和加工硬化现象　材料的切削加工性能随着材料硬度的提高而变差。高强度钢、淬火钢等难切削材料硬度比较高，而不锈钢、高温合金钢和某些高锰钢的切削加工硬化现象严重。材料硬度高、加工硬化现象严重，会导致切应力增大，使切削力增大，切削温度升高，刀具磨损加快，从而影响难切削材料的切削加工性能。

（2）强度和热强度　难切削材料的强度一般都很高，有些合金材料（如镍基合金）在一定温度时，抗拉强度会达到最大值。材料强度高，导致切削时切入阻力增大，因而所需的切削力和切削功率增大，切削时的温度也很高，刀具磨损加快，从而影响难切削材料的切削加工性能。

（3）塑性和韧性　塑性好的材料，其塑性变形抗力增大，故切削力也增大，切削时产生的温度很高，刀具容易发生黏结磨损和扩散磨损，致使工件表面粗糙度值增大，刀具寿命降低。塑性较差的难加工材料（如钛合金），由于塑性变形小，切屑与刀具前刀面接触长度短，切削负荷集中在刀具切削刃上，使刀尖、切削刃附近温度升高，从而加剧了刀具的磨损。由此可见，塑性较好和较差的难切削材料均会使其切削加工性能变差。材料的韧性主要影响断屑，由于铣削是断续切削，因此影响比较小。

（4）热导率　难切削材料的热导率较低，因此切削热的传递比较困难，不容易通过工件散热，也难被切屑带走，切削过程中所产生的热量集中在切削刃附近，从而加快了刀具磨损，影响材料的切削加工性能。

3. 难切削材料分级与分类

（1）难切削材料的分级　难切削材料可按其相对切削加工性进行分级，切削加工性是指切削加工材料的难易程度，通常将材料的切削加工性分为 8 级。材料的切削加工性通过相对切削加工性系数 K_r 判定，相对切削加工性系数 K_r 按下式计算确定

$$K_r = \frac{v_L}{v_J} \tag{5-1}$$

式中　K_r——相对切削加工性系数；

　　　　v_L——与切削基准材料（45 钢）相同条件下切削其他材料所能达到的切削速度（m/min）；

　　　　v_J——基准材料在一定刀具寿命条件下所能达到的切削速度（m/min）。

当 $K_r > 1$ 时，表明该种材料比 45 钢易切削；当 $K_r < 1$ 时，表明比 45 钢难切削。

1）稍难切削材料：其相对切削加工性系数为 0.65 ～ 1.00，代表性材料有调质 2Cr13（R_m = 834MPa）和调质 85 钢（R_m = 883MPa）。

2）较难切削材料：其相对切削加工性系数为 0.50 ～ 0.65，代表性材料有调质 40Cr（R_m = 1030MPa）和调质 65Mn（R_m = 932 ～ 981MPa）。

3）难切削材料：其相对切削加工性系数为 0.15 ～ 0.50，代表性材料：调质 50CrV、12Cr18Ni9Ti、某些钛合金。

4）很难切削材料：其相对切削加工性系数小于 0.15，代表性材料某些钛合金、铸造镍基合金。

（2）典型难切削材料的分类

1）不锈钢的分类。不锈钢有马氏体不锈钢、铁素体不锈钢、奥氏体不锈钢和奥氏体 - 铁素体不锈钢等类型。典型的马氏体不锈钢有 12Cr13、20Cr13、30Cr13、40Cr13、95Cr18 等，马氏体不锈钢在退火状态下和硬度在 38HRC 以上时切削加工比较困难。典型的铁素体不锈钢有 06Cr13、10Cr17Ti 等，铁素体不锈钢中 Cr 的质量分数在 20% ～ 30% 时加工比较困难。典型的奥氏体不锈钢有 06Cr19Ni10、

Y12Cr18Ni9、17Cr18Ni9 等，其切削加工性比较差。典型的奥氏体 - 铁素体不锈钢有 12Cr21Ni5Ti 等，其切削加工性能比奥氏体不锈钢更差。

2）高温合金的分类。高温合金按成分可分为镍基高温合金、铁基高温合金和钴基高温合金；按生产工艺可分为变形高温合金和铸造高温合金两大类。典型的镍基高温合金有 GH4033、K403 等，其切削加工性很差。典型的铁基高温合金有 GH2036、GH2135 等，切削加工性与奥氏体不锈钢类似。典型的钴基高温合金有 K640 等，其切削加工性比镍基高温合金稍好。铸造高温合金比变形高温合金的切削加工性差。

3）钛合金的分类。钛合金有 α 型钛合金、β 型钛合金和（α + β）型钛合金三种。典型的 α 型钛合金有 TA7、TA8 等，是钛合金中较易切削的一类。典型的 β 型钛合金有 TB2、TB3 等，其切削加工性较差。典型的（α + β）型钛合金有 TC1、TC4 等，其切削加工性介于前两者之间。

5.1.2 难切削材料的铣削特点与改善措施

1. 难切削材料的铣削加工特点

由于铣削不同于其他切削加工，如多切削刃铣刀的结构和材料、顺铣和逆铣方式、铣削过程中切屑的形成与排出方式等因素，因此铣削加工难切削材料时具有以下特点：

（1）铣削温度　在铣削难切削材料时，铣削温度一般都比较高，主要原因有下列几个方面：

1）当加工难切削材料的工件需采用成形铣刀时，因成形铣刀前角很小，切入困难，切削阻力大，切削温度高。例如，铣削涡轮叶片和转子，为了保证叶根形状，须用成形铣刀；铣削耐热不锈钢，铣削阻力大，从而使铣削温度升高。

2）材料的传热系数低，铣削时的切削热不易通过工件和切屑散热。

3）材料热强度高，如镍基合金等高温合金，当温度达到 500 ~ 800℃时，抗拉强度达到最大值，由于抗拉强度增大，会增大铣刀切入工件的切削阻力，从而产生更多的切削热。

4）逆铣时，铣刀前刀面、后刀面与工件接触，摩擦变形因材料强度高而增大，导致切削温度升高，如图 5-1 所示。

5）采用强力铣削和高速铣削时，因刀具材料需要较高的铣削速度，因此切削温度比一般加工高得多。

（2）铣削力与单位铣削功率　由于材料的塑性变形大，铣削温度高，难切削材料的强度和高温强度都比一般钢材大得多。因此，铣削难切削材料时切削阻力大，所需的铣削力和单位铣削功率比铣削普通碳素钢等一般材料大得多。

（3）铣削中的塑性变形与加工硬化　难切削材料中的高温合金和不锈钢等变形系数都比较大。变形系数随着铣削速度由 0.5m/min 开始增加，当切削速度达到

6m/min 左右时，变形系数则达到最大值。由于铣削过程中，铣削速度较高，采用高速铣削则铣削速度更高，因此形成切屑时的塑性变形以及加工表面与切削表面的塑性变形都比较大，从而使金属产生硬化和强化，切削阻力也相应增大。例如，铣削高温合金、高锰钢和奥氏体不锈钢等难切削材料时，其硬化的程度和深度与 45 钢相比要大好几倍。

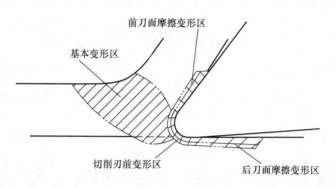

图 5-1　逆铣时铣刀前刀面、后刀面与工件接触摩擦变形示意图

（4）铣刀磨损限度与使用寿命　由于难切削材料铣削中硬化程度严重，切屑强韧，同时铣削温度高，致使铣刀磨损加快，使用寿命缩短。此外，在铣削中，如果强韧的切屑流经刀具前面，产生黏结和熔焊等现象，会堵塞容屑槽，影响切屑排出，容易造成打刀崩刃，从而影响铣刀的使用寿命。

难切削材料的切削加工性能差，给铣削工作带来很大困难，因而不能采用与普通材料相同的加工方法，应根据难加工材料的特点采取必要的改善措施。

2. 铣削难切削材料的改善措施

根据难切削材料的特点，铣削时通常可从以下几方面采取措施予以改善：

（1）选择适用的刀具材料　铣削难切削材料时，应根据材料特点合理选择铣刀切削部分材料。如选择硬度和高温硬度均较好的含钴含铝的 W12Cr4V5Co5 和 501 等新型高速钢，常用的 W6Mo5Cr4V2Al 是一种含铝无钴的超硬型高速钢，不仅具有较好的硬度和高温硬度，而且韧性优于含钴高速钢。适用于制作各种高速切削刀具，适用于加工合金钢、高速钢、不锈钢和高温合金等，使用此种材料的铣刀，其使用寿命比 W18Cr4V 高 1～2 倍或更高。在使用可转位铣刀或分体式硬质合金刀具时，应合理选用硬质合金，常用的如 M10（YW1）、M20（YW2）、K20（YA6）等通用硬质合金，主要用作耐热钢、高锰钢及高合金钢等难切削材料的切削刀具。加工难切削材料时，还可选用其他硬质合金，用于加工难切削材料的硬质合金牌号见表 5-1，供选用时参考。

表 5-1　用于加工难切削材料的硬质合金牌号

难加工材料名称	推荐使用的硬质合金牌号	硬质合金性能			硬质合金特点
		密度 / (g/cm³)	硬度 HRA	抗弯强度 / MPa	
淬火钢	K01~K05	14.6 ~ 14.9	≥ 93.5	≥ 1000	在较高的温度下，具有高强度、高耐磨性和高热强性
高温合金、淬火钢	K01 ~ K10	14.4 ~ 14.9	≥ 93	≥ 1200	具有良好的热强性和高耐磨性
高温合金、不锈钢	K10	13.6 ~ 13.75	≥ 93	≥ 1500	有较高的耐磨性、抗氧化性和抗黏结能力
高强度合金钢	P10~M10	11.8 ~ 12.5	≥ 92	≥ 1450	耐磨性好，有较好的综合性能
> 60HRC的淬火钢	K05、K10	13.6、14.5	≥ 92	≥ 1400	红硬性高，耐磨性好
超高强度钢、> 60HRC的淬火钢	P10、P20	13.0、13.5	≥ 91.5	≥ 1450	高温硬度高，耐磨性好
高锰钢、不锈钢	M10、M20	13.0、14.0	≥ 91.5	≥ 1500	耐磨性好，抗塑性变形能力好
	P20、P25	11.8、12.5	≥ 91.0	≥ 1500	韧性好，具有很高的抗热振裂和抗塑性变形能力
高温合金、奥氏体不锈钢、高锰钢	K10、K20	14.05、14.10	≥ 91.0	≥ 1600	耐磨性好，有较高的抗弯强度和抗粘结能力

（2）选择合理的铣刀几何参数　采用整体铣刀和镶齿铣刀时，因几何参数已经确定，这时应根据材料的物理力学特性和铣刀的几何参数，通过试切等方式合理选用铣刀。为了适应难切削材料的铣削要求，还可以根据铣削振动、刀具磨损、排屑和表面粗糙度等情况，对铣刀进行改制和修磨，改变铣刀的几何参数，以改善切削加工性能。采用可转位刀具和分体式硬质合金铣刀盘铣削时，对于硬度低、塑性好的材料，在保证刀具强度的前提下，应采用较大的前角和后角。铣削高温合金等材料时，则应采用较大的螺旋角和刃倾角，对于塑性和韧性较好的材料，可修磨断屑槽，以改善切屑的形成与排出。

（3）选择合理的铣削用量　铣削速度的选择应考虑刀具的使用寿命，而刀具的使用寿命取决于刀具的磨损情况。根据实验数据，若采用高速钢铣刀铣削高温合金，在 425 ~ 650℃时磨损较慢；而采用硬质合金铣刀，则在 750 ~ 1000℃时磨损较慢。因此，选择合理的铣削速度可有效提高难切削材料加工时铣刀的使用寿命。具体操作时，可先分析难切削材料的类别，按对应的相对切削加工系数降低铣削速度 v_c，根据铣削振动等情况适当降低进给量 f_z 等铣削用量，然后通过试铣，根据刀具磨损等情况进行调整，最后确定比较合理的铣削用量。

（4）选择合适的铣削方式　对一些塑性变形大、热强度高和冷硬程度严重的材料，宜采用顺铣。采用端铣时，也应尽可能采用不对称顺铣。由于采用顺铣时切屑黏结接触面积小，切屑在脱离工件时对刀具前刀面压力比较小，可避免逆铣时切削刃在冷硬层中的挤压，减少铣刀的磨损。因此，顺铣可有效提高铣刀的使用寿命，并可使加工表面获得较低的表面粗糙度值。

（5）选择合适的切削液　采用高速钢铣刀铣削，一般采用水溶性切削液；采用硬质合金铣刀铣削，宜采用油类极压切削液。另外，还可以通过试切，选择极压乳化液、硫化乳化液、氯化煤油等作为铣削难切削材料的切削液。

（6）合理确定铣刀磨损限度和使用寿命　铣削硬化现象严重的材料，铣刀的磨损限度值不宜过大。对于硬质合金面铣刀，粗铣磨损限度为 0.9 ~ 1.0mm，精铣为 0.60 ~ 0.80mm；对于高速钢铣刀，粗铣为 0.4 ~ 0.7mm，精铣为 0.15 ~ 0.50mm。加工难切削材料的铣刀使用寿命：对不锈钢为 90 ~ 150min；对高温合金和钛合金等材料，铣刀使用寿命还要短。具体确定时，还需根据铣削用量、铣刀类型和系统的刚度等因素综合考虑。

（7）改善和提高工艺系统的刚度　铣削难切削材料时，由于切削阻力比较大，因此切削振动和冲击都相应增大。为了减小铣削时的冲击和振动，提高铣刀的使用寿命，设备条件允许时，应选择刚度较好的铣床，还应注意改善和提高现有设备工艺系统的刚性。例如，铣削时紧固暂不移动的工作台，调整作进给运动的工作台传动系统间隙（如丝杠螺母间隙、工作台导轨间隙），调整铣床主轴间隙，合理选用和安装刚度较好的刀杆和夹具等。

（8）掌握复合材料和高分子材料的特点　切削加工复合材料和高分子材料时，需要掌握材料的物理性能和化学成分，防止切削过程中切削力、夹紧力和切削温度等对材料结构及化学成分的影响。

3. 难切削材料的高速铣削加工

（1）高速铣削加工的优越性

1）具有极高的切削效率。高速铣削难切削材料，随着切削速度的大幅度提高，进给速度也相应提高 5 ~ 10 倍，单位时间内的材料切削率可达到常规切削的 3 ~ 6 倍，高速切削加工的机床空行程速度大幅度提高，缩短了加工辅助时间，从而极大地提高了切削加工的效率。

2）切削力、切削温度降低。由于切削速度提高，径向铣削力大幅度降低，大量切削热通过切屑带走，难切削材料工件表面温度降低，工件变形量减小。

3）机床激振频率高。高速铣削加工机床的激振频率特别高，该频率远离"机床—夹具—刀具—工件"常规工艺系统的低阶固有频率，工艺系统工作平稳，振动小，从而降低零件的表面粗糙度，可加工出极精密、光洁、表面残余应力很小的难加工材料零件。

4）适用于铣削钛合金、高温合金等各种难切削材料。例如，镍基合金和钛合金，具有材料强度大、硬度高、耐冲击、易产生加工硬化、化学活性大、导热系数低等特性，传统铣削加工方式很难进行加工。采用高速铣削，可有效减少刀具磨损，提高零件加工表面质量。

5）可直接铣削淬硬钢。对于采用难切削材料的淬硬零件，如模具型面类零件，表面复杂，硬度高，采用高速铣削加工，可以取代磨削、电火花加工，以及手工打磨和抛光工序。因此，采用高速铣削加工制造和修复难切削材料高硬度零件，可极大地缩短生产周期，提高经济效益。

6）适宜小尺寸结构要素零件的精细加工。对于难加工材料零件上的小孔、窄槽和小尺寸轮廓等加工表面，由于受到结构的限制，必须采用小直径规格的刀具进行加工，此时，采用数控高速机床进行数控精细高速铣削加工，可有效保证零件的加工质量。

（2）典型难切削材料的高速铣削加工特点

1）铝合金的高速铣削加工可采用聚晶金刚石刀具材料，复杂型面的铝合金件高速铣削，也可采用整体超细晶粒硬质合金和粉末高速钢及其涂层刀具。为了避免因铝与陶瓷的化学亲和力而产生黏结，不宜采用陶瓷刀具。选择切削用量时，应随着铝合金含硅量的增加，适当降低铣削速度。例如，加工高硅铝合金汽车发动机缸盖零件时，加工面尺寸为 $450mm \times 200mm$，表面粗糙度要求 $Ra1.6\mu m$，平面度公差要求 0.05mm。可选用直径为 250mm，24 齿加一片修光刃的面铣刀；选择铣削速度为 1356mm/min，工作台进给速度为 3670mm/min，刀具进给量为 2.16mm/r，切削深度为 1.6mm，选择水溶性切削液。实践结果证明，在刀具正常磨损时加工零件的数量可达到 48000 件。使用超晶细粒硬质合金刀具，采用水溶性切削液，以 3770m/min 的切削速度，高速铣削铝合金时的其他加工参数见表 5-2。

表 5-2　硬质合金刀具高速铣削铝合金时的加工参数

加工类型	平面粗加工	键槽加工	侧面加工
刀具	6 刃 ϕ60mm 面铣刀	2 刃 ϕ10mm 立铣刀	2 刃 ϕ10mm 立铣刀
进给速度 /（mm/min）	40000	12000	6000
切削深度 /mm	1	0.5	20
切削宽度 /mm	50	10	0.5

2）钛合金的高速铣削可选用不含或少含 TiC 的硬质合金刀具，实践表明，选用 YG（K）类硬质合金刀具加工钛合金效果最好。聚晶金刚石（PCD）刀具也可用于高速切削钛合金，铣削速度为 180~220m/min，进给速度为 0.05mm/r，切削深度为 0.5mm。天然金刚石采用乳化液冷却时，铣削速度可达到 200m/min 以上，但成本比较高。

3）纤维增强塑料（FRP）和热固性塑料（GRP）高速铣削可选用硬质合金刀具，需要刀具有较长使用寿命的，可选用聚晶金刚石刀具。例如，高速铣削热塑性乙酸酯眼镜框，可选择晶粒平均尺寸为 $10\mu m$，前角为 $0°$，后角为 $15°$ 的单齿铣刀，选择切削速度为 4500m/min，进给速度为 10m/min，切削深度为 3～8mm。采用气冷方式。实践证明，用硬质合金刀具每把可加工 800 个工件，用 PCD 刀具每把可加工 30 万个工件。

4）橡胶高速铣削可以产生粉末状的切屑，不需要冷却便可达到较好质量的加工表面，例如，采用直径为 10mm 的三刃整体硬质合金立铣刀，可选择转速为 1200r/min，进给速度为 100mm/min 的切削用量。

5）新型的石墨类复合材料选用陶瓷刀具，可实现 300m/min 左右的高速铣削加工，而常用的硬质合金和 PCD 刀片刀具，在 $900℃$ 高温以上，焊接部位会发生熔化，因此高速铣削时不宜采用。常见的石墨电极，可选用金刚石涂层等类刀具进行高速切削加工，不宜选用陶瓷刀具。石墨高速加工机床的主轴转速通常在 10000～60000r/min，进给速度可达 60m/min。高速加工石墨的切削速度一般大于 900m/min。

5.2 大半径圆弧面的铣削加工

5.2.1 大半径圆弧面近似铣削法的加工原理及误差分析

1.大半径圆弧面近似铣削法的加工原理

（1）基本方法　在生产实践中，用面铣刀铣削平面时，如果主轴与加工表面不垂直，加工出的面就会是一个凹形圆弧面。由此可见，若主轴轴线与工件进给方向由垂直的位置偏转一个角度 α，即可沿进给方向在工件表面加工出曲率半径较大的圆弧形面。

（2）加工原理　根据椭圆圆弧面的加工原理，所谓的大半径圆弧面近似铣削法，实质上是铣削加工椭圆圆弧面来近似替代圆弧面铣削的一种加工方法。

2.大半径圆弧面近似铣削法的加工误差分析

（1）加工原理误差产生的原因　根据大半径圆弧面近似铣削法的原理，采用这种方法铣削而成的圆弧面实质上是椭圆圆弧面，因此，这种方法存在一定的加工原理误差，即加工而成的圆弧面曲率半径是变化的，存在圆弧半径误差。

（2）圆弧面曲率半径的变化规律　用直径为 $\phi120mm$ 的面铣刀，采用不同的偏转角度对零件进行试加工，试加工情况如下：

1）主轴偏转角度较小时，工件的圆弧半径很大，主轴偏转角度越小，工件的圆弧半径就越大，如图 5-2a 所示；当主轴偏转角度为 0° 时，工件被加工面为平面。

2）主轴偏转角度较大时，加工出的圆弧形面的曲率半径就较小，主轴偏转角度越大，圆弧形面的曲率半径就越小；当主轴偏转角度为 90° 时，加工出的圆弧形面的半径等于刀盘上刀尖到主轴轴心的距离（刀尖回转半径），如图 5-2b 所示。

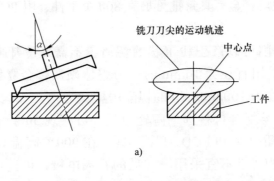

a)

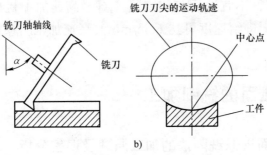

b)

图 5-2　圆弧面半径的变化规律

3）由图 5-2a、图 5-2b 可知，铣刀刀尖的运动轨迹沿进给方向看是一个椭圆形，主轴的偏转角度越大，轨迹的椭圆短半径就越大，近似圆弧面的曲率半径越小，因此，加工出的圆弧面半径与主轴的偏转角度有关。

（3）近似圆弧形面加工宽度与误差的关系

1）数学计算法：可根据椭圆曲线与圆弧的最大误差 Δ 计算公式来计算：

$$\Delta = D_{最大} - R = \sqrt{r^2 + \frac{(R - r\sin\alpha)^2}{1 - \sin^2\alpha}} - R \tag{5-2}$$

式中　　Δ ——椭圆曲线与圆弧的最大误差（mm）；

$D_{最大}$ ——椭圆曲线上各点到圆心的最大距离（mm）；

R ——圆弧面半径（mm）；

r ——铣刀回转半径（mm）；

α ——主轴轴线偏转角度（°）。

对于不同圆弧面弦长（圆弧面宽度）$2B$（mm），选择不同的对应参数进行模拟计算，可得出表 5-3 的加工原理误差 Δ 值。由计算结果可知，用大半径圆弧面近似铣削法加工的圆弧面，在一定的宽度（即圆弧面弦长）的范围内，其加工原理误差值是比较小的，可以满足中等精度以下的大半径圆弧面加工要求。

表 5-3 误差 Δ 模拟计算结果 （单位：mm）

R	B	r	α	Δ
200	40	50	11°39′22″	0.2396
200	30	50	13°4′41″	0.0592
200	20	50	13°53′45″	0.0102
250	40	50	9°16′	0.19
250	30	50	10°24′	0.048
250	20	50	11°3′	0.0084
300	40	50	7°41′	0.164
300	30	50	8°38′	0.047
300	20	50	9°11′	0.00708
200	40	60	15°20′08″	0.135656
200	30	60	16°20′58″	0.03718
200	20	60	16°59′12″	0.00673
250	40	60	12°10′09″	0.1115
250	30	60	12°59′14″	0.03067
250	20	60	13°30′13″	0.005566
300	40	60	10°05′49″	0.09426
300	30	60	10°46′55″	0.02598
300	20	60	11°12′55″	0.05473

2）估算法：

① 由图 5-3a、b 所示的几何关系可得出中心点的曲率半径 R 与铣刀刀尖的回转半径 r 和主轴偏转角度 $α$ 之间的关系

$$R = r/\sin α \text{ 或 } \sin α = r/R \tag{5-3}$$

式中 r ——面铣刀刀尖回转半径（mm）；

R ——近似圆弧中心点的曲率半径（mm）；

$α$ ——主轴的倾斜角度（°）。

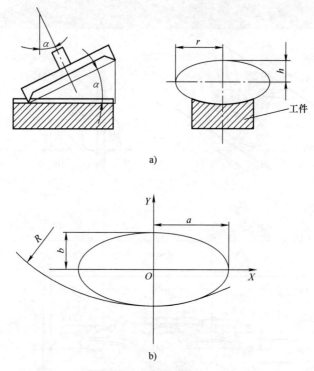

图 5-3 大半径圆弧面加工参数之间的几何关系

② 当圆弧形面加工宽度 B 等于铣刀刀尖的回转半径时，加工出的表面已经比较接近圆弧形面，可以用于圆弧形面的粗加工，如图 5-4 所示。当圆弧形面加工宽度等于铣刀刀尖的回转半径 r 时的加工误差为 $0.00348r$，若刀尖回转半径 $r = 60$mm，圆弧形面的形状误差为 0.00348×60mm $= 0.21$mm，误差较大，适用于圆弧形面的粗加工。

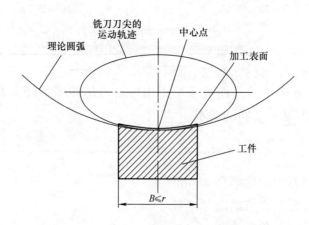

图 5-4 加工精度与圆弧面宽度的关系

③ 当圆弧形面加工宽度小于三分之一的铣刀刀尖回转半径时，加工出的表面已经非常接近圆弧形，可以用于圆弧形面的精加工，如图 5-5 所示。当圆弧形面加工宽度 B 小于等于 1/3 的铣刀刀尖的回转直径 $2r$ 时的加工误差为 $0.000062r$，若铣刀刀尖回转半径 $r = 60$mm，这时圆弧形面的形状误差为 0.000062×60mm $= 0.037$mm，误差已经非常小，可以用于圆弧形面的精加工。

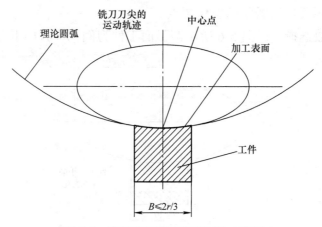

图 5-5　高精度圆弧面的宽度尺寸范围

5.2.2　大半径圆弧面近似铣削法的工艺特点和操作要点

1. 大半径圆弧面近似铣削法的工艺特点

（1）工艺系统刚度比较好　圆弧形面的铣削大多采用在铣床上安装镗刀进行镗削的方法加工，对于半径较小的圆弧，镗削加工比较容易，但随着圆弧半径的不断加大，镗刀臂就要不断伸长，加工刚度就会变得越来越差，镗削加工难度也就越来越大。有时过大的圆弧还会受到机床加工范围的限制。而采用近似铣削法加工，通过调整主轴的倾斜角改变圆弧的半径，工艺系统中刀具的刚度比较好。

（2）工艺装备数量比较少　在受到机床加工范围限制时，通常是通过自制专用铣刀或专用夹具的方法解决加工难题。制备一把专用铣刀或一套专用夹具只能加工一种圆弧面。如果圆弧面的半径需要变化，又要根据变化后的半径重新制备专用铣刀或夹具等工艺装备，这样就使零件的生产成本（尤其是单件生产的生产成本）特别高，同时生产效率也非常低。而采用近似铣削法加工大半径圆弧面，只要配备常用的面铣刀盘和可手工刃磨的柄式切刀，即可进行铣削加工，通过调整刀具回转直径和主轴的倾斜角度，即可适应各种半径的圆弧面铣削。

（3）加工表面精度比较高　由于铣刀和机床主轴的刚度好，因此，近似铣削法加工成的圆弧面的表面粗糙度值远低于镗削加工的表面。

（4）可加工圆弧面半径的范围比较大　圆弧面近似铣削法，可加工圆弧面的最大半径为无限大，最小半径为铣刀刀尖的回转半径。

（5）限制条件和误差控制方法　由于圆弧面近似铣削法存在加工原理误差，适用于一般精度的粗加工，若加工精度较高的圆弧面，为了保证尺寸和形状精度，所选用的刀具刀尖回转直径尺寸应是圆弧面弦长（圆弧面宽度）尺寸的 3 倍。在加工外圆弧面时，应根据圆弧面的长度考虑刀具刀尖的回转直径，以免铣削干涉损坏圆弧面。

2. 大半径圆弧面铣削调整的操作要点

（1）工艺参数选择　以图 5-6 所示圆弧面工件为例，步骤如下：

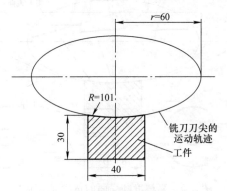

图 5-6　大半径内圆弧面加工示例

1）根据工件上的圆弧宽度和圆弧半径选择铣刀。粗加工时，铣刀刀尖的回转半径 r 应大于或等于圆弧宽度 B，小于或等于圆弧半径 R（$R \geqslant r \geqslant B$）。精加工时，选择铣刀刀尖的回转直径 $2r$ 要大于或等于 3 倍的圆弧宽度 B，小于或等于圆弧直径 $2R$（$2R \geqslant 2r \geqslant 3B$）。根据图 5-5 所示工件，可选择铣刀刀尖的回转直径为 $\phi 120$mm 的面铣刀（$2 \times 101 \geqslant 120 \geqslant 3 \times 40$）。

2）根据铣刀刀尖的回转半径 r 和圆弧半径 R 计算出铣床主轴的偏转角度 α（$\sin\alpha = r/R$），已知 $R = 101$mm，$r = 60$mm，因此 $\sin\alpha = 60/101 = 0.594$，$\alpha = 36.45°$。

3）根据选用的铣刀型号和主轴的偏转角度，选择铣床型号，本例可选用 X5032 升降台铣床。

（2）加工调整与操作要点

1）用升降台铣床加工时，步骤如下：

① 根据计算出的主轴偏转角，将立铣头扳转 α 角度，图 5-7a 所示工件可将立铣头扳转角度 $\alpha = 36.45°$，通常采用正弦规检测主轴扳转角度的精度。

② 根据铣削凸凹圆弧所需的刀具参数刃磨、安装铣刀，以保证圆弧面的切削过程，防止切削干涉，如图 5-7b、c 所示。

③ 按工件圆弧面加工的位置精度，找正基准部位与工作台、进给方向等的相对位置，如将圆弧的对称中心线找正到与进给方向平行等，如图 5-8 所示。

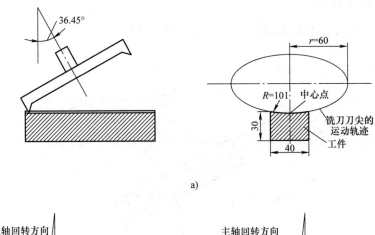

a)

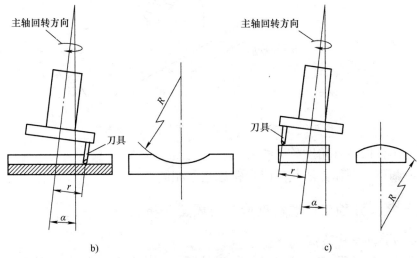

b)   c)

图 5-7　大半径圆弧面铣削加工方法与步骤

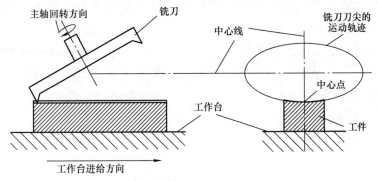

图 5-8　立式铣床加工圆弧面工件安装找正方法

④ 通过试切、检测等方法，调整机床工作台升降和横向位置，保证圆弧面的位置精度和宽度尺寸精度。

2）用万能卧式铣床加工时。安装方法如图5-9所示：

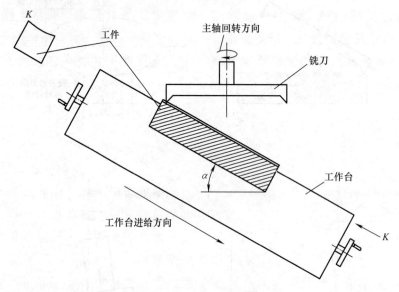

图 5-9　卧式铣床加工圆弧面工件安装找正方法

① 将工作台扳转 α 角度（$\alpha \leqslant 45°$）。

② 其余调整、操作方法与升降台铣床基本相同。

5.2.3　大半径圆弧面工件的精度检验与质量分析

1. 精度检验的常用方法

（1）配合间隙检测法　试切或加工后的圆弧面半径尺寸精度，可通过检测工件与符合精度要求的相配件圆弧面之间的配合间隙进行检验，如图 5-10 所示。加工工件圆弧面半径尺寸偏小的，间隙在配合宽度的中间部位；圆弧面半径尺寸偏大的，间隙在配合宽度的两侧。检测时也可以使用数控机床加工的圆弧标准样板进行配合精度检验。

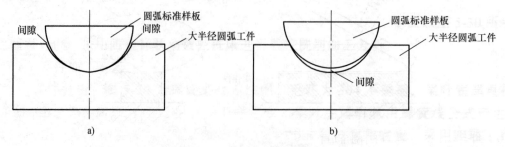

图 5-10　配合间隙检测法

a）圆弧面半径尺寸偏大　b）圆弧面半径尺寸偏小

（2）投影放大检测法　通过投影放大，与标准的圆弧投影进行比较，检测工件加工后圆弧的精度。

（3）检测计算法　各项尺寸和位置精度，通过指示表和检测辅助标准量块，测量出圆弧面弦长和对应弓高的尺寸，然后进行数学运算，计算得出圆弧面的各项形状和位置尺寸，以判断加工后圆弧面的精度。

2. 质量分析方法

（1）常见质量问题与原因分析

1）表面粗糙度不符合要求。常见的原因是刀具的刃磨质量差，几何参数选择不合理，机床的精度差。

2）圆弧面的半径尺寸精度偏差大。常见原因是调整参数计算错误，调整过程中主轴偏转角度、刀尖回转半径与理论数据偏差大。

3）圆弧面的位置不符合精度要求。常见的原因是工件定位装夹不合理，试切对刀操作不符合要求，试切检测精度差。

（2）质量改进的常用措施

1）选择精度较高的铣床，加工前应注意检测主轴、工作台进给机构等的机床动态精度。

2）调整操作应使用精度较高的方法，主轴扳转角度应使用标准量块和正弦规等精密量具量仪进行精度检测；刀具刀尖的回转半径应注意控制刀尖圆弧的大小和刃磨质量，以避免刀尖磨损对回转半径的影响。同时，应采用试切检测和标准件对刀等方法，控制刀尖实际切削部位回转半径的尺寸精度。

3）根据试切加工后的检测结果，计算需要微量调整的参数值。首选刀尖回转半径 r 进行调整，通常可依据磨石修磨后刀面对刀尖的位置进行微量调整。

5.3　复杂铣刀齿槽的铣削加工

5.3.1　错齿三面刃铣刀的齿槽铣削工艺分析和准备

1. 错齿三面刃铣刀的结构特点

（1）圆周齿槽与刀齿结构特点　错齿三面刃铣刀的圆周齿槽分布结构特点如图 5-11 所示。其圆周上的齿槽是螺旋形的，而且具有两个旋向，间隔交错，即一半齿槽是右旋，另一半齿槽是左旋。由折线形齿背与容纳切屑的齿槽空间形成了具有一定角度的主切削刃、前刀面和后刀面的刀齿。其刀齿也有右旋和左旋之分，左旋刀齿和右旋刀齿间隔交错排列在圆周上。

（2）端面齿槽与刀齿结构特点　错齿三面刃铣刀端面齿槽分布结构特点如图 5-11 所示，由于圆周齿槽有左旋和右旋之分，因而在同一端面上，有一半是正前角的端面切削刃，另一半是负前角的端面切削刃。错齿三面刃铣刀保留了正前角的端面切削刃，取消了负前角的端面切削刃，使其凹入两端面，从而形成了图 5-11 所示的错齿三面刃铣刀两端错位均布的齿槽和刀齿，使两端切削刃具有良好的切削能力和宽敞的容屑槽。

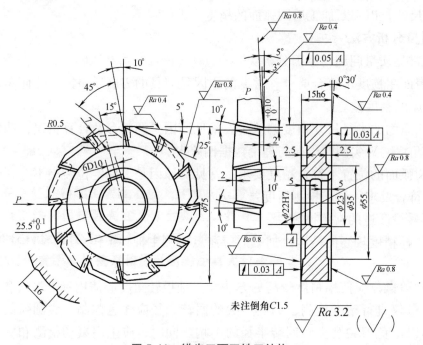

图 5-11　错齿三面刃铣刀结构

（刀具材料：W18Cr4V）

2.错齿三面刃铣刀的齿槽铣削技术要求分析

根据图 5-11 所示的图样分析，错齿三面刃铣刀齿槽铣削的技术要求如下：

1）圆周齿槽、刀齿铣削技术要求：

① 刀齿前角 10°。

② 刀齿后角 5°。

③ 刀齿齿背后角 25°。

④ 刀齿刃倾角 10°。

⑤ 刀齿齿槽角 45°。

⑥ 棱边宽度 1mm。

2）端面齿槽、刀齿铣削技术要求：

① 侧刃后角 5°。

② 侧刃倾角 0°30′。

③ 侧刃棱边宽度 1mm。

3）各刀面的表面粗糙度。

4）左、右旋刀齿在圆周上均匀分布。

3. 错齿三面刃铣刀的工艺过程分析

根据图样技术要求等因素，错齿三面刃铣刀一般选用 W18Cr4V 高速钢材料，经过车、铣、粗精磨削、热处理等加工阶段。为了达到较好的切削性能，形成切削刃的前、后刀面，均需经过磨削加工。为了保证加工和使用时的装夹精度，刀具定位内孔与环形表面具有较高的尺寸精度和形状精度，并经过粗精磨削加工。铣削加工的主要内容是铣出刀具齿槽及各表面，形成刀齿，铣成的前、后刀面应留有磨削余量。

4. 拟定铣削加工步骤

铣削加工应按先铣削圆周齿槽，后铣削端面齿槽；先铣削前刀面，后铣削后刀面；控制切削刃棱边宽度和同一旋向螺旋齿槽一起加工等要求拟定铣削步骤。

5. 铣削加工前对工件的技术要求分析

（1）定位键槽　如图 5-12 所示，在铣刀结构上，安装定位内孔设有传递转矩的内键槽，在铣削加工中，应具备用于定向加工圆周齿槽位置的键槽，以防止加工过程中圆周位置放错或走动。

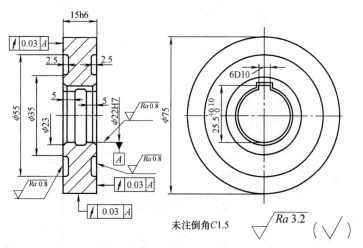

图 5-12　齿槽铣削加工前对工件的技术要求

（2）定位孔和端面　通过分析图 5-12 可知，铣刀应具有安装定位孔和端面，在铣削加工中，工件应具备一定精度的孔和端面，其尺寸误差和几何误差应在 0.01 ~ 0.03mm 范围内，以保证加工时的正确定位、定向和夹紧的要求。

6. 选择机床和夹具

错齿三面刃铣刀具有螺旋齿槽，选用万能卧式铣床。为了保证较高的分齿精度和螺旋槽加工质量，须选用较高精度的万能分度头及装夹工件的专用心轴。

7. 设计专用心轴

（1）铣削圆周齿专用心轴　铣削圆周齿专用心轴应达到以下技术要求：

1）心轴应具有较好的刚度，以防止铣削过程中变形，产生过大的铣削振动，影响加工精度。

2）为了防止工件在铣削过程中产生扭转，铣削螺旋齿槽时，为了克服切削分力 N_1 产生的扭转力矩（见图 5-13），心轴应在定位圆柱面上设置键槽，安装工件时采用平键联接。

3）为了防止铣削过程中因振动引起工件松动，工件套装入心轴后应设置较大的夹紧力，同时应采用自锁性能较好的细牙螺纹，螺纹外径可略小于工件内孔。

4）为便于工件安装后用扳手旋紧螺母，锁紧螺母可制成外六角棱柱，螺母与工件接触的部位应具有台阶圆柱，其外径应与工件定位孔端面环形外圆一致，并略小于心轴定位圆柱外径，以保证夹紧力落在心轴轴向定位面内，如图 5-14 所示。

5）由于工件较大，铣削时轴向切削力和扭转力矩都比较大，因此心轴与分度装置的连接用一顶一夹的方式，即尾架部位用中心孔定位，分度头主轴部位用自定心卡盘定位夹紧。为防止铣削时轴向位移，心轴在自定心卡盘上夹持部位的圆柱外径可略小于心轴外圆，留有一环形端面，以防止心轴沿分度头方向位移。

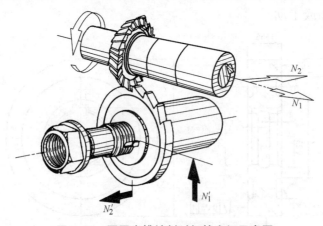

图 5-13　圆周齿槽铣削时扭转力矩示意图

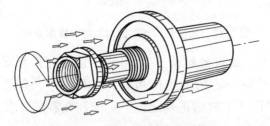

图 5-14　心轴、螺母压紧示意图

6）心轴各部分应达到较好的尺寸精度和几何精度。为了保证定位精度，定位外圆和端面应经过磨削，达到较小的表面粗糙度值。铣削圆周齿专用心轴的技术要求如图 5-15 所示（长度尺寸另拟）。

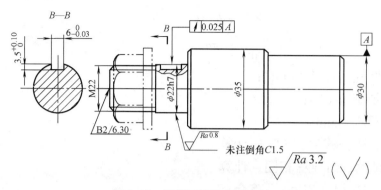

图 5-15　铣削圆周齿专用心轴

（2）铣削端面齿专用心轴　铣削端面齿专用心轴的装配结构如图 5-16 所示，心轴应达到以下技术要求：

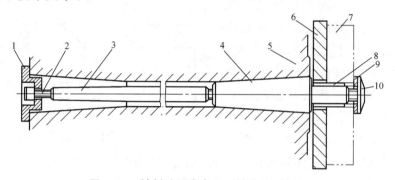

图 5-16　铣削端面齿专用心轴安装示意图

1—凹形垫圈　2—内六角圆柱头螺钉　3—连接杆　4—专用心轴
5—分度头主轴　6—环形定位板　7—工件
8—平键　9—垫圈　10—锥形内六角螺钉

1）心轴锥体部位应经过磨削，使其与分度头主轴内锥有较好的配合精度。

2）为了使铣削端面齿时工件端面有较大的定位面，心轴配置了环形定位板，其内孔与心轴定位外圆柱配合，端面应与心轴台阶接触，定位板两平面应具有较好的平行度，以减小定位积累误差。

3）锁紧螺钉应制成锥形内六角螺钉，为端面齿槽铣削时铣刀的切出预留空间。

4）心轴通过螺杆和凹形垫圈与分度头主轴联接。由于分度头工作时处于竖直位置，为防止螺杆头部妨碍分度头扳转，因此分度头主轴后端垫圈应嵌入主轴后端孔内，锁紧螺钉头部宜采用内六角形式。

8. 交换齿轮的计算与配置

（1）圆柱螺旋线与圆柱螺旋齿槽特点分析

1）由圆柱螺旋线的形成原理可知，螺旋线导程和计算直径与螺旋角有关，铣削圆柱螺旋齿槽时，可沿用螺旋槽计算公式

$$P_z = \pi d \cot\beta \qquad (5\text{-}4)$$

$$\tan\beta = \frac{\pi d}{P_z} \qquad (5\text{-}5)$$

式中　d——圆柱体直径（mm）；

　　　β——螺旋角（°）；

　　　P_z——导程（mm）。

　　在使用上述公式时，d应按计算直径取值，显然，当导程相同、计算直径不同时，如图 5-17 所示，将会产生不同的螺旋角。

　　2）圆柱螺旋齿槽是刀具的容屑槽，其前刀面是由不同直径的螺旋线组成的，由于铣削时的交换齿轮配置是按外圆柱直径 d 计算配置的，因此，形成前刀面的外圆柱面螺旋线需符合图样的螺旋角要求，其余螺旋线按其所处位置直径的变化，螺旋角将逐渐减小，所以，在应用式（5-4）计算圆

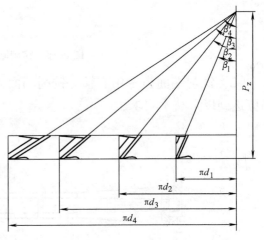

图 5-17　不同直径位置螺旋角变化示意图

柱螺旋齿槽导程时，圆柱体直径应将图样标定的铣刀公称直径代入。

　　（2）导程计算和交换齿轮配置

　　1）本例导程计算

$$P_z = \pi d \cot\beta$$

$$= \pi \times 75\text{mm} \times \cot10° \approx 1336.26\text{mm}$$

　　2）本例交换齿轮计算，由图 5-18 所示传动关系得出

$$i = z_1 z_3 / (z_2 z_4) = 40 P_{丝} / P_z \qquad (5\text{-}6)$$

式中　z_1、z_3——交换齿轮中主动齿轮齿数；

　　　z_2、z_4——交换齿轮中从动齿轮齿数；

　　　P_z——工件导程（mm）；

　　　$P_{丝}$——铣床纵向丝杠螺距（mm）。

　　计算交换齿轮，将 $P_{丝} = 6\text{mm}$，$P_z = 1336.26\text{mm}$ 代入式（5-6）：

$$i = z_1 z_3 / (z_2 z_4) = 40 \times 6\text{mm} / 1336.26\text{mm}$$

$$= 240\text{mm} / 1336.26\text{mm} \approx 50 \times 25 / (70 \times 100)$$

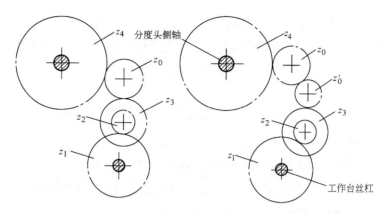

图 5-18 铣削错齿三面刃螺旋齿槽时交换齿轮配置示意图

3）配置交换齿轮的注意事项：

① 应尽量减少中间齿轮的数量，简化交换齿轮轮系。

② 各传动部位要注意加注适量润滑油，以减小传动阻力。

③ 由于错齿三面刃有左、右螺旋齿槽，变换螺旋方向时是通过装拆中间齿轮和相应扳转工作台方向来保证螺旋槽加工的，因此配置或转换时应仔细操作，并应在初次配置和转换配置后检查导程值，以保证螺旋角达到图样要求。

5.3.2 错齿三面刃铣刀的齿槽铣削调整操作

1. 铣削圆柱面螺旋齿槽重点调整操作

（1）选择和安装工作铣刀 工作铣刀的选择和安装涉及齿槽的加工精度，因此应根据廓形角选择其结构尺寸，根据螺旋方向选择切削方向。

1）选择结构尺寸时，工作铣刀的廓形角 θ 值可近似地选取等于工件槽形角，如图 5-11 所示，廓形角应选取 45°。若采用双角度铣刀，其小角度应尽可能小，一般取 $\delta = 15°$。工作铣刀刀尖圆弧半径（r_ε）不能等于工件槽底圆弧半径（r），一般应根据螺旋角的大小选取 $r_\varepsilon = (0.5 \sim 0.9)r$，当螺旋角越大时，$r_\varepsilon$ 应取较小值。本例应取 $0.75r = 0.375\text{mm}$。为了减少干涉，工作铣刀的外径应尽可能小一些。

2）选择铣刀切向时，应根据螺旋方向确定，一般应使螺旋齿槽的方向靠向双角铣刀的小角度锥面切削刃或单角铣刀的端面刃。对于错齿三面刃铣刀圆周齿槽，左、右螺旋槽可分别选用左切和右切工作铣刀，如图 5-19 所示。

3）铣刀在刀轴上的安装位置应考虑到左、右螺旋槽均能铣削加工。

（2）扳转工作台 工作台转角应根据螺旋槽方

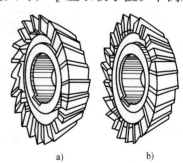

图 5-19 铣削交错齿螺旋齿槽的左、右切角度铣刀

a）右切角度铣刀 b）左切角度铣刀

向确定，右旋时工作台逆时针方向转动；左旋时工作台应顺时针方向转动，转动的角度应根据螺旋角和所选的铣刀确定。由于选用双角铣刀计算调整比较复杂，因此一般可选用单角铣刀。工作台转角的实际角度比螺旋角大 1°～4°，具体数值可通过试切法调整确定。

（3）计算和调整偏移量和升高量　错齿三面刃铣刀的偏移量和升高量可沿用铣削直齿槽的公式进行计算，即

$$s = 0.5D\sin\gamma_o = 0.5 \times 75\text{mm} \times \sin10° \approx 6.51\text{mm}$$

$$H = 0.5D\left(1 - \cos\gamma_o\right) + h = 0.5 \times 75\text{mm} \times \left(1-\cos10°\right)+7\text{mm}$$

$$\approx 7.57\text{mm}$$

在实际调整操作过程中，考虑到干涉，可先按小于 s 值的偏移量进行调整，当升高量 H 调整到位后，对试切的齿槽前角进行测量，然后微量调整偏移量值，达到图样前角要求。

（4）铣削折线齿背　铣削时可在刀轴上同时安装铣削齿背的工作铣刀，也可以使用同一把工作铣刀。使用同一把单角铣刀锥面刃铣削齿背时，在铣削完工件齿槽后，要转过角度 φ，如图 5-20 所示。φ 角可按下式估算

$$\varphi = 90° - \theta - \alpha_1 - \gamma_o \tag{5-7}$$

式中　φ——工件回转角度（°）；

θ——单角铣刀廓形角（°）；

α_1——刀具周齿齿背角（°）；

γ_o——刀具周齿法向前角（°）。

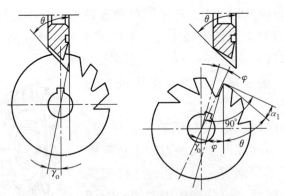

图 5-20　用同一把单角铣刀兼铣齿槽齿背

本例若使用一把单角铣刀兼铣齿槽齿背，工件的转角估算如下

$$\varphi = 90° - \theta - \alpha_1 - \gamma_o$$

$$= 90° - 45° - 25° - 10° = 10°$$

（5）铣削圆周螺旋齿槽调整操作应注意的事项

1）铣削多头螺旋槽时，由于传动系统中存在间隙，应在返程前下降工作台，使铣刀脱离工件，以免铣刀擦伤螺旋槽已加工表面。

2）为了保证工件的等分精度，在铣削前应确定分度手柄的转动方向，一般可使分度手柄在分度时转向与纵向工作台返程时分度手柄转向一致，以防止传动系统间隙影响分度精度。由于是错齿三面刃，因此分度值应为两个分齿角。

3）铣削完毕一个方向的齿槽后，应使工件转过 φ 角，兼铣齿背，或用另一把安装在同一刀轴上的单角铣刀铣削齿背，以免重复安装交换齿轮，φ 角值应换算成孔圈数，以便调整操作。

4）左、右螺旋齿槽的前角值均由偏移量 s 保证，但因工作台转角有误差以及铣刀端面刃的刃磨质量等原因，所产生的干涉情况不一致。因此，转换螺旋方向后，实际偏移量应再做一次试切测量后确定。操作时，单角铣刀的对刀位置及偏移量应在刻度盘上做好标记，以免出错。

5）铣削好一个方向螺旋齿槽和齿背后，将分度头主轴回复原位，并转过一个分齿角，粗定另一个方向螺旋齿槽的对刀位置，然后进行微量调整。

6）转换螺旋齿槽方向时，应保持原有的交换齿轮，仅拆装中间齿轮，以免左、右螺旋齿槽导程不一致。此外，必须相应地扳转工作台转角。

7）为了使左、右螺旋齿槽相间均匀分布，在左、右旋转换后，第一齿槽应作齿间对中的操作调整，具体操作如图5-21所示。对刀位置宜选在工件宽度中间，如图5-21a所示。转动分度手柄，先使前刀面一侧略大一些，然后根据试切较浅的螺旋槽在两端测量对中偏差，测量方法如图5-21b所示，再按偏差值 Δn 通过分度手柄转动工件作周向微量调整，直至 s_1 和 s_2 准确相等。调整时，升高量应逐步到位，否则会因齿槽深度未到、干涉量较小而影响齿间对中调整精度。

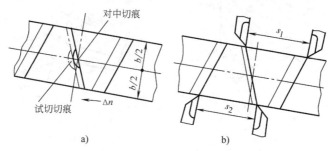

图5-21 齿间对中调整示意图

8）铣削螺旋齿槽时，由于对刀后再扳转工作台，用切痕法试切对刀后的切痕应注意落在齿槽和齿背能铣去的圆周表面内。必要时，可以调整分度手柄，以免刀痕恰巧落在刀齿棱带上产生废品。

2. 铣削端面齿槽重点调整操作

（1）铣削端面齿槽主要调整步骤

1）铣削端面齿槽时，需根据直槽底部的角度确定分度头主轴的位置，若槽底面与端面平行，应使分度头主轴处于垂直位置；若槽底面与端面成一定倾斜角度，则应按图样要求调整分度头主轴的倾斜角度。

2）铣削齿槽选用三面刃铣刀，工作台横向的偏移量可参照铣削圆柱螺旋槽的偏移量。工作铣刀侧刃的对中位置，可在安装心轴和工件前用顶尖对刀法对刀。

3）安装工件后，可转动分度手柄，用大头针等找正刀齿前刀面与工作台纵向平行。

4）铣削端面齿背时，选用单角铣刀，与三面刃铣刀同轴安装。为方便切削，可选用左、右切角度铣刀分别加工两端面齿背。

（2）铣削端面齿槽调整操作应注意的事项

1）由于螺旋齿槽铣削干涉形成的前刀面（见图5-22a、b）以及单角铣刀挑铣螺旋齿槽形成的前刀面（见图5-22c、d）与端面的交线均是曲线凹弧，用大头针找正时会因无直线段而有一定困难。此时应采用工作铣刀侧刃与大头针找正相结合的方法，通过以转动分度手柄回转工件为主，适当调整工作台横向偏移量的方法，逐步接近光滑连接端面齿槽与圆柱面螺旋齿槽前刀面的切削位置。

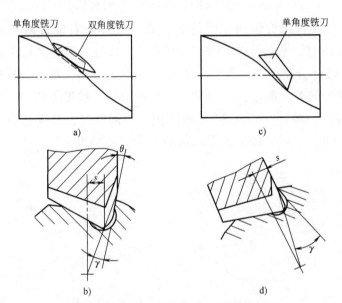

图5-22　螺旋齿槽铣削示意及端面截形

a）、b）齿槽铣削干涉示意及齿槽截面形状　　c）、d）单角铣刀挑铣示意及齿槽截面形状

2）铣削齿槽时，需仔细辨认应铣去的部位，根据错齿三面刃铣刀的结构特点，保留的应是正前角的端切削刃刀齿。

3）铣削齿背时，工件的位置与铣削直槽时相同，但试铣时应注意工作台垂向和横向的调整均会影响棱边宽度，其中工作台垂向的调整对棱边宽度影响很大，一般应在试铣时估算一下垂向移动量与棱边宽度增减的关系。

4）由于螺旋齿槽前刀面与端面交线的形状以及找正对刀的误差，当棱边宽度出现内外宽度不一致时，棱边宽度控制还需由分度手柄按孔圈数作微量调整，此项调整一般放在棱边宽度有较多余量时进行。

5.3.3　错齿三面刃铣刀的检验与铣削质量分析

1.铣削质量检验

（1）角度检验

1）圆柱面齿槽螺旋角 β 一般可用导程复验法和刻痕测量法进行检验。导程复验法是按机床上交换齿轮的实际齿数，复验出 i 值，根据式（5-4）计算 P_z 的实际值，然后按式（5-5）计算出螺旋角 β 的实际值，从而检验实际值是否在图样标注的螺旋角公差范围之内。刻痕测量法是一种测量精度较低的检验方法，常用于初步检验，具体操作时把铣刀在软质纯铜皮上滚动，此时即在纯铜皮上滚出了齿向斜线与端面的刀尖位置。用划针将刀尖各点连成一直线，即可用角度量具测量刻痕直线夹角，从而检验刀齿槽的螺旋角 β，如图 5-23 所示，刻痕与刀尖连线的夹角为 $90°-\beta$。若用游标卡尺测量相邻刻痕两端尺寸，也可通过计算得出螺旋角的数值。

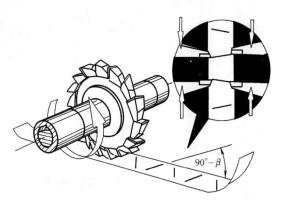

图 5-23　用刻痕测量螺旋角

2）齿槽角 θ 一般采用样板检验法或放样法进行检验。根据齿槽的法向槽形和端面齿槽的槽形，可用铜皮或薄钢板按图样制成样板，然后用样板检验槽形。若需要较准确地检验槽形，可将工件通过投影放大设备，把刀具齿槽图形放大在坐标平面上，采用坐标法进行测量计算，然后按比例较精确地计算出槽形的误差值。

3）前角 γ_o 和后角 α_o 一般采用多刀工具角度尺测量，但角度尺应放置在齿槽法向截面位置上（见图 5-24）；也可以采用游标高度卡尺划线头在工件端面沿法向用划线计算方法间接测量工件的前、后角（见图 5-25）。

如图 5-25a 所示，测量前角时先测出高度 A、B，然后按式（5-8）计算前角 $\gamma_{端}$ 的数值。

$$\sin\gamma_{端} = 2(A-B)/D \tag{5-8}$$

如图 5-25b 所示，测量后角时先测出高度 A、C，然后按式（5-9）计算后角 α_o 的数值。

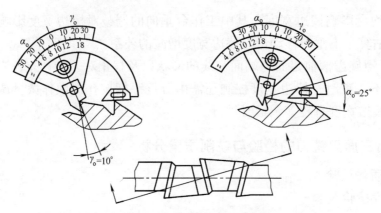

图 5-24　用多刀工具角度尺测量前角和后角

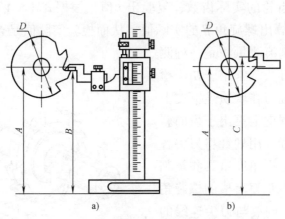

a)　　　　　　　　　　　　b)

图 5-25　用游标高度卡尺测量前角和后角

a）测量前角　b）测量后角

$$\sin\alpha_o = 2(C-A)/D \tag{5-9}$$

根据 $\gamma_{端}$ 计算出 γ_o。计算时可用下列公式

$$\tan\gamma_o = \tan\gamma_{端}\cos\beta \tag{5-10}$$

式中　γ_o——螺旋齿前角（°）；

　　　$\gamma_{端}$——螺旋齿端面前角（°）；

　　　β——齿槽螺旋角（°）。

（2）连接面检验　连接面检验包括端面齿前刀面与螺旋齿前刀面连接质量以及切削刃棱边宽度等的检验。检验方法主要采用目测方法，棱边宽度可用游标卡尺检验，各连接面的质量主要观察是否平滑，有无磕碰。对于前刀面，应在试铣中及时检验凹弧情况，若凹弧明显，干涉过大，刀齿强度减小，则应及时分析原因，重新调整。

（3）齿分角和间距检验　齿分角是由分度精度确定的，检验时采用游标卡尺测量各齿，间接测出分齿误差。间距是指两个方向的螺旋齿间距是否相等。检验时，可用游标卡尺测量同一齿的两端齿间以及与相邻齿的齿间距离并进行比较，如图 5-21b 所示。

2. 铣削质量分析

（1）螺旋齿槽偏差大　螺旋齿槽偏差大的主要原因有：

1）工作铣刀选择错误。

① 廓形角 θ 不正确，如刃磨质量差、刀具参数不对等。

② 工作铣刀切向选择不正确，没有使工件旋转方向靠向双角铣刀的小角度锥面刃或单角度的端面切削刃，以致引起较多的干涉量。

③ 铣刀刀尖圆弧过大，造成槽底圆弧过大，过切量增大。

2）工作台扳转角度偏差过大。

① 工作台回转盘原零位有偏差，使两个方向的螺旋槽工作台扳转角一大一小，干涉量变大，齿槽形状畸变。

② 工作台偏移量增量值未经试切调整，增量值过大，铣刀刀尖切削轨迹改变，干涉量增大，使槽形偏差增大。

③ 由铣刀螺旋齿槽表面包络形成的基本原理分析可知，因导程不变，外圆处的螺旋线螺旋角大，槽底部的螺旋线螺旋角小，工作台扳转角度与工件外圆处螺旋角相同，因而工作铣刀在切削时在槽底产生过切，使齿槽畸变。

3）导程误差过大。

① 导程计算错误。

② 交换齿轮配置错误。

（2）前角值偏差大　前角值偏差大的主要原因有：

1）偏移量计算错误。

2）对刀不准确，划线错误。

3）加工测量错误。

4）交换齿轮配置错误，前刀面干涉量大。

5.4　复杂模具型面的铣削加工 *

5.4.1　锻模型面铣削加工的工艺分析和准备要点

1. 工艺特点分析

1）图 5-26 所示的模具是用于制作柴油机摇臂锻坯的锻模，锻模的型面是根据摇臂坯件的外形要求确定的，柴油机摇臂是一个外形比较复杂的零件，如图 5-27 所示。

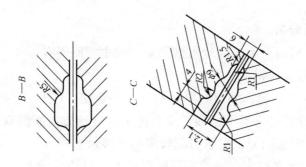

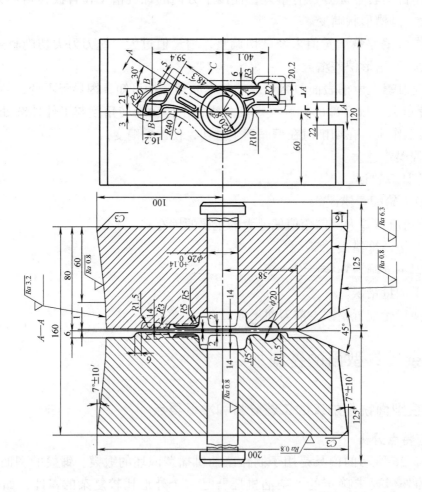

图 5-26　摇臂锻模

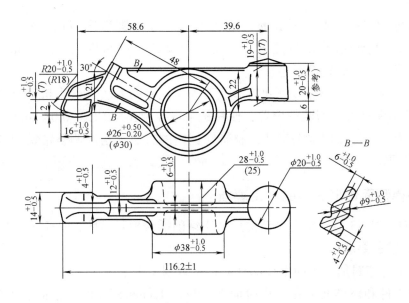

图 5-27　摇臂工件图

2）根据柴油机摇臂的几何特征，其几何形状是对孔 $\phi 26^{+0.50}_{-0.20}$ mm 两端面的中间平面对称的，因此锻模上下模的型腔形状投影是轴对称图形。

3）模具型面的基准方位是相反的。模具型面的尺寸基准是贯穿上下模的 $\phi 26^{+0.14}_{0}$ mm 通孔。

4）模具型面与模具的相对位置由上、下冲头 $\phi 26$mm 水平和垂直中心线确定。根据外形尺寸，型面 $\phi 26$mm 孔中心位置处于外形对称中心位置，而上下模的方位则由 22mm 的直角槽确定。

2. 工艺准备要点

（1）拟订加工方法　根据型面的几何特征，型腔中部高 14mm，直径为 $\phi 38$mm 的圆柱凹腔，在仿形铣削时会产生上下坡角度较大的问题，并且形状规则，铣削余量也比较多，因此，在仿形铣削模具型腔前，可预先按图样加工中间圆柱凹腔。型腔其余部分采用立体仿形加工方法。

（2）选择仿形铣削方式　根据图样形状特征以及立体仿形铣削的基本方式，为避免上下坡角度较大，宜选用沿模具宽度（x 轴）方向的行切方式（机能）进行仿形铣削。

（3）选择仿形铣刀和仿形销　由模具图样可见，型腔中最小的圆弧是 $R1.5$mm，因此，型腔最终需使用端部为球面半径 $SR1.5$mm 的锥形仿形销和锥形铣刀铣削，粗铣时可选用较大球面半径的仿形销和铣刀进行加工。

（4）拟订仿形铣削工序　为保证型面铣削精度，提高加工速度，现拟订以下仿形铣削工序：

1）用球面半径 $SR>1.5mm$ 的锥形仿形销和球面锥形铣刀进行粗铣。粗铣时，可调整铣刀和仿形销的轴向位置，分多次粗铣，每次深度为 0.5～1mm，最后留 0.5～1mm 做半精铣、精铣余量。

2）用控制锥形球面仿形销和仿形铣刀轴向位差的方法进行半精铣，根据过程检测结果，精确调整模具型腔的位置，使精铣余量控制在（0.15±0.03）mm 范围内。

3）利用调节仿形仪预偏量或调整轴向偏差的方法，精确调整精铣余量，精铣型面达到图样要求。

5.4.2 锻模型面仿形铣削的加工要点

选用 ZF2-3D55 型三坐标自动仿形铣床铣削摇臂模具型腔，加工方法如下。

1. 加工准备要点

1）在工件坯料加工表面上按图样对称位置划出十字线。

2）将工件和模样装夹在工作台面上，找正工件和模样的上平面和侧向基准面，使工件和模样沿宽度（x 轴）方向与工作台面和纵向平行，如图 5-28 所示。工件和模型的相对位置距离与铣刀和仿形销的距离大致相同。

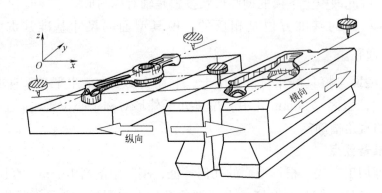

图 5-28 工件和模样的装夹和找正

3）在主轴和仿形销轴上安装专用顶尖，调整机床工作台和仿形仪座架及铣刀轴线的坐标位置，使两顶尖同时对准模样和工件的十字线交点。

4）选择 x 向分行仿形方式，如图 5-29 所示。其中，D 点为刀具起始位置，要求铣刀到达终点位置自动离模返回原点。

2. 仿形铣削操作步骤

（1）按 x 向分行仿形方式和机床开关整定要求做如下操作

1）指令：x 行切（表示 x 向分行切削）。

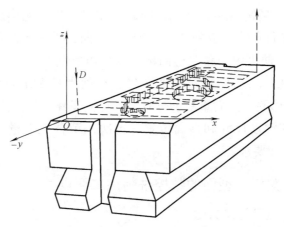

图 5-29　锻模型腔铣削示意图

2）行切扩展：0（表示普通行切）。

3）引模方向：红点对准 90°（表示仿形销的实际位置在 +z 轴方向）。

4）进给方向：+Q（表示初始第一拍沿 +x 轴方向主导进给）。

5）仿形速度：如 300mm/min（表示主导进给速度为每分钟 300mm）。

6）周进方向：+Δ（表示沿 +y 方向周期进给）。

7）周进时 0.1s 和周进衰减：0.2（测算周进给量为 0.1mm）。

8）周进方式：间断（表示周进时主导进给暂停，等周进结束后再继续）。

9）离模方式：z 快退停（表示当有关终点行程开关起作用时，仿形铣削自动停止，同时仿形销高速沿 +z 方向离开模样退回原点，主轴停止转动，用于加工完毕的情况）。

（2）按 x 向最大尺寸终点和原点坐标整定挡块（见图 5-29）

1）L_{1DX}：分别用作 -x、+x 边界挡块。

2）L_{1DY}：用作终点挡块。

3）L_{Z00}：用作原点挡块。

（3）根据粗铣要求选择锥度 7°、球头半径 SR3mm 的仿形销和铣刀，安装后进行对刀，然后调整铣头主轴套筒伸出长度，每次切深 1mm，分 13 次进行粗铣。

（4）机床操作程序

1）按"主轴正转按钮"，起动主轴使之正转。

2）按"仿形起动按钮"，使仿形工作开始，随后机床便按以下动作进行仿形铣削：引模→转为正向 x 行切→+x 边界挡块 L_{1DX} 动作，+y 方向周进→周进完毕自动转为负向 x 行切→-x 边界挡块 L_{1DX} 动作，+y 方向周进→周进完毕自动转为正向 x 行切→……→+x 边界挡块 L_{1DX} 动作，+y 方向周进→周进过程中 L_{1DY} 终点挡块动作→自动关闭"仿形停止"，刀具从 +z 方向自动快速离模→L_{Z00} 原点挡块动作，自动关闭"主轴停止"。工作完毕，铣刀停在设定的原点。

3）由于粗铣和半精铣后还需精铣，因此，在每次粗铣完毕后不必用终点自动离模，只要把"进给方向开关"拨到"Δ"的相反方向，沿 + z 方向调整仿形仪支架或沿 −z 方向调整铣刀，便可由原路线返回再次进行仿形铣削。

（5）根据半精铣要求选择和安装锥度 7°、球面半径 SR1.5mm 的仿形销和铣刀，安装后需进行同轴度检验，然后重新进行对刀，重复步骤（4），留精铣余量 0.15mm。

（6）测量型面的深度尺寸和型面位置 再次调节背吃刀量，重复步骤（4），使模具型腔达到图样尺寸要求。

5.4.3 叶片、螺旋桨模具型面的数控铣削加工要点 *

1. 模具型面的特点及加工方法

（1）模具型面的特点

1）零件形状复杂、加工精度要求高。

2）用数字公式可以描述的复杂曲线和曲面。

3）进给难控制，尺寸难测量的加工面。

4）定位精度高，需一次装夹就能完成多工序的零件。

5）在通用机床上加工容易受人为因素干扰，而且必须设计、制造复杂专用工艺装备的零件。

结合以上特点，可以得出，数控铣削是最常用的加工方法，也是自动编程的关键技术。

（2）模具型面加工方法

1）根据零件要求，确定模具的 CAD 模型。

2）选择合适的刀位轨迹生成方法，并确定相关的参数（包括坐标系定义、待加工几何形状定义、刀具参数定义、路径选择等）。

3）刀位轨迹的后置处理。

2. 叶片铣削加工实例

加工面为空间曲面的零件称为曲面类零件，如模具、叶片、螺旋桨模具等。在曲面较复杂、通道较狭窄的情况下，使用三坐标铣床加工容易伤及相邻表面，此时需要刀具摆动加工零件，宜采用四坐标或五坐标联动数控铣床。下面以图 5-30 所示桨叶型面为例，采用四坐标联动数控铣床进行数控铣削加工分析。

（1）零件加工工艺

1）零件分析：图 5-30 为螺旋桨叶零件图，毛坯为 304 不锈钢，桨叶底部直径为 ϕ28mm，等台阶尺寸已经在上一工序完成。桨叶主体形状由螺旋线公式产生，叶片有扭曲。本工序要求加工桨叶螺旋面、R4.5mm 圆角面和底面，采用四轴（X、Y、Z、加 A 轴）数控铣床加工完成。

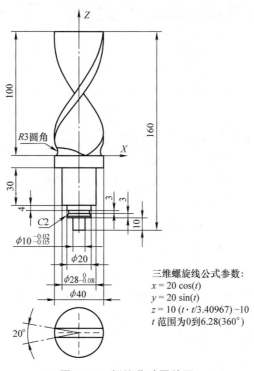

三维螺旋线公式参数:
$$x = 20 \cos(t)$$
$$y = 20 \sin(t)$$
$$z = 10 (t \cdot t/3.40967) -10$$
t 范围为0到6.28(360°)

图 5-30 螺旋桨叶零件图

2）工件装夹：零件为典型的四轴加工零件，使用四轴旋转工作台作为第四轴 A 轴（见图 5-31a），采用一夹一顶装夹方式进行零件加工（见图 5-31b）。

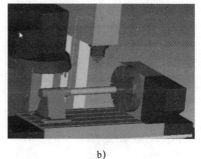

a)　　　　　　　　　　　　　　　b)

图 5-31 装夹方法

a）机床第四轴　b）机床一夹一顶装夹

3）刀具选择：桨叶扭曲严重，加工时容易发生碰撞、干涉等问题，为提高加工效率，在进行流道开始粗加工和流道半精加工过程中应尽可能选用大直径球头铣刀。桨叶加工刀具表见表 5-4。

表 5-4　桨叶加工刀具表

序号	刀具号	刀具规格 /mm	刀具名称	刀具材料	转速 /（r/min）	进给量 /（mm/min）
1	T1	ϕ 12	球头铣刀	硬质合金	1600	280
2	T2	ϕ 6	键槽铣刀	硬质合金	4000	380
3	T3	ϕ 6	球头铣刀	硬质合金	4500	400
4	T4	ϕ 4	球头铣刀	硬质合金	5000	300

（2）零件造型

1）打开 Solidworks 软件，新建零件图。

2）新建 3D 草图 ![3D 草图]，使用方程式驱动曲线命令 ![方程式驱动的曲线]，分别插入 2 条方程式曲线，一条参数 $x = 20\cos(t)$ 等，一条参数 $x = 20\cos(t + 200/360 \times 6.28)$ 等，并补线封闭草图，如图 5-32a、b 所示。

3）使用曲面填充命令 ![填充(I)...] 作曲面，采用同样方法旋转复制作出第二张曲面，如图 5-32c 所示。

4）在前视基准面作 ϕ 40mm 圆的草图，拉伸高度 100mm，如图 5-32d 所示。

5）菜单栏选择切除命令、使用曲面命令 ![使用曲面(W)...]，利用曲面切割圆柱体，保留需要的部分，如图 5-32e 所示。

6）画底座，并倒圆角至图样要求，如图 5-32f 所示。

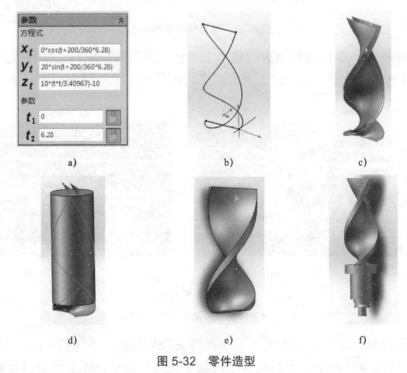

图 5-32　零件造型

a）方程式曲线参数　b）补线封闭草图　c）曲面填充　d）拉伸圆柱

e）曲面切割圆柱体　f）倒圆角

（3）零件加工

1）绘制毛坯和辅助面。

根据前道工序，会产生不同形状的毛坯，如图 5-33a 所示，在工件下表面绘制直径为 ϕ41mm 的圆柱体，用右键拉伸，使用更改透明度命令 ![更改透明度] ，方便自己的观察和选择。为了在 CAM 中的操作更流畅，产生的刀路更光顺，可以适当地添加一些辅助面帮助选取曲面，利用插入等距曲面命令 ![等距曲面(O)...] ，绘制螺旋面，利用插入曲面平面区域命令 ![平面区域(P)...] 绘制圆形面，如图 5-33b 所示。最后修剪至想要的面，利用插入曲面裁剪曲面命令 ![剪裁曲面(T)...] ，裁剪得到需要的面，如图 5-33c 所示。

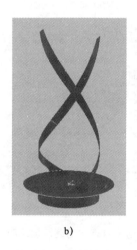

a)   b)   c)

图 5-33　绘制毛坯和辅助面

a）绘制毛坯　b）绘制圆形面　c）裁剪曲面

2）导入模型，创建原点、毛坯、加工对象。

导入模型：依次单击菜单栏，Silidcam→新增→铣床，选择零件模型。选择 CNC 控制器为 Fanuc5a（ ![CNC控制器 Fanuc5a] ）。创建加工原点：选择加工原点命令 ![加工原点] ，设置原点位置和方向为零件左端面中心（见图 5-34a），单击√确定。创建毛坯：选择素材形状（ ![素材形状] ），设定选择所画圆柱体为素材毛坯，选择实体显示（ ![实体显示] ），检查如图 5-34b 所示，单击√确定。创建加工对象：选择加工形状（ ![加工形状] ），设定选择输入零件 1 为加工对象，实体显示检查如图 5-34c 所示，单击√确定。

3）设置刀具表。

右键单击设计树刀具，产生工件刀具表，按设计要求新增所有刀具，写入刀具规格尺寸、切削用量等，如图 5-35 所示。

a)

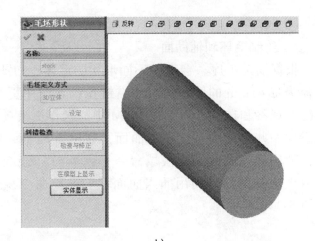

b)

c)

图 5-34　创建原点、毛坯、加工对象

a）设置原点　b）选择素材形状　c）选择加工形状

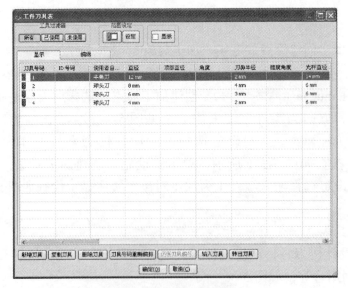

图 5-35　设置刀具表

4）粗加工。

① 在设计树加工工程上右键单击加工，选择平行于曲面加工方式。如图 5-36a 所示，首先设置刀具轴控制，选择"4 轴"，转动轴为轴 X，然后依次选择：图形设置，驱动面为 Z 方向上表面流道面，边曲面为前面绘制的螺旋曲面，驱动曲面偏移量为 0.3mm，延长 / 裁剪开始选择 60%，如图 5-36b 所示。刀具选择直径为 ϕ12mm 球头铣刀；安全平面类型设置为圆柱，半径为 60mm，选中"X 平面内"，如图 5-36c 所示。粗加工参数，选择最大步进量为 4mm，分类设置中切削顺序从中间向外；连接设置，路径连接中大移动选择混合曲线，使用进出口宏，设置弧扫描为 15，弧直径 / 刀具直径为 55%，参数如图 5-36d 所示。碰撞检查，选择圆角面和左端面；移动限制控制，角度变化限制 360°，第一旋转角极限在 0°~360°，如图 5-36e 所示。最后存档并计算产生刀路，如图 5-36f 所示。

a)

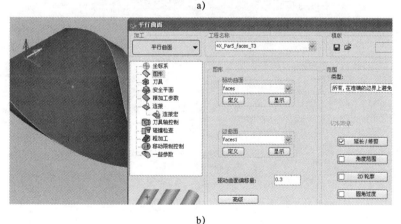

b)

图 5-36　平行曲面加工方法

a）设置控制轴　b）设置平行曲面参数

c)

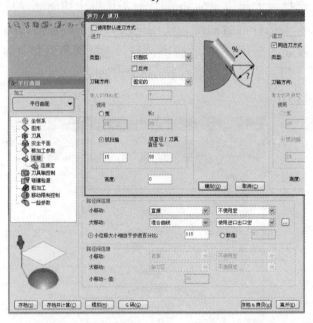

d)

e)

图 5-36　平行曲面加工方法（续）

c）设置刀具参数　d）设置加工参数　e）设置碰撞检查参数

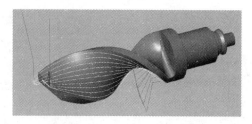

f)

图 5-36　平行曲面加工方法（续）

f）生成刀路

②产生最终粗加工刀路，选择粗加工选项，设置相应的深度切削和旋转参数，存档并计算产生刀路，模拟检查有无干涉过切，如图 5-37 所示。

a)

b)

图 5-37　最终粗加工

a）选择粗加工　b）设置参数

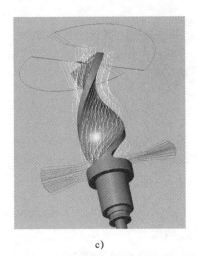

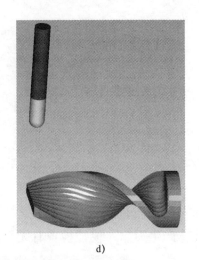

c)   d)

图 5-37   最终粗加工（续）

c）产生刀路   d）模拟检查

5）精加工。

① 精加工零件底部平面。新增多轴加工，选择侧刃铣削方式，依次选择：刀轴控制，第 4 轴 A 轴；图形定义，设置驱动面为底部对称两端面，边曲线为底部圆角边线，注意两曲线方向一致，底部曲面检查选择螺旋面和圆角曲面；刀具定义，选择直径 $\phi6mm$ 平底刀；安全平面，圆柱体半径为 60mm，X 平面内；精加工参数，勾选距离"0.5"等；粗加工，选择深度切削，设置数量"3"，间距"5"；移动限制设置，角度变化和第一角度限制都是 360°，存档并计算产生刀路，如图 5-38 所示。

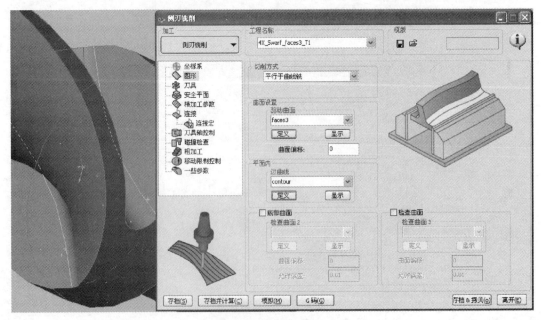

图 5-38   精加工底面

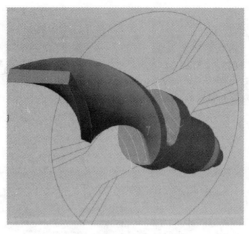

图 5-38　精加工底面（续）

②精加工零件底部圆角。这里我们可以选中开粗刀路，使用复制粘贴的功能，产生新工程⊕ ＊ ⚑ 4X_Par5_faces_T3_，修改对象：图形定义，驱动面为圆角面，边曲面为底部端面和螺旋面；刀具，选择直径为 ϕ4mm 的球头铣刀；精加工参数，步进量为 0.5mm；取消粗加工，深度切削选项，存档并计算产生刀路，如图 5-39 所示。

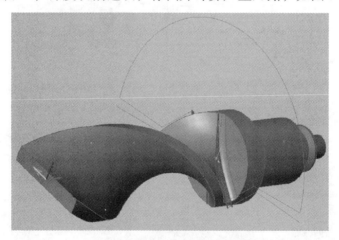

图 5-39　精加工零件底部圆角

③精加工螺旋面和外圆面。新增多轴加工，选择平行切削方式，依次选择：刀具轴控制，第 4 轴为 A 轴；图形定义，驱动面包括螺旋面、圆周面、圆角面、底面端面，围绕轴 X 轴；刀具，选择直径为 ϕ6mm 的球头铣刀；安全平面，圆柱类型，半径为 60mm，X 平面；精加工参数，步进量为 0.5mm；连接，第一入口选择进口宏，最后出口使用出口宏，路径间连接，设置大移动选择混合曲线，设置弧扫描参数；碰撞检查，零件左右端面；移动限制设置，角度变化和第一角度限制都是 360°，存档并计算产生刀路，如图 5-40 所示。为了得到更好的零件表面质量，一般在精加工之前加入半精加工，加工方法和精加工类似。

项目
5

221

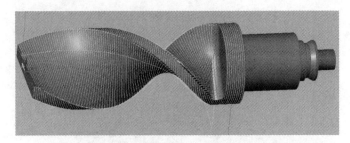

a)

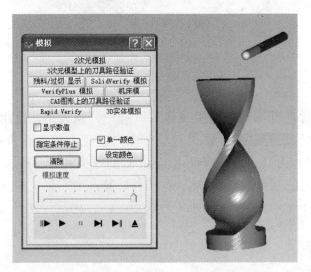

b)

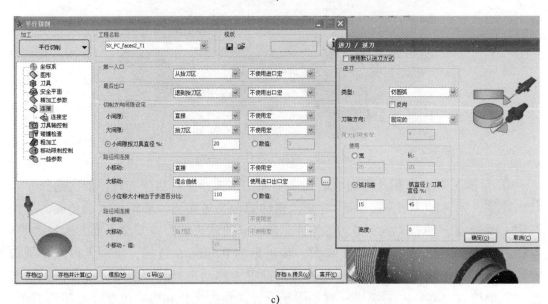

c)

图 5-40　精加工设置

a）精加工刀路　b）精加工模拟　c）设置精加工参数

5.4.4 模具型面的检验与铣削质量分析

现以摇臂锻模为例，介绍模具型面的检验和铣削质量分析。

1.测量检验要点

1）型面位置检验主要通过压型试件进行检验。

2）压型试件的尺寸如图 5-27 所示。检验摇臂压型试件时，对不进行切削加工的部位应直接按图样检验；对需要进行切削加工的部位，应留有足够的加工余量。

2.摇臂锻模型面加工质量分析要点

（1）锻模型面形状精度误差大的原因

1）球头铣刀和仿形销尺寸、形状精度差或安装精度差。

2）铣削方式选择不当。

3）主导进给或周进量选择不当。

4）精铣余量过少，留有粗铣痕迹。

5）挡块调整不当，没有对模样型面进行完整的仿形。

6）仿形仪灵敏度差等机床故障。

（2）摇臂锻模型面位置精度误差大的原因

1）工件或模样找正精度差。

2）用双顶尖找正、调整铣刀和仿形销、模样和工件相对位置时误差大。

3）工件或模样十字线位置有误差。

4）工件或模样铣削过程中微量位移。

5）机床复位误差等故障。

5.5 销孔燕尾组合工件的铣削加工

5.5.1 销孔燕尾组合工件铣削加工的工艺分析和准备

（1）装配图分析（见图 5-41） 本组合件为五件配合，件 1 为左上体，分别通过销孔 ϕ36mm、ϕ12mm、宽 38mm×6mm 的凸块和燕尾槽与台阶销 2、直销 3、右上体 4 和底座 5 配合；件 2 台阶销分别与左上体 1 和底座 5 配合；直销 3 分别与左上体 1、右上体 4 和底座 5 配合；右上体 4 分别通过宽 12mm、长 22mm 键槽、燕尾槽和直角槽及 90° 斜面连接台阶面，与直销 3、底座 5、左上体 1 配合；底座 5 分别通过左侧燕尾键块、ϕ36mm 与 ϕ16mm 台阶孔、中部 ϕ12mm 直孔、右侧燕尾键块、直槽和台阶面，与左上体 1、台阶销 2、直销 3 和右上体 4 配合。组合件组装后的要求为：

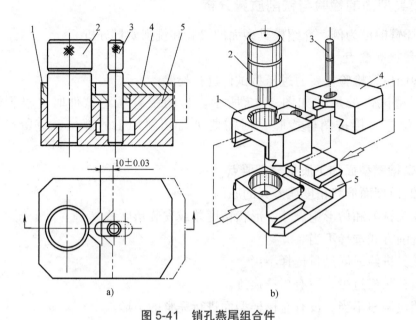

图 5-41　销孔燕尾组合件

a）装配图　b）立体图

1—左上体　2—台阶销　3—直销　4—右上体　5—底座

1）各配合面间隙小于 0.10mm。

2）两销插入自如，间隙小于 0.10mm。

3）两销插入后，右上体 4 可移动距离为（10±0.03）mm。

（2）零件图分析

1）件 1 为左上体（见图 5-42），其外形尺寸为 75mm×80mm×40mm；凸块尺寸由 38mm、6mm、51mm 组成；燕尾槽尺寸由 56mm 和 16mm 组成；直角槽尺寸由 48mm 和 24mm 组成；凸块上销孔 ϕ12mm 位置，由尺寸 63mm 和 40mm 确定；销孔 ϕ36mm 位置，由尺寸 24mm 和 40mm 确定；V 形缺口由尺寸 27mm 和 90° 夹角构成。

2）件 4 为右上体（见图 5-43），其外形尺寸为 68mm×80mm×32mm；上沿尺寸由 59mm、68mm、27mm（及 90° 夹角）和 22mm 组成；直销 3 和滑动配合槽长 22mm，宽 12mm，位置由尺寸 52mm 和 80mm 确定；燕尾槽尺寸由 22mm、40mm 和 10mm 组成；直槽尺寸由长度方向尺寸 22mm、5mm 和 38mm 与高度方向尺寸 22mm 和 10mm 构成。

3）件 5 为底座（见图 5-44），其外形尺寸为 80mm×110mm×40mm；左侧（见图 5-44 中 A—A 剖面）燕尾键尺寸由 12mm、56mm 和 24mm 构成；台阶面由 16mm、48mm 和 16mm 确定；ϕ36mm 和 ϕ16mm 台阶孔位置，由尺寸 86mm 和

40mm 确定；中部直槽和 T 形槽尺寸由 24mm、32mm 和 4mm 及 10mm、10mm 组成；ϕ12mm 销孔位置由尺寸 47mm 和 40mm 确定；右侧（图 5-44 中 B—B 剖面）燕尾键尺寸由 40mm、22mm 和 12mm 构成；直槽由尺寸 17mm、38mm、5mm、12mm 和 22mm 组成。

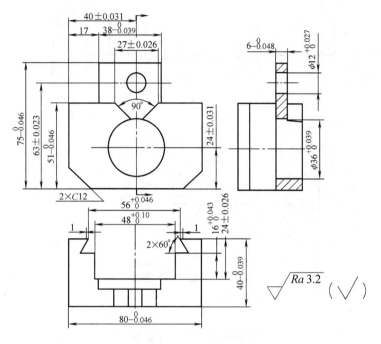

图 5-42　左上体零件图

4）表面粗糙度值均为 Ra3.2μm。

5）零件材料均为 45 钢。

（3）拟订加工工序

1）左上体加工工序：备料→铣削外形→去毛刺、划线→铣削直槽→铣削 2×C12 倒角→铣削凸块→钻、镗、铰 ϕ36mm 孔→钻、镗、铰 ϕ12mm 孔→铣削 90°V 形缺口→铣削燕尾槽→去毛刺、倒角→按零件图样要求检验各项尺寸。

2）右上体加工工序：备料→铣削外形→去毛刺、划线→铣削直槽→铣削 30° 倒角→铣削上沿台阶面→铣削半燕尾槽→铣削键槽→铣削 90° 斜面和连接面→去毛刺、倒角→按零件图样检验各项尺寸。

3）底座加工工序：备料→铣削外形→去毛刺、划线→铣削倒角→粗铣中间直槽和 T 形槽→铣削台阶孔顶面、台阶面→钻、镗台阶孔→钻、扩、铰 ϕ12mm 孔→铣削燕尾键→铣削台阶凹槽→铣削半燕尾键→精铣中间直槽和 T 形槽→去毛刺、倒角→按零件图要求检验各项尺寸。

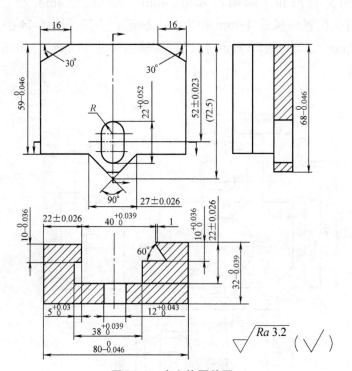

图 5-43　右上体零件图

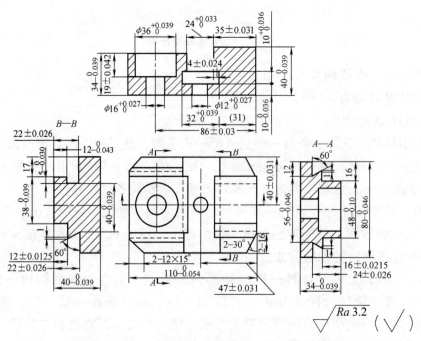

图 5-44　底座零件图

（4）编制加工工序表和绘制加工工序简图

1）编制加工工艺过程。

① 左上体加工工艺过程见表 5-5。

表 5-5　左上体加工工艺过程　　　　　　　　　　　　　　（单位：mm）

序号	工序名称	工序内容	设备
1	备料	六面体 $82 \times 77 \times 42$	X5032 铣床
2	铣削	铣削外形 $80_{-0.046}^{0} \times 75_{-0.046}^{0} \times 40_{-0.039}^{0}$	X5032 铣床
3	钳加工	去毛刺、划线	
4	铣削	铣削直槽宽 $48_{0}^{+0.10}$、深 24 ± 0.026，保证槽中心位置尺寸 40 ± 0.031	X6132 铣床
5	铣削	铣削 $2 \times C12$ 倒角	X6132 铣床
6	铣削	铣削凸块 $38_{-0.039}^{0} \times 6_{-0.048}^{0}$，保证位置尺寸 $51_{-0.046}^{0}$ 与 17	X5032 铣床
7	铣削	钻、镗、铰 $\phi 36_{0}^{+0.039}$ 孔，保证位置尺寸 40 ± 0.031 与 24 ± 0.031	X5032 铣床
8	铣削	钻、扩、铰 $\phi 12_{0}^{+0.027}$ 孔，保证位置尺寸 63 ± 0.023 与 40 ± 0.031	X5032 铣床
9	铣削	铣削 90°V 形缺口，保证尺寸 27 ± 0.026	X5032 铣床
10	铣削	铣削燕尾槽保证宽度 $56_{0}^{+0.046}$、深度 $16_{0}^{+0.043}$	X5032 铣床
11	钳加工	去毛刺、倒角	
12	检验	按图样要求检验各项尺寸	

② 右上体加工工艺过程见表 5-6。

表 5-6　右上体加工工艺过程　　　　　　　　　　　　　　（单位：mm）

序号	工序名称	工序内容	设备
1	备料	六面体 $82 \times 70 \times 34$	X5032 铣床
2	铣削	铣削外形 $80_{-0.046}^{0} \times 69 \times 32_{-0.039}^{0}$	X5032 铣床
3	钳加工	去毛刺、划线	—
4	铣削	铣削 30° 倒角，保证尺寸 16	X6132 铣床
5	铣削	铣削直槽、凹槽，保证位置尺寸 22 ± 0.026，宽度 $5_{0}^{+0.03}$、$38_{0}^{+0.039}$ 和深度 $10_{-0.036}^{0}$、22 ± 0.026	X5032 铣床
6	铣削	铣削上沿台阶面，保证尺寸 22 ± 0.026 和 $59_{-0.046}^{0}$	X5032 铣床
7	铣削	铣削半燕尾槽，保证尺寸 $40_{0}^{+0.039}$ 和 $10_{0}^{+0.036}$	X5032 铣床
8	铣削	铣削键槽宽 $12_{0}^{+0.043}$，长 $22_{0}^{+0.052}$	X5032 铣床
9	铣削	铣削 90° 斜面及连接面，保证尺寸 $59_{-0.046}^{0}$ 及 27 ± 0.026，$68_{-0.046}^{0}$	X5032 铣床
10	钳加工	去毛刺、倒角	—
11	检验	按图样要求检验各项尺寸	—

③ 底座加工工艺过程见表 5-7。

表 5-7 底座加工工艺过程 （单位：mm）

序号	工序名称	工序内容	设备
1	备料	六面体 $112 \times 82 \times 42$	X5032 铣床
2	铣削	铣削外形 $110_{-0.054}^{0} \times 80_{-0.046}^{0} \times 40_{-0.039}^{0}$	X5032 铣床
3	钳加工	去毛刺、划线	
4	铣削	铣削 $2 \times 30°$ 倒角，保证尺寸 16，铣削 $2 \times C12$ 倒角	X6132 铣床
5	铣削	粗铣中间直槽和 T 形槽，保证尺寸 35.5、23、3.5、31、10.5 和 9	X5032 铣床
6	铣削	铣削台阶面，保证尺寸 $34_{-0.039}^{0}$、16，以及台阶宽 $48_{-0.10}^{0}$、高 16 ± 0.0215	X5032 铣床
7	铣削	钻、镗台阶孔 $\phi 36_{0}^{+0.039}$ 和通孔 $\phi 16_{0}^{+0.027}$，保证位置尺寸 86 ± 0.03、40 ± 0.031	X5032 铣床
8	铣削	钻、扩、铰 $\phi 12_{0}^{+0.027}$ 孔，保证位置尺寸 47 ± 0.031、40 ± 0.031	X5032 铣床
9	铣削	铣削燕尾键，保证尺寸 $56_{-0.046}^{0}$、12 和 24 ± 0.026	X5032 铣床
10	铣削	铣削台阶凹槽，保证尺寸 17、$38_{-0.039}^{0}$、$5_{-0.030}^{0}$ 和台阶深 12 ± 0.0215、凹槽位置尺寸 22 ± 0.026 和 $12_{-0.043}^{0}$	X5032 铣床
11	铣削	铣削半燕尾键，保证尺寸 $40_{-0.039}^{0}$ 和 22 ± 0.026	X5032 铣床
12	铣削	精铣中间槽和 T 形槽，保证尺寸 35 ± 0.031、$24_{0}^{+0.033}$、4 ± 0.024 和 $10_{-0.036}^{0}$、$10_{0}^{+0.036}$	X5032 铣床
13	钳加工	去毛刺、倒角	
14	检验	按图样要求检验各项尺寸	

2）绘制铣削加工工序简图。由于零件各档尺寸要求较高，操作时为防止差错，应绘制加工工序简图以做参考。左上体铣削加工工序如图 5-45 所示，右上体铣削加工工序如图 5-46 所示。

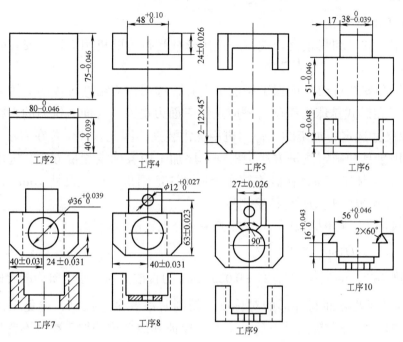

图 5-45　左上体铣削加工工序简图

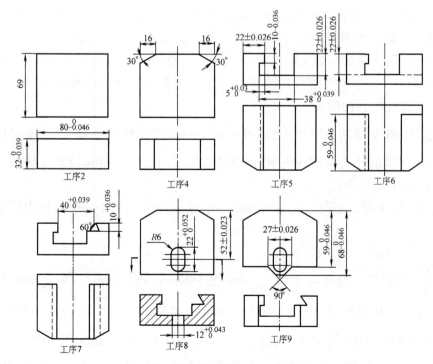

图 5-46　右上体铣削加工工序简图

5.5.2 销孔燕尾组合工件铣削加工的主要步骤与调整操作

（1）加工准备要点

1）选用、安装和找正机用虎钳。选用丝杠受拉力的机用虎钳，安装时预检机用虎钳的精度。

2）选用和安装铣刀。根据工序加工内容，选用相应精度等级的适用刀具。如左上体工序 4，在卧式铣床上铣削直槽应选用三面刃铣刀，三面刃铣刀的直径和厚度由槽宽和槽深尺寸选定；加工的工件用机用虎钳装夹，因此安装位置在刀轴中间。

3）选用量具和确定测量方法。根据工序加工内容确定测量方法，选用相应精度的量具。如右上体工序 4，在卧式铣床上铣削 30° 倒角，保证尺寸 16mm，应选用游标万能角度尺和游标卡尺进行检验测量。

4）备料加工。按图样要求和备料工序，分别铣削六面体。

（2）左上体铣削加工要点

1）宽度 $48_0^{+0.10}$ mm、深度（24 ± 0.026）mm 的直槽是与底座台阶面配合的部位，铣削时应严格保证两侧面与外形的对称度。铣削时注意余量控制，避免工件变形。安排铣削工序时，安排在铣削外形后加工，可保证其他部位的加工精度不受形变影响。

2）为了便于工件装夹，铣削 $2 \times C12$ 倒角安排在铣削凸块之前是合理的。

3）铣削时应注意控制尺寸（40 ± 0.031）mm，因该尺寸同时确定了销孔 $\phi 12$mm、$\phi 36$mm 与宽 48mm、宽 56mm 燕尾槽及 90°V 形缺口的中心位置。实际上也是以上各部位对称于外形 80mm 的中间平面的位置，加工时应严格保证，应根据外形的实际尺寸确定。如实际尺寸为（$80 - 0.02$）mm，则应以（$40 - 0.01$）mm 作为中间平面位置。由于直槽首先铣成，因此其他有对称要求的部位可以以直槽为测量基准，以保证配合精度。

4）铣削 90°V 形缺口尺寸（27 ± 0.026）mm 及燕尾槽尺寸 $56_0^{+0.046}$ mm 可用标准棒测量，测量计算的公式参照 V 形槽和燕尾槽加工内容。V 形缺口和燕尾槽均应对称 48mm 直槽的中间平面。

5）两孔加工时，应保证与基准面的垂直度，并保证与 48mm 直槽中间平面的对称度。

（3）右上体铣削加工要点

1）90° 斜面顶、肩部尺寸 $68_{-0.046}^{0}$ mm 及（27 ± 0.026）mm、$59_{-0.046}^{0}$ mm 与键槽长度 $22_0^{+0.052}$ mm 及位置尺寸（52 ± 0.023）mm，直接影响与左上体销孔的配合，因此，铣削时应根据左上体销孔 $\phi 12$mm 的位置尺寸（63 ± 0.023）mm 和 90°V 形缺口台阶面 $51_{-0.046}^{0}$ mm 的实际值，确定键槽在公差范围内的位置精度，以保证配合后能移动距

离（10 ± 0.03）mm。

2）铣削半燕尾键槽时，首先应达到深度 $10^{+0.036}_{0}$ mm，其宽度可用标准圆棒测量计算，保证尺寸 $40^{+0.039}_{0}$ mm。

（4）底座铣削加工要点

1）销孔 ϕ 12mm 和 ϕ 36mm、ϕ 16mm 台阶孔之间的距离，应在公差范围内按左上体的两孔中心距确定，同时应对称台阶宽度 $48^{-0.10}_{0}$ mm 两侧，否则会影响直销和台阶销的插入配合。

2）中间直槽和 T 形槽分粗、精铣，是为了保证工件各部分尺寸不受形变的影响。

3）燕尾键铣削时，应采用左上体和右上体铣削燕尾槽用的同一把铣刀，以提高燕尾配合精度。

4）镗台阶孔台阶面时，镗刀切削刃应在工具磨床上修磨。镗刀装夹时，应采用指示表找正切削刃与工作台面平行，以保证深度尺寸（19 ± 0.042）mm。

5）B—B 剖面的台阶面 17mm 尺寸，应按右上体 4 的凹槽侧面与工件外形侧面的实际尺寸对应，否则会影响键槽与 ϕ 12mm 销孔及直销的配合，同时，右上体 4 和底座 5 外形宽度方向也会产生偏移。

5.5.3 销孔燕尾组合工件的检验与质量分析

（1）工件检验　按零件图要求和各项尺寸进行检验。

1）ϕ 12mm、ϕ 16mm 销孔用塞规检验。ϕ 36mm 孔用杠杆指示表或内径千分尺检验。台阶孔深度用深度千分尺检验。

2）燕尾尺寸用 ϕ 6mm × 40mm 测量圆棒和千分尺配合检验宽度尺寸。对称度用指示表和测量圆棒配合检验。

3）各平行面尺寸用千分尺、内径千分尺和深度千分尺测量。

4）90°V 形缺口和斜面连接面用游标万能角度尺检验。

（2）配合检验

1）各配合面间隙用 0.10mm 塞尺检验。

2）两销插入检验时，可先检验左上体与底座装配后两销是否能插入；拔去直销，装配右上体，检验各配合面间的间隙情况，然后再插入 ϕ 12mm 直销。

3）移动右上体，检验 V 形缺口和斜面配合间隙是否小于 0.10mm，然后向外拉足，用内径千分尺检验左上体和右上体之间的距离是否在（10 ± 0.03）mm 范围内。

（3）销孔燕尾配合工件加工质量分析

1）长度方向配合精度差的原因是：

① 左上体 V 形缺口与右上体斜面因角度、位置和宽度尺寸误差大等影响配合精度。

② 配合间隙控制不当，使得斜面与 V 形缺口间隙过小或左上体凸块顶面与底座中间直槽侧面间隙过小，造成左右上体台阶面难以结合。

③ 底座上两孔的加工未按左上体台阶孔和直销孔加工后的实际孔距控制公差进行加工，影响配合精度。

2）宽度方向配合精度差的原因是：

① 左上体燕尾槽、右上体半燕尾槽与底座的燕尾块夹角、宽度尺寸和位置尺寸控制误差大。

② 直槽和台阶面的侧面之间平行度、宽度和位置尺寸铣削加工误差大。

③ 左上体和底座的销孔、台阶面和直槽、燕尾等配合部位、对称外形的精度差。

3）高度方向配合精度差的原因：

① 左上体的燕尾槽、直槽深度和底座的台阶深度、燕尾高度尺寸控制失误。

② 右上体直槽深度与底座台阶深度尺寸控制失误。

③ 右上体直槽和底座台阶深度尺寸控制不当，使得左上体凸块无法沿右上体台阶下平面插入。

④ 在右上体和底座台阶铣削时，未将 22mm 的公差按 12mm 和 10mm 两档键、槽配合分配铣削加工控制公差。

5.6　龙门刨床立柱的加工 *

5.6.1　工艺特点分析和工艺准备

龙门刨床是大型机床，如图 5-47 所示，由立柱、横梁、床身、龙门顶和连接梁等基本部件组成。铣削加工图 5-48 所示龙门刨床的立柱各表面，需作以下工艺准备：

（1）加工表面分析　根据龙门刨床的总体图，立柱下部与机床床身连接，上部与连接梁和龙门顶连接，中部的导轨面与横梁的导轨面配合，可供横梁带动垂直刀架作垂向移动。由此，立柱的表面主要是与床身的结合面（面 1、2）、与龙门顶的结合面（面 6）、与连接梁的结合面（面 5）和与横梁配合的导轨面（面 4、7、8、9、11、12、13）。

（2）加工精度要求分析　除尺寸精度外，立柱各主要表面几何精度要求见表 5-8。

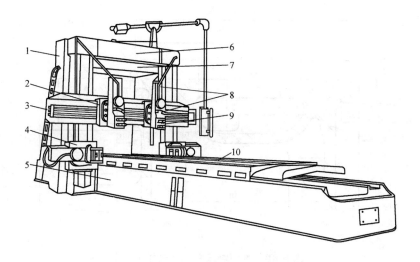

图 5-47　龙门刨床总体图

1—立柱　2—垂直刀架滑板　3—横梁　4—侧刀架　5—床身　6—龙门顶

7—连接梁　8—直行滑板及旋板　9—抬刀架及刀夹　10—工作台

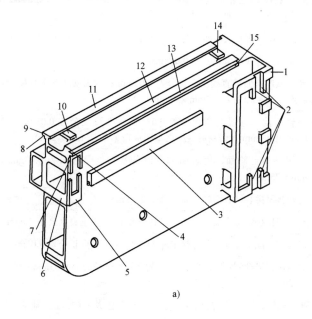

a)

图 5-48　龙门刨床右立柱表面

a）立柱表面

项目
5

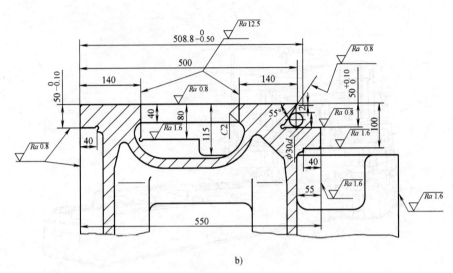

b)

图 5-48　龙门刨床右立柱表面（续）

b）导轨截面

表 5-8　立柱各主要表面几何精度要求

序号	表面号	几何精度要求
1	1	与床身拼装结合面；平面度公差 0.04mm
2	2	立柱与床身拼装定位面；与面 1 垂直度公差 0.02mm，两侧面之间平行度公差 0.02mm
3	3	坐标面；直线度全长公差 0.03mm
4	4	导轨燕尾斜面；直线度全长公差 0.03mm；对表面 3 的平行度全长公差 0.04mm；研刮后接触点（10～12）点 /25mm×25mm
5	11、12	导轨平面；直线度全长公差 0.03mm；平行度公差 0.03mm；对表面 1 的垂直度公差 0.02mm/1000mm；研刮后接触点（10～12）点 /25mm×25mm
6	13	燕尾导轨台阶面；对表面 11、12 的平行度全长公差 0.03mm；研刮后接触点 12 点 /25mm×25mm
7	5	与连接梁拼装结合面的平面度公差 0.02mm；与表面 1 的平行度公差 0.02mm
8	6	与龙门顶拼装结合面；与表面 1 和表面 11、12 垂直度公差 0.03mm
9	10、14	丝杠座装配结合面；与导轨平面 11、12 平行度全长公差 0.02mm
10	7、8	导轨压板滑动面；与表面 11、13 的平行度全长公差 0.03mm；研刮后接触点（10～12）点 /25mm×25mm
11	9、15	平导轨侧面；与表面 4 平行度全长公差 0.03mm，研刮后接触点（10～12）点 /25mm×25mm

（3）导轨面的尺寸和表面粗糙度要求分析　主要配合尺寸为平导轨侧面 9 与燕尾导轨斜面 4 之间的尺寸 $508.8_{-0.50}^{0}$ mm，导轨平面 11、12 至平导轨压板滑动面 8 之

间的尺寸和燕尾导轨台阶面 13 之间的尺寸 $50^{+0.10}_{0}$ mm。精度较高的滑动表面（表面 4、8、9、11、12、13）的表面粗糙度值均为 $Ra0.8\mu m$，其余表面粗糙度要求逐次降低。

（4）拟订铣削加工工艺　立柱总体铣削加工工艺：工件立体划线→粗铣与床身结合面 1 →粗铣两处与床身配装定位面 2 →粗铣坐标面 3 →粗铣与连接梁结合面 5 →粗铣导轨平面 11、12 →粗铣燕尾台阶面 13，导轨侧面 9、15 →粗铣导轨压板滑动面 8、7 →粗铣燕尾斜面 4 →粗铣丝杠座面 10、14 →粗铣龙门顶结合面 6 →按以上顺序精铣各面（留有精磨余量或刮研余量）→铣削工序检验。

（5）选用机床和刀具　根据立柱的外形尺寸须选用 X2020 型龙门铣床加工。较大的平面用硬质合金铣刀盘加工，减小的表面采用硬质合金立式铣刀加工，燕尾斜面选用硬质合金燕尾铣刀加工。

（6）铣削加工难点分析

1）工件外形比较大。

2）工件装夹比较困难。

3）基准面转换和找正比较复杂。

4）使用的铣刀比较多，换刀对刀操作较复杂。

5）各面之间的形状、位置和尺寸精度要求比较高，测量方法比较复杂。

5.6.2　铣削加工的主要步骤

（1）工件立体划线要点　长度方向须顾及面 2、6 加工余量，厚度方向须顾及面 1、3、4、5、9、15 加工余量，宽度方向要顾及面 7、8、10、11、12、13、14 加工余量。

（2）工件找正与装夹

1）粗铣立柱结合面时，采用垂直铣头加工，加工前，按划线找正，使工件面 1、3、5 划线与工作台面平行，面 2 侧面划线与垂直刀架沿横梁移动方向平行。找正时也可对面 9 和 15，面 11、12 和 4，面 6 的划线进行复核。此时，面 9、15 的划线应与工作台面平行，面 11、12 和 4 应与工作台进给方向平行，面 6 的划线应与垂直刀架沿横梁移动方向平行。工件找正时，在工作台面和工件毛坯面之间衬垫铜片，悬空部位用适当高度的垫块和可调平头千斤顶支承，并在实心的部位和支承点上方设置压板压紧工件，为抵消铣削力产生的转矩，工件的端面和侧面可设置螺钉可调桩，将工件端面和侧面抵住。

2）粗铣立柱导轨面时，采用侧刀架铣削加工，工件以面 1、3、5 定位，面 1 与工作台面贴合，面 3、5 与工作台面用适当高度的平行垫块垫实，然后用塞尺检测面 1 与工作台面的贴合间隙，用适当高度的平行垫块检测面 3 两端与工作台面的等高误差。此外，可找正面 7、8、11、12 划线与工作台进给方向平行，面 9、15 划线与工作台面平行。压紧点主要设置在垫实的部位上，悬空的位置应设置辅助支承与辅助压紧点。为抵消铣削力产生的转矩，工件的端面和侧面仍应设置螺钉可调桩，将工件端面和侧面抵住。

3）粗铣龙门顶接合面时，采用侧刀架铣削加工，工件仍以面1、3、5为主要定位，与工作台面平行，导轨面与垂直刀架与横梁移动方向平行，此时工件上龙门顶划线应与工作台进给方向平行。夹紧方法与2）类同。

4）精铣加工时的找正与装夹方法与粗铣时基本相同，但找正时应使用指示表找正已加工表面。如精铣结合面1、2、3、5时，应找正已加工面1、3、5与工作台面平行，面2与垂直刀架沿横梁移动方向平行，此时，导轨面11、12应与工作台面垂直并与工作台进给方向平行，龙门顶结合面应与工作台面垂直并与垂直刀架沿横梁移动方向平行，导轨侧面9、15应与工作台面平行，燕尾导轨斜面两端放置同一直径的标准圆棒，其最高点应与工作台面等高。

（3）铣削加工要点

1）结合面1用垂直铣头安装铣刀盘加工，因加工面比较宽，一般需要接刀加工，此时应注意垂直铣头轴线与工作台面的垂直度，以及机床垂直刀架沿横梁移动与工作台面的平行度精度，以保证接刀加工后的表面平面度形状精度要求。加工中注意横梁和垂直刀架滑板的锁紧。

2）定位面2用垂直刀架安装立铣刀加工，采用刀架沿横梁移动铣削，其宽度尺寸可用指示表控制，铣削时注意工作台紧固。

3）导轨面11、12用水平铣头安装铣刀盘加工，注意检测水平铣头沿龙门立柱移动与工作台面的垂直度，以保证导轨面的同一平面精度。

4）丝杠座面10、14用水平铣头安装立铣刀加工。

5）导轨侧面9、15用水平铣头安装立铣刀加工，注意立铣刀的周刃几何精度、铣床水平铣头主轴轴线与工作台面的平行度及与工作台进给方向的垂直度。

6）燕尾台阶面13和斜面4铣削时，先使用水平铣头安装立铣刀加工台阶，达到501mm尺寸要求，然后用燕尾铣刀加工斜面4，达到使用规定标准圆棒测量的 $508.8_{-0.50}^{0}$ mm尺寸精度要求。铣削时注意检测燕尾铣刀的几何精度和铣床水平铣头主轴与工作台面的平行度及与工作台进给方向的垂直度。

7）导轨压板滑动面7、8用水平铣头安装三面刃铣刀加工，铣削时注意铣刀的选择和安装，避免铣坏其他毛坯面。

8）龙门顶结合面6用水平铣头安装铣刀盘加工。

9）退刀槽的加工可以换装磨头后用橡胶砂轮片加工，也可用锯片铣刀加工。

5.6.3　检验与质量分析

（1）立柱检验要点　除基本测量外，立柱加工（包括刮研）后的测量主要有以下项目：

1）测量结合面 1 的平面度误差。用平板涂色法检验误差。

2）测量坐标面 3 的直线度误差及与面 1 的平行度误差。如图 5-49 所示，用平行平尺和框式水平仪配合检验。检验面 3 直线度时，先将面 3 两端校正水平，然后在中间区域逐段测量其水平误差，可测出其直线度误差。找正面 3 与面 1 的平行度时将面 1 找正至水平，然后对面 3 的水平精度进行测量，以测出其与面 1 的平行度误差。

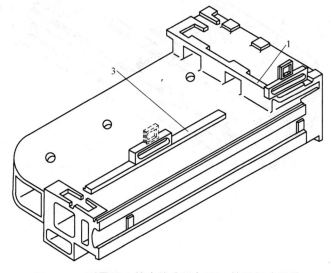

图 5-49　测量面 3 的直线度及与面 1 的平行度误差

3）测量燕尾导轨斜面 4 直线度误差及与面 3 的平行度误差。如图 5-50 所示，用 55° 平行垫块放置框式水平仪，逐段移动检验面 4 的直线度误差。用 55° 角度板安装指示表检测面 4 与面 3 的平行度误差。

4）测量导轨面 11、12 的直线度和平行度误差。如图 5-51 所示，使导轨面 11、12 向上，用平行平尺和框式水平仪逐段测量其直线度误差，并以面 11 或面 12 为基准，检测另一面与其的平行度误差。

5）测量导轨面 11、12 与结合面 1 的垂直度误差。如图 5-52 所示，用垫块找正面 11、12 的水平位置，然后将框式水平仪直角面与面 1 紧贴，以检测面 1 与面 11、12 的垂直度误差。

6）测量导轨面 12 与燕尾台阶面 13 的平行度误差。如图 5-53 所示，用 55° 角度板安装指示表，角度板紧贴面 12 和面 4 并移动，指示表测头与面 13 接触，可测得面 12 与 13 的平行度误差。

7）测量燕尾导轨斜面 4 与导轨侧面 9 的平行度误差。如图 5-54 所示，用 55° 角度板安装指示表，角度板紧贴面 12 和面 4 并移动，指示表测头与面 9 接触，可测得面 4 与面 9 的平行度误差。

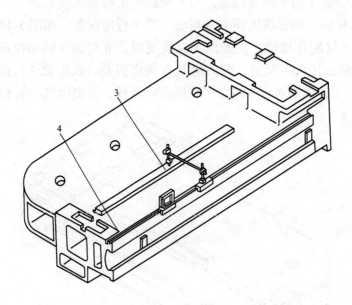

图 5-50　测量面 4 的直线度及与面 3 的平行度误差

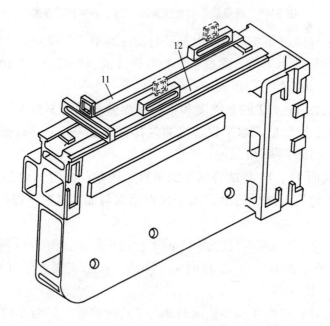

图 5-51　测量面 11、12 的直线度误差及面 11、12 的平行度误差

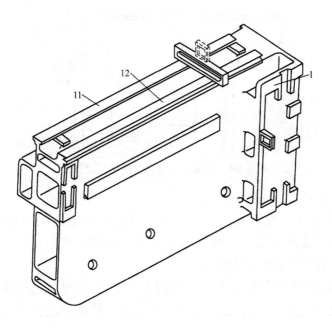

图 5-52　测量面 11、12 与面 1 的垂直度误差

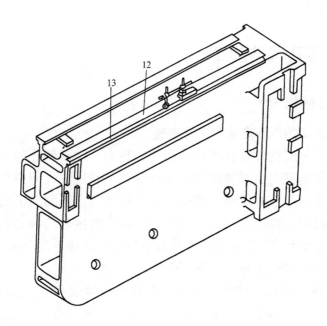

图 5-53　测量面 12 与面 13 的平行度误差

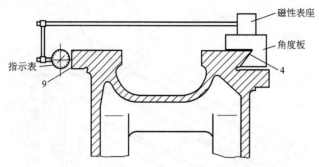

图 5-54　测量面 4 与面 9 的平行度误差

（2）质量分析要点

1）平面度误差大的原因可能是：铣头主轴轴线与机床工作台面和进给方向的几何精度差、立铣刀或燕尾铣刀几何精度误差大、工件装夹后铣削时微量位移、工件辅助支承与压紧不当引起弹性变形等。

2）平行度和垂直度误差大的原因可能是：工件辅助支承与压紧不当引起弹性变形、基准面找正误差、工件受切削力微量位移、铣削方法选择不当、机床精度误差等。

3）尺寸误差大的原因可能是：横梁和刀架滑板等锁紧装置失灵、测量过程误差、尺寸控制操作失误等。

5.7　复杂孔与孔系的加工

5.7.1　空间斜孔的加工 *

1. 空间斜孔加工的基本方法和工艺准备

（1）空间斜孔加工的主要技术要求和加工特点　空间斜孔加工的主要技术要求为斜孔轴线与工件基准的角度精度和孔坐标的位置精度。空间斜孔加工与一般的斜孔、直孔加工相比，工件的定位、调整、工艺尺寸的计算和加工精度检验都比较复杂，加工难度比较大。在缺乏镗床设备时，可以在精度较高的立式铣床上，配置坐标测量装置，在工件上增加辅助基准，并利用高精度回转工作台进行加工。

（2）转台角度的调整方法　利用回转工作台加工空间斜孔，应使工件绕垂直轴线作水平回转，并绕水平轴线倾斜一定角度进行加工。为了保证加工精度，除了选用高精度的回转工作台外，还需要对转台的回转和倾斜角度进行精确调整。通常可采用以下方法进行精确调整：

1）用象限仪进行调整，具体方法如图 5-55 所示。

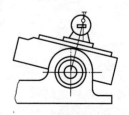

图 5-55　用象限仪进行调整

2）用转台上的正弦机构进行调整，如图 5-56 所示。

量块的计算公式如下：

当 $\gamma < 45°$ 时，$h = H - r - R\sin(45° - \gamma)$ （5-11）

当 $\gamma > 45°$ 时，$h = H - r - R\sin(\gamma - 45°)$ （5-12）

式中　γ——转台倾斜角（°）；

　　　H——倾斜轴线至量块底面的距离（mm）；

　　　r——正弦棒半径（mm）；

　　　R——倾斜轴线至正弦棒轴线的距离（mm）；

　　　h——应垫放量块的尺寸（mm）。

3）用正弦尺（规）进行调整，具体方法如图 5-57 所示。量块的计算公式如下

$$h = L\sin\gamma - r \tag{5-13}$$

式中　h——应垫放量块的尺寸（mm）；

　　　L——正弦尺两个圆柱棒之间的距离（mm）；

　　　r——正弦棒半径（mm）；

　　　γ——转台倾斜角（°）。

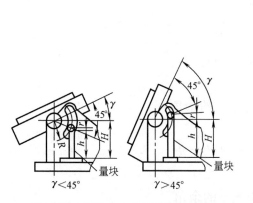

图 5-56　用转台上的正弦机构调整

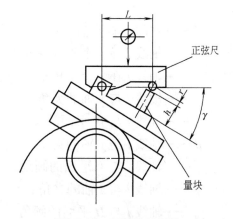

图 5-57　用正弦尺调整

4）用定位球进行调整，如图 5-58 所示。

坐标变动量计算公式如下：

当 $\gamma < 45°$ 时，$\sin\gamma = b/(h + m)$ （5-14）

当 $\gamma > 45°$ 时，$\cos\gamma = \sin(90° - \gamma) = b'/(h + m)$ （5-15）

式中　γ——转台倾斜角（°）；

　b、b'——球形定心杆倾斜前后坐标的变动量（mm）；

　　　h——转台台面至水平轴倾斜中心的距离（mm）；

　　　m——球形定心杆基准平面至球心的距离（mm）。

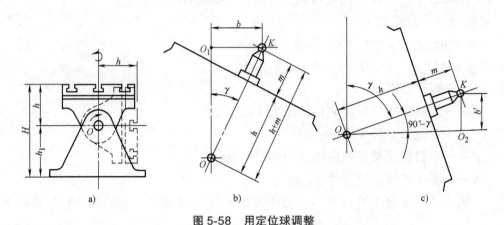

图 5-58　用定位球调整

a）相交轴转台　b）调整 b 值　c）调整 b' 值

（3）空间双斜孔角度的计算　空间斜孔与工件基准面成空间角度，加工前必须分析确定其空间轴线在坐标系中的角度关系。图 5-59 所示为双斜孔轴线在坐标系中的角度位置。

即

l——空间双斜孔轴线；

l_V、l_H、l_W——轴线 l 在三个坐标平面 V、H、W 上的投影；

l_X、l_Y、l_Z——轴线 l 在三个坐标轴 x、y、z 上的投影；

α——轴线 l 与 x 轴的夹角；

α_0——轴线 l 与 W 平面的倾角，也是 α 的余角；

β——轴线 l 与 y 轴的夹角；

β_0——轴线 l 与 V 平面的倾角，也是 β 的余角；

γ——轴线 l 与 z 轴的夹角；

γ_0——轴线 l 与 H 平面的倾角，也是 γ 的余角。

α、β、γ 三个方向角在各投影面上的投影角为

α_H——l_H 与 x 轴的夹角；

β_H——l_H 与 y 轴的夹角；

β_W——l_W 与 y 轴的夹角；

γ_W——l_W 与 z 轴的夹角；

γ_V——l_V 与 z 轴的夹角；

α_V——l_V 与 x 轴的夹角。

各投影角之间的关系为

$$\alpha_V + \gamma_V = 90°$$

$$\beta_H + \alpha_H = 90°$$

$$\gamma_W + \beta_W = 90°$$

空间双斜孔轴线有三个方向角，工件图样上一般只标注其中的两个角度，而且所给定的角度通常不能直接满足加工调整的需要，因此需进行角度换算。计算时，首先按图样标注的双斜孔轴线与图5-59所示的四个方向进行对照，然后按规定符号标明已知条件和需求角度，即可用表5-9中有关公式进行计算。

（4）空间双斜孔坐标位置的计算　由几何关系可知，当工件绕垂直基准轴线作水平回转后，斜孔的中心坐标会发生变化，当工件绕水平基准轴线作倾斜角度调整后，斜孔的中心坐标又会发生第二次变化。因此，在加工空间双斜孔时，除了角度计算外，还需要进行坐标位置的计算，以通过工作台的准确位移，保证斜孔中心的位置精度。

2. 空间双斜孔的加工

加工图5-60所示的双斜孔钻模板，具体步骤如下：

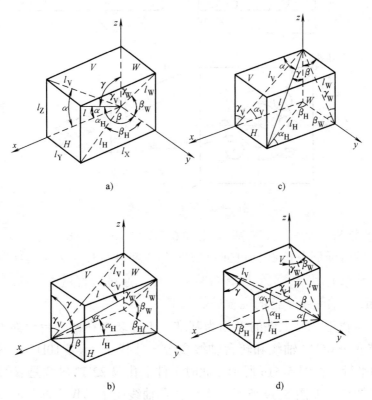

图 5-59　双斜孔轴线在坐标系中的角度位置

a）第Ⅰ方向　b）第Ⅱ方向　c）第Ⅲ方向　d）第Ⅳ方向

表 5-9　空间双斜孔轴线角度关系换算公式

序号	已知角	待求角	计 算 公 式	序号	已知角	待求角	计 算 公 式
1	α_V、β_0	α	$\cos\alpha = \cos\alpha_V\cos\beta_0$	9	β、α_V	β_H	$\tan\beta_H = \tan\beta\cos\alpha_V$
2	α_H、γ_0	α	$\cos\alpha = \cos\alpha_H\cos\gamma_0$	10	β、γ_V	β_W	$\tan\beta_W = \tan\beta\cos\gamma_V$
3	β_H、γ_0	β	$\cos\beta = \cos\beta_H\cos\gamma_0$	11	γ、α_H	γ_V	$\tan\gamma_V = \tan\gamma\cos\alpha_H$
4	β_W、α_0	β	$\cos\beta = \cos\beta_W\cos\alpha_0$	12	γ、β_H	γ_W	$\tan\gamma_W = \tan\gamma\cos\beta_H$
5	γ_W、α_0	γ	$\cos\gamma = \cos\gamma_W\cos\alpha_0$	13	γ_V、γ	α	$\cos\alpha = \tan\gamma_V\cos\gamma$
6	γ_V、β_0	γ	$\cos\gamma = \cos\gamma_V\cos\beta_0$	14	α_H、α	β	$\cos\beta = \tan\alpha_H\cos\alpha$
7	α、β_W	α_H	$\tan\alpha_H = \tan\alpha\cos\beta_W$	15	β_W、β	γ	$\tan\gamma = \tan\beta_W\cos\beta$
8	α、γ_W	α_V	$\tan\alpha_V = \tan\alpha\cos\gamma_W$	16	β_H、γ_W	α_V	$\tan\alpha_V\tan\beta_H\tan\gamma_W = 1$

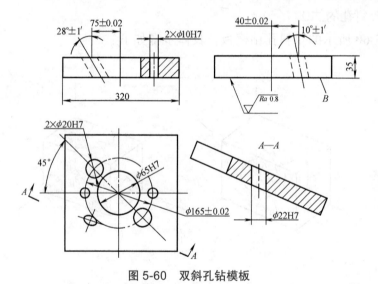

图 5-60　双斜孔钻模板

（1）工艺分析　各平面和基准孔 ϕ65H7 已加工完毕，孔 $2\times\phi$10H7 和孔 $2\times\phi$20H7 是平面圆周分度孔，可通过回转台分度进行加工。ϕ22H7 孔是双斜孔，现拟定在立式铣床上用精密可倾回转台装夹工件，通过转直过程（见图 5-61），使双斜孔处于与机床主轴轴线平行的位置进行加工。

（2）装夹与找正　以工件的 B 面为基准，工件装夹在回转台台面上，使主轴轴线、工件基准孔 ϕ65H7 轴线和转台轴线重合，并找正 $2\times\phi$10H7 孔的轴心连线与机床的 O_1x 轴平行，如图 5-61a 所示，此时工件上孔 ϕ22H7 轴线是双斜直线。

（3）计算转角　如图 5-59 所示，本例斜孔轴线属于第 Ⅳ 方向，其斜角由两个投影角度 $\gamma_V = 28°$、$\gamma_W = 10°$ 所确定。与图 5-61 所示工件的旋转过程对照可知，转角 θ_1 和 θ_2 对应 α_H 和 γ。表 5-10 列出了本例已知角度和待求角度。

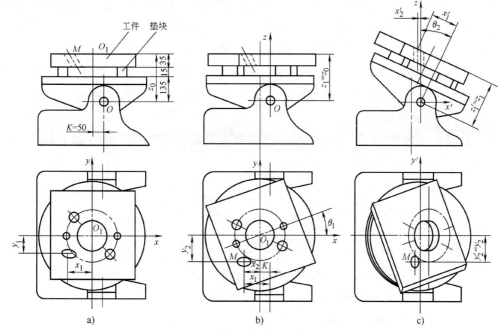

图 5-61 双斜孔轴线位置的转直过程

a）工件定位　b）台面水平旋转　c）台面倾斜旋转

表 5-10　转角计算数据表

已知角度	$\gamma_V = 28°$　$\gamma_W = 10°$		余角	$\gamma_V = 28°$　$\beta_W = 10°$
待求角度	α_H　γ			β_H　γ

1）查表 5-9，选用序号为 16 的公式计算 α_H

$$\tan\alpha_V \tan\beta_H \tan\gamma_W = 1$$

$$\tan\alpha_H = \cot\beta_H = \tan\alpha_V \tan\gamma_W$$

$$\tan\alpha_H = \tan62°\tan10° = 1.88073 \times 0.17633 = 0.33162$$

$$\alpha_H = 18°20'48''$$

2）查表 5-9，选用序号为 11 的公式计算 γ：

$$\tan\gamma_V = \tan\gamma\cos\alpha_H$$

$$\cot\gamma = \cot\gamma_V\cos\alpha_H$$

$$\cot\gamma = \cot28°\cos18°20'48'' = 1.88073 \times 0.94917 = 1.78513$$

$$\gamma = 29°15'25''$$

（4）将转台按逆时针方向旋转 θ_1 角　如图 5-61b 所示，使 ϕ22H7 双斜孔轴线的水平投影平行于机床的 O_1x 轴，此时，双斜孔轴线由双斜位置转化为单斜位置，完成双斜孔加工的第一次转直过程。

（5）将转台按顺时针方向倾斜旋转 θ_2 角　如图 5-61c 所示，使 ϕ22H7 双斜孔轴线平行于机床的主轴轴线，此时，完成双斜孔加工的第二次转直过程。一般情况下，经过两次转直，即可将双斜孔转化为垂直孔位置。

（6）按几何关系计算双斜孔中心坐标位置　如图 5-61 所示，由 x_1、y_1 计算第一次转直后的 x_2、y_2，再由 x_2、y_2 计算第二次转直后的 x_2'、y_2'，随后按 x_2'、y_2' 调整工作台，即可进行双斜孔的加工。

1）设转台旋转中心 O_1 为坐标原点，转台水平旋转时坐标点计算如下：

$$x_1 = -75\text{mm}$$
$$y_1 = -40\text{mm}$$
$$\theta_1 = \alpha_{\text{II}} = 18°20'48''$$
$$\begin{aligned}x_2 &= x_1\cos\alpha - y_1\sin\alpha \\ &= -75\text{mm} \times \cos18°20'48'' - (-40\text{mm}) \times \sin18°20'48'' \\ &= -75\text{mm} \times 0.94917 + 40\text{mm} \times 0.31477 \\ &= -58.597\text{mm}\end{aligned}$$
$$\begin{aligned}y_2 &= y_1\cos\alpha + x_1\sin\alpha \\ &= -40\text{mm} \times \cos18°20'48'' + (-75\text{mm}) \times \sin18°20'48'' \\ &= -40\text{mm} \times 0.94917 - 75\text{mm} \times 0.31477 \\ &= -61.575\text{mm}\end{aligned}$$

2）设转台倾斜旋转中心 O 为原点，转台结构常数为 50mm、135mm；垫块厚度为 15mm，工件厚度为 35mm。转台倾斜旋转时的坐标点计算如下：

$$x_1' = x_2 + K = -(58.597\text{mm} + 50\text{mm}) = -108.597\text{mm}$$
$$z_1 = z_0 = 135\text{mm} + 15\text{mm} + 35\text{mm} = 185\text{mm}$$
$$\begin{aligned}x_2' &= x_1'\cos\alpha + z_1\sin\alpha \\ &= -108.597\text{mm} \times \cos29°15'25'' + 185\text{mm} \times \sin29°15'25'' \\ &= -108.597\text{mm} \times 0.87244 + 185\text{mm} \times 0.48873 \\ &= -4.329\text{mm}\end{aligned}$$
$$y_2' = y_2 = -61.575\text{mm}$$

3. 空间双斜孔的检验

1）孔的尺寸、形状精度检验采用通用量具或专用量具进行检验。

2）孔的角度检验一般采用插入标准心棒进行间接测量，孔的角度按图样所示位置的投影角度测量，常用的方法是将工件放置在正弦规测量面上，使测量基准与测量平板成图样标注的投影角度位置，然后用指示表测量插入斜孔的标准棒，测量点的最小距离应大于斜孔轴线的长度，若有误差，通过计算得出角度误差，与图样要求比较，判断合格与否。

3）孔的位置精度检验一般采用标准辅助块进行检验，如图 5-62 所示，标准辅助块的测量孔为轴线与斜孔的轴线相交，测量时用指示表比较辅助块上标准棒与斜孔中的标准棒最高点之间的误差，可得出斜孔投影位置尺寸的误差值。

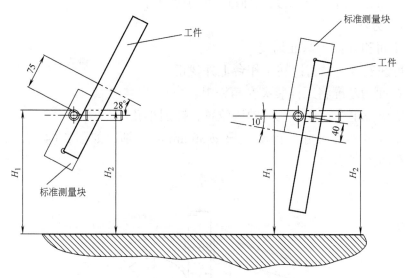

图 5-62　双斜孔位置精度检测

5.7.2　复杂孔系的加工

1. 垂直孔系加工

加工图 5-63 所示的箱体工件垂直孔系，具体方法和步骤如下：

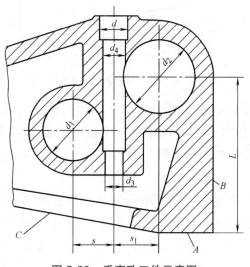

图 5-63　垂直孔工件示意图

（1）工艺分析与准备　该工件有两个平行的大孔与一个小孔垂直，并且小孔穿过两个大孔。为了保证三孔间的孔距和孔的几何精度，应选择先镗小孔，在小孔内配置一根与工件材料相同的心轴后，再镗削其他两个大孔。本例拟定在卧式铣床上采用精密回转工作台和角铁装夹工件进行镗削加工。

（2）加工方法

1）以 A 面和 B 面为基准划线。

2）将角铁安装在精密回转工作台上并找正。

3）以 C 面为基准将工件装夹在角铁上。

4）用划线找正法找正小孔的轴线位置，镗削小孔。

5）按小孔的实际尺寸，滑配一根 $\phi 30mm$ 的心轴，如图 5-64 所示，以便于镗削 d_1 和 d_2 孔时连续切削。

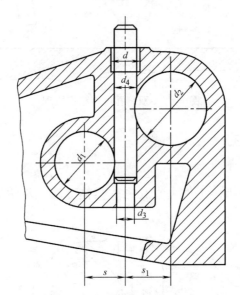

图 5-64　小孔配装心轴示意图

6）将精密回转工作台旋转 90°，使 d_1 和 d_2 孔的轴线与机床主轴平行。

7）用指示表和小孔内的心轴找正机床主轴与小孔轴线对准，利用量块和指示表移距装置，控制机床工作台按 s 和 s_1 移距，分别镗削加工两个大孔，合格后拆去心轴。

（3）垂直孔系的检验方法　除了单孔尺寸、形状精度检验外，垂直孔系主要检验孔轴线之间的垂直度和坐标尺寸精度。通常检验孔系的垂直度和孔距尺寸精度可以借助精密的分度装置、高精度的直角铁、专用测量心棒、指示表、量块组等进行检验（见图 5-65），现介绍一种利用组合专用检具检验孔距的方法。以图 5-63 所示工件为例，用专用检具的检验方法如图 5-66 所示，将检验心轴推入工件 d_1 孔内，再

将量规推入工件 d_2 孔内，检验中心距 s，若量规通端（T）能够通过，止端（Z）不能通过，表示检验合格。重复上述方法检验第二组中心距 s_1。

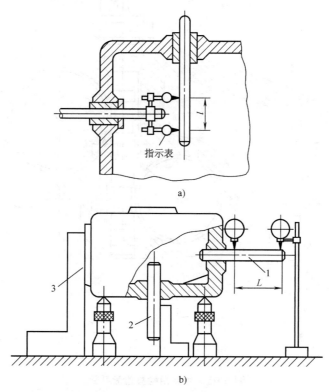

图 5-65　用直角尺和指示表检验孔的垂直度

a）用指示表、心棒检验　b）用直角尺找正基准检验

1、2—心棒　3—直角尺

2. 复杂孔系加工的要点和注意事项

1）参照万能镗床、镗铣床常用的孔系分析、计算和加工方法，制作适用于铣床镗孔加工的辅具、镗模板、量规和移距装置，提高工件找正和位置、角度测量的精度。

2）选用高精度的铣床和机床附件，如精密回转工作台、光学分度头等，在使用机床和附件前对其精度进行调整和测试，以确保孔的形状精度、孔及孔系对基准的位置精度。

3）选用调刀装置、定径刀具、吸振镗杆和先进的微调镗刀进行加工，以提高孔的尺寸精度。

4）分析工件的特点和孔系加工要求，灵活采用悬伸法和支承法进行孔系和特殊孔的加工，箱体零件两端的同轴孔系可以采用调头镗削法进行加工。

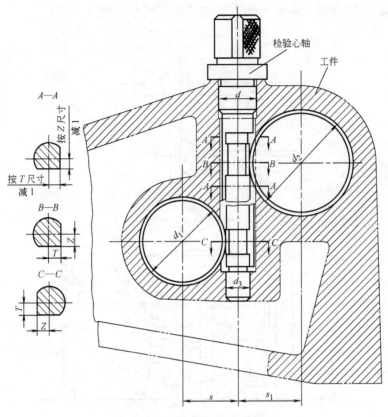

图 5-66　用专用检具检验孔距

5.8　五面体复杂型面工件的数控铣削加工 *

现代制造技术中，多轴数控机床在生产过程中的应用越来越广泛。特别是针对某些集多种空间结构于一体的多面孔系类零件和复杂空间曲面的模具类零件等，使用多轴数控加工中心能发挥出极大的加工优越性。

5.8.1　加工方法与要点

根据复杂型面工件的形状和尺寸要求，可采用不同类型的多轴机床进行加工。多轴机床指的是四轴及轴数多于四轴的机床，是一般多轴机床在具有基本的直线轴（X、Y、Z）的基础上增加了旋转轴或摆动轴，而且可以在计算机数控（CNC）系统的控制下同时协调运动进行加工。其主要应用领域：航空、造船、医学、汽车工业、模具等。

1.多轴数控机床的加工特点

（1）四轴联动数控机床加工的工艺特点　四轴联动数控机床与三轴机床的区

别在于，四轴联动数控机床多了一个绕 X 轴旋转的 A 轴或绕 Y 轴旋转的 B 轴，即 $XYZ + A$ 和 $XYZ + B$ 两种形式的四轴机床。加旋转轴的四轴联动数控机床，类似于车床的旋转轴加工方式，适合加工旋转类工件，进行车铣复合加工。

（2）五轴联动数控机床加工的工艺特点　五轴联动数控机床比三轴机床多了两个旋转轴，分别有 $XYZ + A + B$、$XYZ + A + C$、$XYZ + B + C$ 三种形式的五轴机床，在加工过程中，根据加工需要可以调节刀具轴线位置和角度。

（3）四轴联动、五轴联动数控机床加工的优点

1）可有效避免刀具干涉，加工一般三轴机床无法加工（或需要过长装夹才能加工）的复杂曲面等，如倒钩曲面。

2）一次装夹就能完成工件的全部或大部分加工，减少了调试装夹的次数。

3）刀具形状尺寸得到改善，延长了刀具寿命。

4）加工过程刀具方位更优化，加工表面精度和质量更高。

5）生产工序集中化，有效提高加工效率和生产效率。

2. 加工工序的划分

（1）刀具集中分序法　以同一把刀完成的那一部分工艺过程为一道工序，减少了频繁换刀所造成的效率降低、加工程序的编制和检查难度加大等情况。

（2）粗、精加工分序法　以粗加工中完成的那一部分工艺过程为一道工序，精加工中完成的那一部分工艺过程为一道工序。这样有利于保证效率和加工质量，合理地选用刀具、切削用量。

（3）按加工部位分序法　以完成相同型面的那一部分工艺过程为一道工序。对于加工表面多而复杂的工艺过程，按其结构特点划分工序，有利于简化编程，提高加工质量和效率。

3. 工件装夹方式的确定

1）尽量采用组合夹具。

2）零件定位、夹紧的部位应考虑到不妨碍各部位的加工、更换刀具以及重要部位的测量。

3）夹紧力应力求通过或靠近主要支承点或在支承点所组成的三角内，尽量靠近切削部位，并作用在刚度较好的地方，以减小零件变形。

4）零件的装夹、定位要考虑到重复安装的一致性，以减少对刀时间，提高同一批零件加工的一致性。

4. 对刀点与换刀点的确定

1）选择对刀点的原则：便于确定工件坐标系与机床坐标系的相互位置，容易找正，加工过程便于检查，引起的加工误差小。

2）对刀点可以设在工件上、夹具上或机床上，但必须与工件的定位基准（相当于与工件坐标系）有已知的准确关系。

3）对刀时直接或间接地使对刀点与刀位点重合。

4）换刀点应根据工序内容安排。

5.8.2　造型和程序编制方法

复杂型面工件的结构复杂，在三维造型过程中应注意尺寸标注和设计基准的统一，造型过程需要检查验证零件形状和尺寸是否符合图样要求，防止错漏。在程序编制过程中优先采用多轴联动机床，过程中注意机床、夹具体、刀具和工件的碰撞与干涉，应选择合理的加工工艺顺序和加工方法。下面以图 5-67 所示五面体型面工件为例，进行产品造型和五坐标联动数控加工中心数控铣削加工分析。

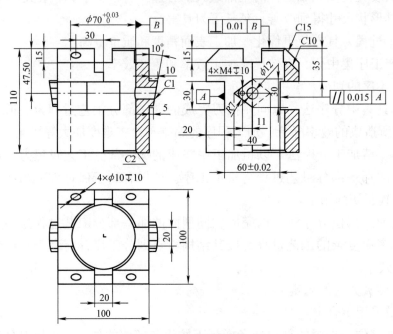

图 5-67　五面体型面工件

1.零件加工工艺

（1）零件分析　图 5-67 所示为五面体型面工件，工件形状复杂，具有多个斜面和斜孔等，工件中间需要加工直径为 70mm 的通孔，工件上表面与孔轴线具有 0.01mm 的垂直度要求。工件两侧面有 30mm 宽度槽，槽底面互为平行度要求 0.015mm。工件需要加工除底面的所有面，宜采用五轴联动数控加工中心进行加工。

（2）工件装夹　零件有多个斜面和斜面孔，工件侧面槽底面的平行度要求高，直径为 70mm 的孔为通孔，可在底部预留 5mm 的夹持面，采用咬口式虎钳一次装夹完成加工（见图 5-68a），夹持高度只有 3mm，夹紧力大小应能够可靠地夹紧工件（图 5-68b），夹持方式应能使机床毫无障碍地对工件进行五面加工（图 5-68c）。

a)

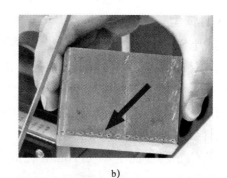

b)

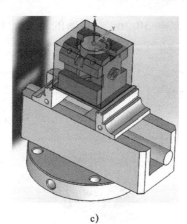

c)

图 5-68 咬口式虎钳

a）安装零件 b）夹持效果 c）安装示意图

（3）工艺、刀具的选择 以刀具集中分序，合理选用设置刀具形状和加工参数等（表 5-11），刀柄根据实际情况设置，本例采用统一的 BT40 刀柄。

表 5-11 数控加工工艺刀具方案

序号	加工部位	加工方式	刀具号	刀具类型 /mm	主轴转速 / (r/min)	进给速度 / (mm/min)
1	上表面和槽两侧面	平面铣削	T1	ϕ30 方肩铣刀	2000	600
2	顶部和两侧面槽、孔	轮廓加工	T2	ϕ20 长刃方肩铣刀	3500	450
3	两侧面凸台	袋状加工	T3	ϕ20 平底刀	4000	700
4	顶部和凸台斜面	5 轴雕刻	T4	ϕ30 平底刀	2000	500
5	顶部斜面不通孔	钻孔加工	T5	ϕ10 平底刀	3000	300
6	凸台通孔	钻孔加工	T6	ϕ12 钻头	2600	200
7	凸台斜孔	钻孔加工	T7	ϕ2.1 钻头	5000	200
8	凸台攻螺纹	钻孔加工	T8	M4 × 0.7 丝锥		
9	ϕ70mm 孔	钻孔加工	T9	ϕ70 铰刀	80	100
10	倒角	轮廓加工	T10	ϕ10 倒角刀	5000	700

2. 零件造型

1）打开 Solidworks 软件，新建零件图。

2）选取标准基准面，新建草图画正方形和圆，并拉伸尺寸至图样要求，如图 5-69a 所示。

3）以工件上表面为基准面画十字槽的草图，作草图拉伸切除操作，并倒角 C15、C10 至图样要求，如图 5-69b 所示。

4）在 C15 倒角面上画 ϕ10mm 孔的草图，拉伸切除作特征孔至图样要求，如图 5-69c 所示。

5）以零件侧面为基准，画 30mm 宽度槽的草图，拉伸切除出槽特征，注意基准面的方向，如图 5-69d 所示。

6）按图样要求在工件两侧面作菱形凸台，如图 5-69e 所示。

7）利用草图，裁剪凸台产生斜面，并作斜面螺纹孔，如图 5-69f 所示。

8）所需位置倒角，并检查零件形状和尺寸是否符合设计图样要求，如图 5-69g 所示。

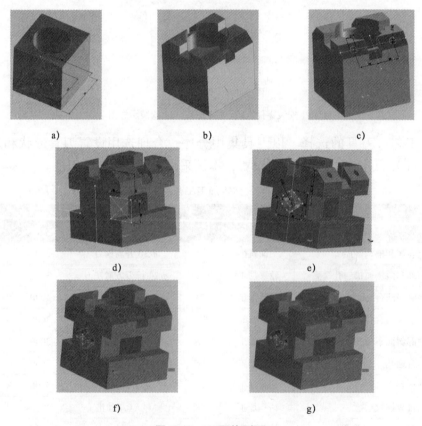

a)　　　　　　　　　b)　　　　　　　　　c)

d)　　　　　　　　　e)

f)　　　　　　　　　g)

图 5-69　五面体型面

a）主体　b）顶部槽、斜面　c）顶部孔　d）侧面槽　e）凸台　f）凸台螺纹孔　g）倒角

3. 零件加工

零件的加工有多种方式，本例选用以下方式进行演示。

（1）准备工作　装配夹具、绘制毛坯、绘制辅助面线等。根据前道工序，绘制底面尺寸为 124mm×104mm 的矩形，作为厚度 5mm 的夹持体；绘制相同尺寸矩形，厚度为 100mm，以及直径为 55mm 通孔的毛坯，如图 5-70a 所示；装配零件夹具如图 5-70b 所示。

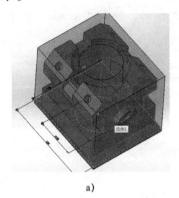
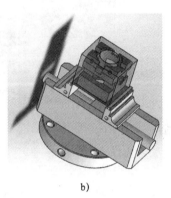

a)　　　　　　　　　　　　　　　b)

图 5-70　编程准备

a）零件毛坯　b）夹具体

（2）CAM 准备　包括导入模型、选择后处理文件、创建原点、毛坯、加工对象等步骤。采用 SolidCAM2012 编程软件。导入模型：依次单击菜单栏，依次选择 SolidCAM→新增→铣床。数控机床控制器：选择对应机床的五轴控制器 gMill_Fadai_5x_eva ▼ 。创建加工原点：这里为了使加工仿真效果更优，可以根据需要设置多个原点，在这里我们设置 3 个工件原点，分别是零件上表面顶部中心、左侧面顶部中心、后侧面顶部中心，如图 5-71a 所示。素材形状、毛坯形状：使用 3D 立体，选择所绘毛坯，如图 5-71b 所示。加工形状：只选择零件对象为加工形状，如图 5-71c 所示。

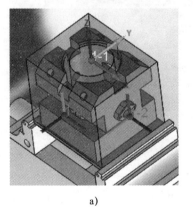
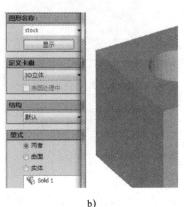

a)　　　　　　　　　　　　　　　b)

图 5-71　CAM 准备

a）工件原点　b）工件毛坯

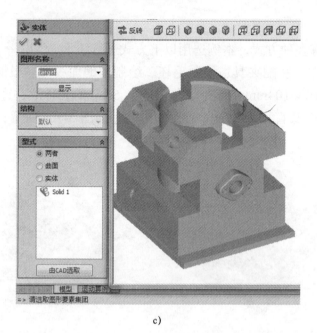

c)

图 5-71　CAM 准备（续）

c）加工对象

（3）设置夹具和刀具表　设置夹具，右键单击设计树，定义装配体为夹具，如图 5-72 所示。设置刀具，右键单击刀具，选择工件刀具表，按设计要求添入刀具，写入刀具规格、切削用量、刀柄参数等。

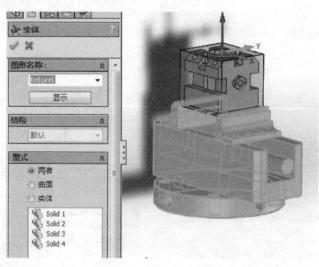

图 5-72　咬口式虎钳夹具

（4）平面加工　去除工件顶平面和槽两侧面平面余量。右键单击加工工程，新增平面铣削 平面铣削(A)：设置图档，原点位置为"1"；新增加工对象，选择上表面 ；刀具选择方肩铣刀；铣削高度从顶平面下去 2mm，每次进给量为 2mm；切削类型选择"往复",预留量选择 0.2mm 并勾选"精铣",保存并计算,如图 5-73a 所示。侧面两面可以采用轮廓铣加工铣出平面,新增轮廓加工 轮廓加工(P):图形,原点选择相应的 3 号原点,轮廓选择底部边线;刀具选择 ϕ30mm 平底刀;铣削高度为 2mm;图形检查刀具位置并延长超过刀具半径,如图 5-73b 所示,底面预留量 0.3mm, 勾选"粗加工""精加工",切削预留量偏移 90mm,侧面进给量 18mm,选择"往复", 存档并计算,如图 5-73c 所示。右键单击轮廓加工,使用坐标变换 坐标变换(T),新增第四 轴,角度 180° 插入一次,勾选"刀路检查",如图 5-73d 所示。

(5)孔、槽加工 ϕ70mm 通孔选用方肩铣刀,采用轮廓加工方式进行粗加工, 轮廓预留量 0.15mm,存档计算,如图 5-74a 所示。槽的加工采用轮廓加工方式,根 据槽的尺寸精度要求,可以设置相同规格的 2 把刀具进行粗、精加工,对称槽,亦 可采用坐标变换功能复制出相同的刀路,如图 5-74b 所示。

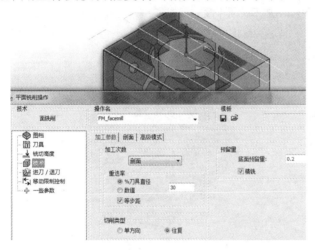

a)

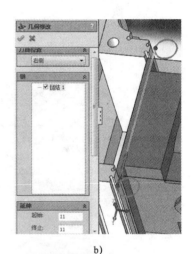

b)

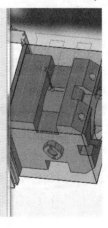

c)

图 5-73 加工平面

a)顶部平面 b)侧面平面 c)轮廓参数

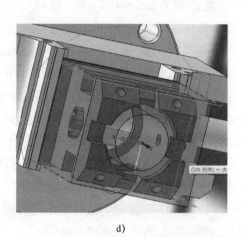

d)

图 5-73　加工平面（续）

d）旋转辅助

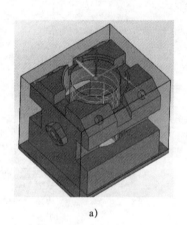

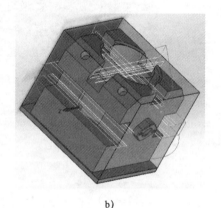

a)　　　　　　　　　　　　　　　　　b)

图 5-74　孔粗加工、槽加工

a）孔粗加工　b）槽加工

（6）凸台粗、精加工　新增袋状加工：图形，原点选择 2 号原点，采用点到点功能选择边线产生新增链接 1，并标记除夹持面外为开放线，如图 5-75a 所示，链接 2 为凸台轮廓线；刀具选择直径 ϕ20mm 平底刀；铣削深度，袋状深度 12mm；技术，根据需要确定是否采用同把刀具进行精加工（或使用新刀具，添加单独轮廓精加工等操作）；存档并计算，使用坐标变换，计算得出对称刀路，如图 5-75b 所示。

（7）斜面加工　首先在斜面中心绘制直线，便于后面的选择（见图 5-76a）。作三次新增多轴加工操作（3D 轮廓加工），采用五轴雕刻加工方式加工顶斜面和凸台斜面，驱动面为斜面，投影曲线为所绘制的线，安全距离顶部选择 Z 平面、凸台选择 Z 圆柱体，预留量中选择旋转功能，设置绕 Z 轴旋转，旋转角度为 180°，存档并计算，如图 5-76b 所示。

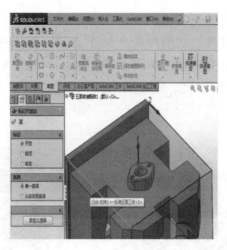

a)

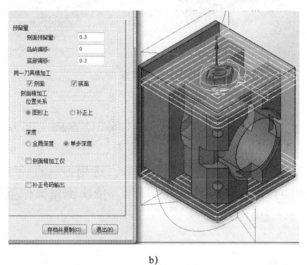

b)

图 5-75 凸台粗、精加工

a）图形选择 b）刀路

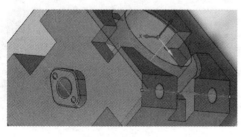

a)

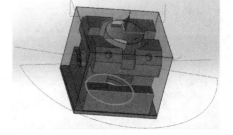

b)

图 5-76 加工斜面

a）绘制线 b）刀路

（8）孔加工、攻螺纹加工 这里以 ϕ70mm 孔为例，不同直径的孔和不同规格的螺纹，应选择适用的刀具、切削用量和加工方式。新增多轴钻孔，图形定义选择自动提取孔并选择所需加工对象，如图 5-77a 所示，设置选择相应刀具和加工方式，存档并计算。依次操作多轴钻孔，完成其余孔、螺纹加工，如图 5-77b 所示。

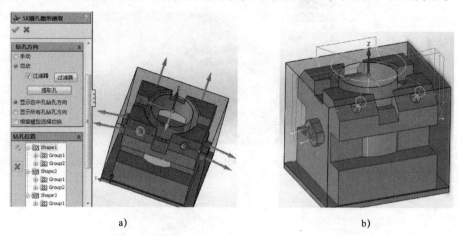

a)   b)

图 5-77 孔、螺纹加工

a）提取孔 b）刀路

（9）倒角加工 倒角加工采用轮廓加工（或 3D 轮廓）的方式，图形定义选择 ϕ70mm 圆轮廓线，刀具选择 ϕ10mm 的倒角刀，轮廓深度为 4.5mm（2.5mm 的刀具半径加倒角 2mm），设置刀具位置和倒角参数，选用刀具直径 5mm 位置进行加工，如图 5-78a 所示，存档并计算，如图 5-78b 所示。依次倒角操作至设计图样要求。

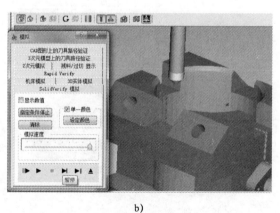

a)   b)

图 5-78 倒角加工

a）倒角设置 b）刀路

（10）模拟检查、生成程序　模拟刀路，右键单击加工工程，模拟 模拟(S)，采用机床模拟（或 Solid Verify 模拟、残料\过切等），检查刀具轨迹是否碰撞和干涉，工件是否有多余的余量和未加工部分，并作修改，如图 5-79a 所示。右键单击加工工程，生成加工程序，检查后处理文件是否正确，如刀轴是否正确输出、指令代码是否与机床符合，如图 5-79b 所示。

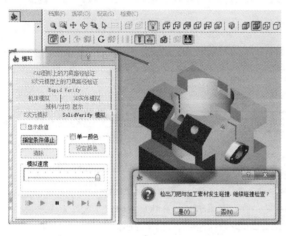

a)

b)

图 5-79　模拟加工和生成程序

a）模拟验证　b）加工程序

Chapter 6

项目6
铣工技术培训与操作指导

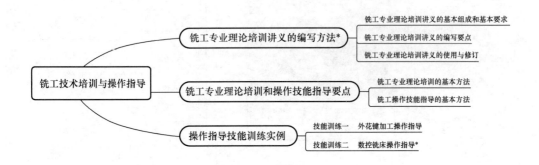

6.1　铣工专业理论培训讲义的编写方法 *

6.1.1　铣工专业理论培训讲义的基本组成和基本要求

（1）讲义的基本组成　讲义一般由相关知识复习、知识系统提示、本课专题导入、专题正文内容、专题归纳总结、作业和提示等部分组成。

（2）讲义的基本要求

1）培训目标明确。讲义的专题应具有明确的培训目标，通常可参考有关教材的专题培训目标。分为几节课教授的，可按培训目标分为几个讲授阶段，以达到教学目标。

2）系统规范性。讲义内容必须在铣工职业鉴定知识范围之内，符合本工种职业技能标准规定的等级要求。专题内容可以向两头适当延伸，有利于学员拓展思路，进行系统思考，全面掌握讲义中某些系统性较强的知识点。

3）科学先进性。讲义通常是由某一个专题构成的。讲义的内容应该是科学的，即内容必须是正确的、具有先进性特点的、符合国家现行标准的文本和图样。

4）理论联系实际。铣工专业理论与一般专业理论的主要区别是具有较强的实践性，讲义的内容结构应由实践提升到理论，由理论溯源至实践。

5）便于学员自学和复习。讲义应为学员提供可以阅读、自学和复习的书面或电子教学资料，便于学员自学和复习，并能在讲授过程中起到引导教员和学员教学互动的纽带作用。

6）便于教员讲授和考试。讲义的目录能引导教员的讲授思路；文本和图样应便于分析和讲述；实例应简明、恰当；知识点应比较突出和明显，以利于考试范围的确定和试卷组合；复习题和作业题应便于教学和课外作业的布置与提示。

7）图文并茂与条理清楚。讲义应该在文中插入简洁明了的图样，以使讲义图文并茂，具有更通俗的可读性。讲义内容的结构应条理清楚，以利于突出重点，分析难点。有条件的可采用电化教学和多媒体教学方式，提高教学的质量。

6.1.2　铣工专业理论培训讲义的编写要点

（1）搜集资料　在编写讲义前，应围绕专题的重点内容搜集资料。搜集资料时应掌握以下要点：

1）搜集通俗易懂的资料。在各种技术书籍和教材中，与讲义相关的内容是很多的，应该搜集那些通俗易懂的资料作为讲义的内容，避免讲义中出现过多的理论和计算。

2）搜集相应程度的资料。讲义的专题内容属于某一等级的，应注意选择相应等级的资料，避免超过职业技能标准等级的知识要求。

3）搜集现行标准的资料。技术讲义应采用现行标准，以免内容落后陈旧，以使讲义符合当前行业的特点和技术要求。

4）搜集适合学员的资料。对于不同的学员，应注意搜集与其程度相适应的资料编写讲义，达到因材施教的目的。

（2）编写提纲　资料汇总后，应按讲义的内在逻辑编写讲义提纲，通常提纲应有几个层次，以便在编写讲义内容时循序渐进地进行正文编写。

（3）确定讲授知识点　讲义中的知识点不能有疏漏，在编写正文的过程中，应确定知识点的位置和叙述方法。编写讲义后，可通过几次修改，以使内容充实，知识覆盖全面简洁。

（4）确定重点和难点　对讲义正文中出现的知识难点和重点，编写时可以采用多种形式予以提示和注解，提醒学员进行重点学习。

（5）实例描述　工种专业理论讲义是一种源于技能又高于技能的教学资料，正文中会选用一定数量的实例对理论进行分析和佐证。实例的描述应简洁明了，对比较难以理解的理论进行有效佐证。

（6）图样选用　讲义的某些内容仅用文字是较难表达的，比如标准齿轮渐开线的特点，需要采用图文结合的方式进行介绍。选用的图样应删除不必要的内容，使图样突出重点，能简明扼要地表达与文衔接的内容。

项目
6

6.1.3　铣工专业理论培训讲义的使用与修订

1. 讲义的使用

（1）讲义与培训教材的衔接　注意讲义与根据职业技能标准编写的技术教材衔接，讲解的内容应与有关教材基本相同，不宜增加和减少内容，但可以适当增加一些实例，以使讲义具有较强的实践性。

（2）讲义与作业指导的衔接　通常使用讲义后，需要对学员进行一定的实训予以配合。因此，讲义使用时应注意与实训作业指导的衔接，以免脱节造成学员学习困难。

（3）讲义内容的选用　讲义的内容一般比较充实，篇幅略大于讲授的内容。因此，在有限的讲授时间内可以对讲义中的内容进行选用，挑选比较重要的内容进行讲解，一些次要的部分可以留给学员自己学习。

（4）讲义使用信息的收集和处理　在使用讲义的过程中，会发现很多疏漏之处，还有许多学员会提出各种问题，从各个侧面反映出讲义的不足之处。收集和汇总这些信息，对进一步修订讲义有十分重要的实际意义。为了能尽早地对不妥之处进行更正，应主动分析、处理搜集到的意见。处理的方式通常有删除不必要的内容，更正不完全或不正确的部分和内容，改善和提高需要优化的内容。

2. 讲义的修订方法

修订讲义时应首先列出应该修订的内容，其次是对讲义内容进行处理。若是进行删除处理，应注意内容的衔接，避免出现内容短缺而使讲义不连贯。如果删除插图需更改相关的图号，否则图号会不连贯。若进行更正，应注意同类内容的相应更正，避免出现一部分更正，另一部分未更正的错误。若是改善和增加内容，注意控制内容的水准，避免超出职业技能标准的等级范围。修订后的讲义应注意校对，避免错、漏，应保持条理性和完整性。

6.2　铣工专业理论培训和操作技能指导要点

6.2.1　铣工专业理论培训的基本方法

理论培训指导的基本方法是课堂和现场讲授，讲授的主要环节如下：

（1）相关知识复习　复习相关知识是讲授理论的前导部分，通常在讲授一个工艺专题内容前，可以将以前学习过的有关知识适当复习一下。如在讲解齿轮铣削专题前，可以适当复习齿轮的基本参数、齿轮加工的基本方法、齿轮铣削加工后的检验与测量等知识，以便在讲授齿轮铣削时，减少对以往知识的插入式讲授。

（2）知识系统提示　知识系统提示是培训专题纳入专业工艺系统知识的重要部分。例如，在讲授齿条铣削时，应注意阐述齿条铣削与齿轮加工的关系，齿条实际

上是基圆无限大的齿轮等，以便使学员了解齿条加工不是孤立的专题，而是齿轮加工的典型实例。

（3）本课专题导入　通常如果学员对专题的内容不熟悉，为了提高学员的学习兴趣，便于引导学员跟随教员讲授的进程，可以通过实例介绍、知识延伸、图样的演示分析等多种方式，引导学员进入专题的讲解过程。

（4）专题正文内容

1）主要内容。讲授的主要内容应包含所有知识点，正文内容按培训提纲循序渐进，有详有略。

2）重要概念。在正文中的重要概念是讲授的重点，如大型零件的测量专题。关于测量数据的处理属于重要的概念性内容，在正文中应叙述得比较详细。

3）分析方法。讲授中、高级的理论时应包括分析方法的内容，以便学员举一反三，触类旁通。

4）容易混淆的知识难点。在讲授中遇到容易混淆的知识点时，应在讲授的某一部分进行辨析阐述，以便学员能够清晰、准确地掌握概念。如齿轮的分度圆和节圆分别是齿轮零件的参数和齿轮传动的参数，应注意引导学员进行辨别。

5）例题分析。在讲授使用计算公式或某些估算的方法时，一般应设置直接应用该计算公式或估算方法的例题，便于讲解其应用方法，加深学员的理解。

（5）专题归纳总结　在主题内容讲完后，可以用精练的语言进行归纳总结，把专题的主要内容、重点、难点进行简要的回顾和归纳，以便学员对本次讲授有一个回顾和总体印象。

（6）作业和提示　理论讲授通常需要布置习题，便于学员在课后复习和巩固讲授的知识。布置作业时，可根据学员在课堂或讲授过程中的理解程度合理选择重点内容。布置有难点的习题，应对难点进行适当的提示。

6.2.2　铣工操作技能指导的基本方法

技能操作指导的主要方法包括讲授、演示、辅导及效果评价。

（1）讲授　讲授是指导操作中的基本方法，被指导者通过指导者的讲授，了解指导的内容、要求、要点及注意事项等。讲授前，指导者应熟悉指导内容及相关知识，并对图样进行分析，对操作过程进行归纳，提炼成清晰的步骤。讲授时，应口齿清楚、表达明确、用语准确、条理清晰，同时要注意重点内容详细讲、次要内容简略讲、一般操作概括讲、关键步骤反复讲等，以突出讲授重点。讲授结束时，应把讲授重点做出归纳、强调，以引起被指导者足够的重视。

（2）演示（示范）　演示是操作指导中十分重要的方法，铣削加工方法既含有大量的专业知识和基本技能，又包含了丰富的经验和技巧。指导时，一般可边讲解操作方法，边演示操作动作，以使被指导者直观地看到规定内容的具体操作方法和动作要领。

演示前，指导者应预习规定内容中的演示过程，并设定整个加工过程中应演示的关键步骤和方法。在指导初级工时，要有一个反复演示重要动作和操作过程的环节，以加深演示的印象。在指导中级工时，可采用示范提示和引导的方法，如可以设问"为什么某某动作必须这样做？"等，引导被指导者对关键操作过程和动作的理解、记忆和模仿。演示时动作不宜过快，要有连续性，避免因动作不完整而引起误导。错误的动作不宜演示，可以做口头表述，提醒注意。演示结束后，要概括讲述整个操作过程的关键动作、关键环节，重复提示注意事项，以使被指导者在动手操作前有一个完整的操作思路，明确必须注意的问题，避免发生事故。

（3）辅导（指导） 演示结束后，虽然被指导者对相关知识、工艺要点、操作步骤、关键环节、注意事项等有了初步了解，形成了一定程度的印象和记忆，但在动手操作时，还是会出现各种差错，这就需要指导者及时进行辅导，及时指出其在图样分析、计算准备工作中的错误，及时指出和纠正其操作中的错误，使被指导者完成整个加工过程。辅导操作应掌握以下要点：

1）集中精力，注意观察被指导者的动作是否规范，以便及时指正，避免发生事故。

2）掌握关键环节的辅导，不要代替被指导者进行操作，但可以做部分关键动作的操作示范。

3）注意操作提示的及时性和准确性，辅导时做到：一般操作不吹毛求疵，重点操作严格要求，使辅导突出重点，解决难点，引导被指导者纠正主要技能缺陷。

4）引导被指导者思考操作不规范的后果，对质量缺陷，应结合操作和现场分析，辅导被指导者寻找原因，提示改善的措施。

（4）效果评价

1）评价依据的测定内容和方法。包括操作过程能力的测定、计算等相关能力测定、工件的加工质量测定、综合测定等。综合测定包括指导操作过程中的提问应答、独立完成操作的能力、实施重点和难点操作的能力，以及质量问题的原因分析和解决质量问题的能力等。指导者应对被指导者的操作过程作适当的记录，以便指导操作完成后，整理记录得出综合性评价。综合性评价最好反馈至被指导者，以利于被指导者自我总结和提高。

2）操作指导效果评价的分析。包括工件质量分析，了解被指导者知识和技能的缺陷，以便对症下药予以补充指导；分析加工精度超差与操作技能的对应原因，得出被指导者在相关知识的运用能力和掌握程度上还有哪些缺陷，需要进行哪些补缺指导；分析加工精度超差与知识及其运用能力的对应原因；分析加工精度超差与指导缺陷的对应原因。分析时应仔细检查指导者的指导过程和内容，找出相关原因，予以纠正和补充。操作指导效果的综合分析包括：对指导者自身的分析、对被指导者的分析、对指导环境等的分析等。

6.3 操作指导技能训练实例

技能训练一 外花键加工操作指导

1. 工艺准备指导

（1）图样分析指导

1）讲授矩形花键的小径定心方式。

2）讲授介绍外花键图样规定的技术要求，重点讲述尺寸要求中的键宽、小径尺寸，位置要求中的键侧对工件轴线的平行度和对称度，以及等分精度。

3）简要分析花键轴的结构特点，主要分析花键部位是贯穿的还是半封闭的。

（2）工艺准备工作指导

1）按单刀铣花键时先铣中间槽的基本方法，指导学员拟订加工过程。

2）演示介绍花键铣削时的工件装夹方法。重点介绍中心孔清洁、完好性检验的重要性、分度头两顶尖装夹轴类工件的操作方法、后顶尖与分度头主轴不同轴对工件定位精度的影响，以及安装鸡心夹头、拧紧顶尖拨盘螺钉对工件装夹精度的影响。

3）演示介绍工件与分度头同轴度、上素线与工作台面及侧素线与进给方向平行度的找正方法。提示指示表安装要可靠，以免跌落损坏。

4）讲授三面刃铣刀的厚度和直径的选择方法，举例说明铣刀最大宽度 L 的计算方法。

5）讲授用锯片铣刀铣削小径圆弧面的方法。简要分析分度头回转小角度控制对圆弧表面粗糙度的影响。

2. 铣削操作指导

（1）外花键加工操作演示

1）工件装夹找正后，演示铣中间槽的切痕对刀法，提示切痕不宜过大。

2）介绍按对刀切痕做好垂向升高量、花键长度的控制使用标记的方法。

3）演示铣削中间槽（只需在轴端铣一小段）。

4）演示铣好中间槽后分度头主轴转过 $\theta = 180°/N$ 的操作（例如花键齿数 $N = 6$，$n = 3\frac{44}{66} r$），横向移动 $s = \frac{L+B}{2}$ mm 的操作（例如键宽 $B = 7.4$mm，铣刀宽度 $L = 6$mm，$s = 6.7$mm）；试铣一段后，工作台横向反向移动 $2s$，再铣削另一侧的操作。

5）演示用杠杆指示表测量花键键侧对工件轴线的对称度操作，提示分度头正反转过 90° 时操作要准确，注意反方向的间隙，提示根据指示表示值确定对称度和平行度误差的方法。

6）演示按对称度误差和键宽尺寸余量综合计算移动量，借正对称度和同时达到键宽尺寸精度的操作方法。

7）演示用锯片铣刀铣削小径圆弧面的操作方法，提示铣刀宽度应大致对中，防止铣刀切伤键侧。

（2）巡回辅导要点

1）注意观察，提示学员在工件装夹找正时，动作应规范，必须达到找正精度要求，尾座顶尖要注意控制顶紧程度，分度手柄不可出现时紧时松的情况。

2）注意检查学员铣刀宽度计算值的准确性、铣刀的安装精度、对中对刀操作等。提示铣削时，分度头主轴和工作台横向必须锁紧。

3）辅导学员进行键宽、对称度检测操作，确定两侧调整数据，以免造成废品。

4）提示学员注意分度间隙，做好分度手柄定位销的循环孔位标记。

5）观察学员铣削小径圆弧面的操作，提示小径尺寸控制时应测量180°位置槽底之间的尺寸。

3．外花键检验和作业质量分析指导

（1）外花键检验指导

1）讲授检测项目：包括键宽、小径尺寸、对称度、平行度和等分误差。

2）演示在加工后的作业工件上，用千分尺测量键宽和小径尺寸。提示应在花键的两端进行检测。

3）演示用指示表检测键侧平行度、对称和等分精度的误差。提示检测前，应复验工件与分度头主轴的同轴度、素线与工作台面和进给方向的平行度，以免工件微量松动影响测量准确性。

4）辅导学员按演示动作检测作业工件。提示检测前应对量具精度进行鉴定。

（2）外花键作业工件质量分析辅导

1）针对作业工件的超差项目，提示学员在多项原因中找出针对性原因项。引导学员寻找产生超差的操作方面的原因。如键侧的对称度超差，学员分析为可能是指示表精度不好。仔细检查指示表后，发现指示表复位精度有些误差，此外装夹指示表的夹头也有些松动。由此可查找到学员在操作方面存在的问题是：检测前没有对所用的量具进行必要的鉴定，指示表的装夹也不可靠。

2）在查找针对性原因时可采用逐项排除法，引导学员分析和查找出影响加工精度的主要因素，提高质量分析技能。

技能训练二　数控铣床操作指导 *

1．数控机床操作规范指导

2．数控机床使用说明书的阅读方法指导

3．数控铣床面板操作方法指导

4．数控铣床加工直线成形面的手工编程、输入的方法指导

5．数控铣床的维护保养方法指导

（本例详细内容参见教课视频）

一、判断题（对的画"√"，错的画"×"；每题1分，共20分）

　　1. 直线成形面是由一根直母线沿一条曲线（导线）作平行移动而成的表面。
　　　　　　　　　　　　　　　　　　　　　　　　　　　　　　　　（　　　）

　　2. 等速圆盘凸轮是由较为复杂的非函数曲线构成导线的直线成形面的典型实例。
　　　　　　　　　　　　　　　　　　　　　　　　　　　　　　　　（　　　）

　　3. 用指形铣刀铣削圆柱面螺旋槽，铣削干涉是由铣刀的曲率半径引起的。
　　　　　　　　　　　　　　　　　　　　　　　　　　　　　　　　（　　　）

　　4. "变速铣削"是降低振动幅度的重要措施。　　　　　　　　　　　（　　　）

　　5. 大型零件的铣削加工，零件绝对不能有任何运动。　　　　　　　（　　　）

　　6. 测量拼组机床两移动部件之间的垂直度采用的光学直角仪主要是光学棱镜。
　　　　　　　　　　　　　　　　　　　　　　　　　　　　　　　　（　　　）

　　7. 机械零件可以分为复杂件、相似件、标准件三大类，根据三类零件的出现规律，相似件约占70%。　　　　　　　　　　　　　　　　　　　　　（　　　）

　　8. 成组铣削加工只能用于某一单一工序的加工。　　　　　　　　　（　　　）

　　9. 在铣床上仿形铣削设计的仿形夹具，若使用弹簧控制滚轮与模型的接触压力，弹簧的压缩量应考虑铣削力的大小。　　　　　　　　　　　　　　（　　　）

　　10. 设计简易铣床夹具装夹工件，必须采用完全定位。　　　　　　（　　　）

　　11. 万能分度头装配后，应对蜗杆副的啮合间隙进行反复调整，才能达到分度机构的啮合精度要求。　　　　　　　　　　　　　　　　　　　　　　（　　　）

　　12. 光学分度头分度盘的分度误差是变动的，必要时可以在测量结果中予以修正。　　　　　　　　　　　　　　　　　　　　　　　　　　　　　（　　　）

　　13. 对于任意一把铣刀，无论参考系如何变动，工作法向楔角是一个不变的常量。　　　　　　　　　　　　　　　　　　　　　　　　　　　　　（　　　）

　　14. 简易数控铣床液压运动部件产生爬行，可能是高压腔向低压腔内泄造成的。
　　　　　　　　　　　　　　　　　　　　　　　　　　　　　　　　（　　　）

――――――――――――
　　㊀　模拟试卷样例：高级技师试卷可适当增加分析题、设计题的比重，减少选择题的比重。

15.当模具型面是立体曲面和曲线轮廓时，应采用仿形铣床和数控铣床进行加工。　　　　　　　　　　　　　　　　　　　　　　　　　　　（　　）

16.闲置半年以上的数控系统，应将其直流伺服电动机电刷取下，以清除表面化学腐蚀层。　　　　　　　　　　　　　　　　　　　　　　　　（　　）

17.零件加工的阶段一般分为粗加工阶段、半精加工阶段、精加工阶段和光整加工阶段。　　　　　　　　　　　　　　　　　　　　　　　　　　（　　）

18.数控立铣粗加工三维曲面，使用圆角立铣刀比平底立铣刀效率更高。（　　）

19.除了定期维护和维修外，平时尽量少开电气控制柜门。　　　　　（　　）

20.刀刃不够锋利时，降低进给量，可以提高工件表面粗糙度值。　　（　　）

二、选择题（将正确答案的序号填入括号内）

（一）单项选择题（每题1.5分，共30分）

1.批量较大、母线较短的不规则盘状和板状封闭直线成形面可采用（　　）铣削加工方法。

A.仿形　　　　　　　　　　　　B.分度头圆周进给

C.回转台圆周进给　　　　　　　D.复合进给

2.在仿形铣床上铣削立体曲面需要合理选择铣削方式，有凹腔和凸峰的曲面可采用（　　）方式。

A.分行仿形　　　　　　　　　　B.轮廓仿形

C.立体曲线仿形　　　　　　　　D.连续仿形

3.圆柱面螺旋槽铣削加工中存在干涉现象，铣削干涉是由不同直径的螺旋角变动和盘形铣刀的曲率半径引起的，干涉会影响螺旋槽的（　　）。

A.导程　　　　B.螺旋角　　　　C.槽形　　　　D.槽深

4.在使用光学分度头测量时，测量误差可以在测量结果中进行修正的是（　　）误差。

A.两顶尖不同轴　　　　　　　　B.拨动装置

C.工件装夹　　　　　　　　　　D.分度盘分度

5.在使用万能分度头加工时，若发现蜗轮有局部磨损，为保证等分加工精度，可采用（　　）的方法进行使用。

A.调整蜗杆副间隙　　　　　　　B.调整蜗杆轴向间隙

C.调整主轴间隙　　　　　　　　D.避开蜗轮磨损区域

6.作用在铣刀上的铣削力可以沿切向、径向和轴向分解成三个互相垂直的分力，（　　）分力是消耗铣床功率的主切削力，因此是计算铣削功率的依据。

A.径向　　　　B.切向　　　　C.轴向　　　　D.径向和轴向

7.刃倾角的大小是通过改变铣刀的实际前角而影响铣削力的，（　　）增大可使轴向铣削力增大。

  A. 后角   B. 前角

  C. 刃倾角（螺旋角）   D. 主偏角

  8. 波形刃铣刀把原来由一条切削刃切除的宽切屑，分割成很多小块，大大减小了（ ），增加了（ ），使切削变形减少，铣削力和铣削功率下降。

  A. 切削速度、切削深度   B. 切削厚度、切削宽度

  C. 切削宽度、切削厚度   D. 切削深度、切削速度

  9. 交错齿三面刃铣刀的同一端面上刀齿的前角（ ）。

  A. 均是负值   B. 均是正值

  C. 一半是正值另一半是负值   D. 负值或正值

  10. 铣削交错齿三面刃铣刀端面齿槽时，专用心轴通过螺杆与凹形垫圈紧固在分度头主轴上，嵌入分度头主轴后端的凹形垫圈的作用是（ ）。

  A. 防止螺杆头部妨碍扳转分度头

  B. 增加心轴与分度头连接强度

  C. 减少螺杆长度

  D. 提高心轴的定位精度

  11. 铣削一蜗杆，模数 $m = 3\text{mm}$，齿形角 $\alpha = 20°$，导程角 $\gamma = 4°45'$，其法向模数应（ ）。

  A. 等于 3mm   B. 大于 3mm

  C. 小于 3mm   D. 等于 $3\text{mm} \times \sin 20°$

  12. 蜗轮铣削加工前应按图样检验齿坯各部分尺寸，应根据精度等级和结合方式检验齿坯的（ ）偏差和圆跳动量。

  A. 齿顶圆   B. 外径   C. 分度圆   D. 端面

  13. 在卧式万能铣床上用蜗轮滚刀精铣蜗轮是一种（ ）。

  A. 精密的展成加工   B. 仿形加工

  C. 啮合对滚过程   D. 成形铣削加工

  14. 在卧式万能铣床上用右旋滚刀对滚精铣右旋蜗轮时，若 $\lambda < \beta$，则工作台逆时针扳转角度 θ 应等于（ ）。

  A. λ B. $\beta + \lambda$ C. $\beta - \lambda$ D. β

  15. 断续分齿飞刀铣蜗轮时，由于（ ）没有固定联系，因而不能连续分齿。

  A. 飞刀旋转与齿坯转动之间

  B. 齿坯转动与工作台丝杠转动之间

  C. 飞刀旋转与工作台移动之间

  D. 飞刀旋转与分度头侧轴之间

  16. 下面关于高速加工工艺特点说法错误的是（ ）。

A. 高速加工具有高的切削速度

B. 高速加工采用小层深的分层切削

C. 高速加工应尽量采用低压外部冷却方式

D. 相较于普通数控加工，高速加工的刀轨更需要流畅

17. 曲线检测常采用（　　　）测量。

A. 公法线千分尺　　　　　　　　B. 数显千分尺

C. 正弦规　　　　　　　　　　　D. 三座标测量仪

18. 在铣削加工时，适当降低（　　　）是降低铣削温度的有效措施。

A. 进给量　　　　　　　　　　　B. 铣削深度

C. 铣削速度　　　　　　　　　　D. 铣削厚度

19. 对硬度高达 8000～10000HV 的淬硬钢或冷硬铸铁等材料零件进行加工时，一般选用金刚石和（　　　）等刀具材料。

A. 立方碳化硼　　　B. 涂层刀具　　　C. 陶瓷　　　D. 硬质合金

20. 下列误差中，（　　　）是原理误差。

A. 工艺系统的制造精度

B. 工艺系统的受力变形

C. 数控机床的插补误差

D. 传动系统的间隙

（二）多项选择题（每题 2 分，共 20 分）

1. 较复杂的箱体零件机加工主要技术要求有（　　　）。

A. 轴孔精度　　　　　　　　　　B. 轴孔相互位置精度

C. 轴孔与平面的相互位置精度　　D. 平面精度

E. 角度位置精度　　　　　　　　F. 铸件精度

G. 时效处理

2. 铣削过程中引起铣削振动的原因有（　　　）。

A. 铣削方式　　　B. 铣刀刚度　　　C. 工件刚度　　　D. 装夹方式

E. 刀杆长度　　　F. 铣刀材料　　　G. 工件形状

3. 在铣削过程中按一定的规律改变铣削速度，可以使铣削振动幅度降低到恒速铣削时的 20% 以下。可使变速铣削的抑振效果明显提高的主要措施有（　　　）。

A. 增大变速幅度　　　　　　　　B. 提高进给速度

C. 尽可能提高转速　　　　　　　D. 提高变速频率

E. 减少铣削深度　　　　　　　　F. 增加铣削面积

G. 变换进给速度

4. 使用精度稍低于需求的铣床加工，应通过（　　　）等主要措施来提高铣床的铣削精度。

A. 调整铣削方式　　　　　　　　B. 对机床进行精度检测

C. 提高工件刚度　　　　　　　　D. 变换装夹方式

E. 控制刀杆长度　　　　　　　　F. 合理的间隙调整

G. 借助精度较高的测微量仪，以提高机床工作台的位移精度

5. 大型零件采用拼组机床加工，具有的主要特点有（　　　）。

A. 大型零件绝大部分不运动

B. 工件仅作简单的回转运动或间歇分度运动

C. 拼组机床没有专用的机座

D. 拼组的机床部件根据零件的加工部位就位

E. 加工装置按零件加工部位的要求，用通用机床或部件拼组而成

F. 具有数显装置

6. 组合夹具一般包括（　　　）。

A. 基础件　　　　B. 支撑件　　　　C. 定位件

D. 导向件　　　　E. 压紧件

7. 数控机床主轴发热可能的原因有（　　　）。

A. 主轴轴承损伤

B. 主轴轴承预紧力过大

C. 润滑油脏或有杂质

D. 机床工作时间长

E. 工作电压不稳定

8. 影响刀具寿命的主要因素有（　　　）。

A. 机床刚度　　　　B. 工件材料　　　　C. 刀具材料

D. 切削用量　　　　E. 刀具几何角度

9. 工艺规程制定需要的原始资料有（　　　）。

A. 产品装配图和零件工作图

B. 产品的生产纲领

C. 产品验收的质量标准

D. 现有生产条件和资料

E. 国内外同类产品的有关资料

10.（　　　）属于零件工艺性分析内容。

A. 零件技术要求分析

B. 形状误差

C. 表面状态和机械性能

D. 材质

E. 尺寸标注方法

三、计算题（每题 6 分，共 12 分）

1. 修配一齿形链链轮，测得其节距为 $p = 12.70\text{mm}$，齿数为 $z = 31$，试计算：（1）分度圆直径 d；（2）顶圆直径 d_a；（3）齿槽角 β 和齿面角 γ。

2. 选用 F11125 型分度头装夹工件，在 X6132 型铣床上铣削交错齿三面刃铣刀螺旋齿槽，已知工件外径 $d_0 = 100\text{mm}$，刃倾角 $\lambda_s = 15°$。试计算导程 P_h、传动比 i 和交换齿轮。

四、分析、设计题（每题 6 分，共 18 分）

1. 制订模数为 20mm，齿数为 100 的大型直齿圆柱齿轮的铣削加工方案。

2. 数控铣床直线运动重复定位精度对零件加工有何影响？如何检测数控铣床的直线运动重复定位精度？

3. 下图所示为升降台铣床的支承套，零件材料为 45 钢，毛坯选外圆 $\phi 100\text{f9}$ 棒料。$80^{+0.5}_{0}$ mm 尺寸两端面和 $78^{0}_{-0.5}$ mm 尺寸上平面均在前面工序中完成。在本道工序中完成 $2 \times \phi 15\text{H7}$ 孔、$\phi 35\text{H7}$ 孔、$\phi 60\text{mm}$ 孔、$2 \times \phi 11\text{mm}$ 孔、$2 \times \phi 17\text{mm}$ 孔和 $2 \times \text{M6-6H}$ 螺孔等孔加工，试填写刀具和工艺卡片。

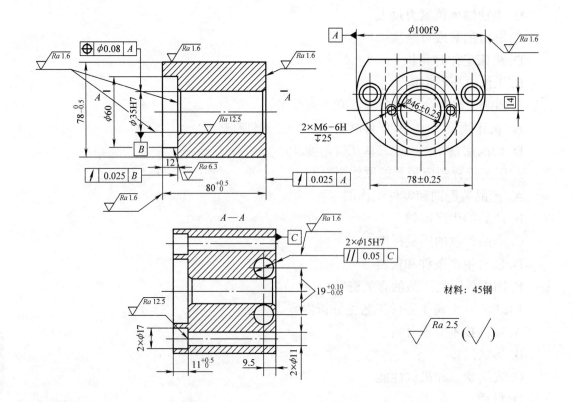

材料：45钢

数控刀具卡片

序号	刀具号	刀具名称	刀具型号 /mm	刀具材料	补偿号	备注
编制		审核		批准		年 月 日　　共 页　　第 页

数控工艺卡片

数控加工工艺卡		工序号	零件图号	材料名称		零件数量	
设备名称	系统型号	夹具名称		毛坯性质			
工步号	加工内容		刀具号	主轴转速 /（r/min）	进给量 /（mm/r）	背吃刀量 /mm	备注
编制		审核		批准		年 月 日　　共 页　　第 页	

参考答案

一、判断题

1. √ 2. × 3. × 4. √ 5. × 6. √ 7. √ 8. ×

9. √ 10. × 11. √ 12. × 13. × 14. √ 15. × 16. √

17. × 18. √ 19. √ 20. ×

二、选择题

（一）单项选择题

1. A 2. B 3. C 4. D 5. D 6. B 7. C 8. C

9. C 10. A 11. C 12. A 13. C 14. C 15. A 16. C

17. D 18. C 19. A 20. C

（二）多项选择题

1. ABCD   2. ABCDEG   3. AD   4. BFG

5. ABCDE   6. ABCDE   7. ABC   8. BCD

9. ABCD   10. ABCD

三、计算题

1. 解

（1）$d = \dfrac{p}{\sin\dfrac{180°}{z}} = \dfrac{12.7\text{mm}}{\sin\dfrac{180°}{31}} = \dfrac{12.7\text{mm}}{\sin 5°48'} = \dfrac{12.7\text{mm}}{0.1} = 127\text{mm}$

（2）$d_{\text{a}} = p\left(0.54 + \cot\dfrac{180°}{z}\right) = 12.7\text{mm} \times (0.54 + \cot 5°48')$

$\qquad = 12.7\text{mm} \times (0.54 + 9.845) = 131.89\text{mm}$

（3）$\beta = 30° - \dfrac{180°}{z} = 30° - \dfrac{180°}{31} = 30° - 5°48' = 24°12'$

$\gamma = 30° - \dfrac{360°}{z} = 30° - \dfrac{360°}{31} = 30° - 11°36' = 18°24'$

答　分度圆直径为 127mm，顶圆直径为 131.89mm，齿槽角为 24°12′，齿面角为 18°24′。

2. 解　交错齿三面刃铣刀圆周齿的刃倾角 λ_{s} 值即为螺旋角 β 值，故

$P_{\text{h}} = \pi d_0 \cot\beta = \pi \times 100\text{mm} \times \cot 15° = \pi \times 100\text{mm} \times 3.732 = 1172.4424\text{mm}$

$$i = \frac{40P_{丝}}{P_h} = \frac{40 \times 6}{1172.4424} = 0.2047$$

若取
$$i = \frac{z_1 z_3}{z_2 z_4} \approx \frac{55 \times 30}{80 \times 100} = 0.20625$$

$$\Delta_i = 0.20625 - 0.2047 = 0.00155$$

答　导程 $P_h = 1172.44$mm，交换齿轮传动比 $i = 0.2047$，选用交换齿轮主动轮 $z_1 = 55$，$z_3 = 30$，从动轮 $z_2 = 80$，$z_4 = 100$。

四、分析、设计题（答案作为答题的提示和参考）

1. 工艺方案制订提示：采用拼组机床加工方法，注意设计动力铣头运动方向和加工位置、铣刀形式和参数、齿轮等分及其齿轮测量等主要加工难题。

2. 分析论述提示：

（1）加工影响　数控铣床直线运动重复定位精度是反映机床坐标轴运动稳定性的基本指标，而机床运动稳定性决定着零件加工质量的稳定性和误差的一致性。

（2）检验方法　在靠近被测坐标轴行程的中点及两端选择任意两个位置，每个位置用数据输入方式进行快速定位，在相同的条件下重复 7 次，测得停止位置的实际值与指令值的差值并计算标准偏差，取最大标准偏差的 1/2，加上正负符号即为该点的重复定位精度。

3. 工艺方案编制提示：

数控刀具卡片

序号	刀具号	刀具名称	刀具型号 /mm	刀具材料	补偿号	备注
1	T1	中心钻	$\phi 3$	高速钢		
2	T2	锥柄麻花钻	$\phi 31$	高速钢		
3	T3	锥柄麻花钻	$\phi 11$	高速钢		
4	T4	锥柄埋头钻	$\phi 17$	高速钢		
5	T5	粗镗刀	$\phi 34$	硬质合金		
6	T6	立铣刀	$\phi 32$	硬质合金		
7	T7	镗刀	$\phi 34.85$	硬质合金		
8	T8	直柄麻花钻	$\phi 5$	高速钢		
9	T9	机用丝锥	M6	高速钢		
10	T10	套式铰刀	$\phi 35$H7	硬质合金		
11	T11	锥柄麻花钻	$\phi 14$	高速钢		
12	T12	扩孔钻	$\phi 14.85$	高速钢		
13	T13	铰刀	$\phi 15$H7	硬质合金		
编制		审核		批准	年　月　日	共　页　　　第　页

数控工艺卡片

数控加工工艺卡		工序号		零件图号		材料名称		零件数量	
						45		小批量	
设备名称	卧式加工中心	系统型号	FANUC	夹具名称	专用夹具	毛坯性质		棒料	
工序号		加工内容			刀具号	主轴转速/ （r/min）	进给量/ （mm/r）	背吃刀量 /mm	备注
	第一工位								
1	钻 φ35H7 孔、2×φ17mm、φ11mm 孔中心孔				T1	1200	40		
2	钻 φ35H7 孔至 φ31mm				T2	150	30		
3	钻 φ11mm 孔				T3	500	70		
4	锪 2×φ17mm 孔				T4	150	15		
5	粗镗 φ35H7 孔至 φ34mm				T5	400	30		
6	粗铣 φ60mm×12mm 孔 至 φ59mm×11.5mm				T6	500	70		
7	精铣 φ60mm×12mm				T6	600	45		
8	半精镗 φ35H7 孔至 φ34.85mm				T7	450	35		
9	钻 2×M6-6H 螺纹中心孔				T1	1200	40		
10	钻 2×M6-6H 底孔至 φ5mm				T8	650	35		
11	2×M6-6H 孔端倒角				T3	500	20		
12	攻 2×M6-6H 螺纹				T9	100	100		
13	铰 φ35H7 孔				T10	100	50		
	第二工位								
14	钻 2×φ15H7 孔中心孔				T1	1200	40		
15	钻 2×φ15H7 孔至 φ14mm				T11	450	60		
16	扩 2×φ15H7 孔至 φ14.85mm				T12	200	40		
17	铰 2×φ15H7 孔				T13	100	60		
编制		审核		批准		年 月 日		共 页	第 页